서원, 한국 사상의 숨결을 찾아서

동양문화산책 10
서원, 한국 사상의 숨결을 찾아서

지은이   안동대 안동문화연구소
펴낸이   오정혜
펴낸곳   예문서원

편 집   김병훈·명지연·이선주·조영미·오은미
인 쇄   상지사
제 책   상지사

초판 1쇄   2001년 1월 31일
초판 3쇄   2003년 6월 30일

주   소   서울시 동대문구 용두 2동 764-1 송현빌딩 302호
출판등록   1993. 1. 7 제5-343호
전화번호   925-5913~4 · 929-2284(편집부) / 팩시밀리 929-2285
Homepage http://www.yemoon.com
E-mail   yemoonsw@unitel.co.kr

ISBN 89-7646-094-4   03150

YEMOONSEOWON 764-1 Yongdu 2-Dong, Dongdaemun-Gu Seoul KOREA 130-072
Tel) 02-925-5914, 02-929-2284 Fax) 02-929-2285

값 10,000원

서원, 한국 사상의 숨결을 찾아서

안동대학교 안동문화연구소 지음

예문서원

머리말

새 천년이니 Y2K니 세상이 떠들썩하여 가만있어도 눈앞이 어지럽더니 벌써 새 즈믄 해가 시작된 지도 제법 지났다. 오늘은 내일이 되면 어제가 되고, 내일은 내일이 되면 오늘이 된다. 시간은 이처럼 그냥 흘러갈 뿐인데 사람들은 무언가 자꾸 매듭을 짓고 넘어 가고 싶어한다. 새 매듭 이후에는 새날이, 새 세상이 올 것만 같은 가벼운 흥분이 우리를 감싼다. 하지만 새 날은 지난날의 바탕 위에 세워진 것이다. 아름다운 새날을 위해서도 우리는 지난날을 되돌아보고 음미할 필요가 있다. 이것이 이른바 온고지신溫故知新의 뜻일 게다.

지난 백여 년 사이 우리 민족은 정신없이 달려왔다. 그 동안 우리 민족은 수많은 비극을 경험하였다. 나라를 빼앗긴 후 우리 민족은 일제의 압제로 인해 고단한 삶을 살아야 했다. 압제를 겨우 벗어난 후에는 이념 갈등에 따른 동족 상잔을 겪어야 했으며, 그로 인해 이 땅의 허리가 동강나고 말았다. 이후는 독재 체제가 거듭되었다. 이러한 과정 속에서 우리는 아름다운 전통을 저버렸고 삶의 바람직한 모습을 잃어버리고 말았다. 살아남는 일이 너무 화급하여 어떻게 살아야 하는지를 생각할 여유조차 없었던 것이다. 지금은 미국 지배의 세계 체제가 우리를 어디론가 몰아가고 있다.

세월에 따라 무너질 것은 무너지고 새롭게 세워질 것은 세워지는 것이 세상의 마땅한 이치일 것이다. 그러나 무너진 것도 이 땅에 우리가 세웠던 것이오, 앞으로 새롭게 세워야 할 것도 이 땅에 현재 살아가고 있고 앞으로도 살아가야 할 우리들의 일이고 몫이다. 하지만 우리는 무너지는 과정에서도 잃지 말아야 할 것을 잃고 말았다. 그것은 우리다운 삶의 모습, 즉 삶에 대한 진지함과 경건함이었다.

　진지하고 경건한 삶을 위해 끊임없는 자기 성찰과 상호 절차탁마, 그리고 시대에 대한 진지한 고민이 이루어졌던 곳이 바로 서원이었다. 조선의 창업 이념은 성리학이었다. 조선 시대 중기 이후 성리학적 이상 세계를 구현하기 위해 당대의 지식인인 사대부들은 각각 자기가 사는 지역을 중심으로 서원을 세웠다. 국가에서의 지원도 이루어졌다. 국가적 지원을 받은 서원이 이른바 사액서원이다.

　서원에서는 대표적으로 두 가지 일이 이루어졌다. 하나는 선비들이 서원의 강당에 모여 학문을 절차탁마하는 일이었다. 다른 하나는 사우에 선현의 위패를 모시고 제사를 지내는 일이었다. 이 두 가지 일이 이른바 선현을 존숭하고 선비를 기르는 일(尊賢養士)인 것이다. 선비들은 서원에 모여 배향된 선현의 정신과 뜻을 되새기며 학문을 닦고 자신의 인격을 도야했다. 나아가 그들은 향촌의 풍속을 교화하고 이끌어 가는 교두보와 지침을 마련하였으며, 동시에 시대의 아픔을 고민하고 그 해결 방안을 모색하기도 하였다.

　물론 서원이 이처럼 순기능만을 한 것은 아니었다. 경쟁적으로 서원이 남설되면서 학문과 인격 도야의 전당이 아니라 당쟁논의의 소굴이 되었고, 선현을 존숭하는 제사의 일도 가문과 학파의 성세를 자랑하는 짓거리에 지나지 않게 되었다. 또한 향촌의 교화를 담당하는 곳이 아니라 민폐의 본산이 되기도 하였다. 세금과 부역 등을 면제하는 국가의 지원은 국가 재정을 악화시키는 결과를 빚었다.

　그러면 21세기에 있어서 서원은 우리에게 어떤 의미를 줄 수 있을까? 강학 기능을 되살릴 수 없는 오늘날에 단지 서원을 새롭게 꾸민다거나 복원한다는 것은 아무런 의미가 없다. 서원이 단순한 제사 장소이거나 생각 없는 관광객들의 구경거리 건축물로만 남아 있는 것도 기꺼운 일은 아니다.

　물론 지금 우리들의 삶이 조선 시대 선비들의 삶이 될 수는 없다. 그러나 알게 모르게 면면히 이어져 우리의 문화와 정신에 스며 있는 선비들의 삶의 숨결을 우리의 삶의 바탕으로 받아들여야 한다. 늘 자기를 성찰하고 시대를 고민하며 모든 사람들을 이끌어 온 사회에 삶의 경건성을 확보하고자 했던 선현들의 뜻을 우리의 마음속에 되새겨 삶을 아름답게 가꾸어 가려는 노력을 할 때, 그것은 바로 서원을 부활시키는 작업이 된다.

안동대학교 안동문화연구소에서 『서원, 한국 사상의 숨결을 찾아서』란 제목의 이 책을 낸 것도 이러한 작업의 일환이다. 이 책은 조선 시대 사상의 흐름을 바탕으로 배향된 인물을 고려하고, 학맥의 요처에 자리잡은 대표적인 서원을 골라 배향된 인물과 그 인물의 사상, 사상사적 위치, 그리고 그 서원이 사상의 흐름 속에 자리한 위상과 전개를 중심으로 씌어졌다.

조선 시대 서원을 중심으로 이루어져 온 선비 문화는 앞으로 우리 민족 모두의 문화가 되어야 한다. 조선의 선비들은 역사 속으로 사라졌지만 우리 내면의 깊은 곳에 남아 있는 그 고결한 선비들의 정신 문화는 앞으로 우리 사회의 기본 문화로서 자리매김해야 한다. 그래야만 눈앞의 화려한 욕망에 매몰되어 삶의 의미를 점차 천박한 쪽으로 끌어가는 흐름에 맞서 우리 자신을 지킬 수 있다.

중국 화중華中 이공대학 전 총장 양수즈 교수는 자신이 지도하는 기계학 전공 박사 과정 학생들이 학위 논문을 낼 때, 『노자』와 『논어』를 외우지 못하면 논문 심사를 받을 수 없도록 한다고 한다. 중국의 인재가 되려면 중화 민족의 전통 문화를 이해하지 못하는 일이 있어서는 안 된다는 것이다. 전통 문화를 이해하여야 민족적 책임감을 지닌 진정한 인간이 될 수 있다는 것이 그의 뜻이다. 양교수의 주장을 깊이 생각해 볼 때다.

2000년 1월 안동문화연구소
이해영

차례

소수서원 · 이해영 —— 11

금오서원 · 홍원식 —— 37

덕천서원 · 손병욱 —— 55

도산서원 · 안병걸 —— 95

필암서원 · 김낙진 —— 117

병산서원 · 유권종 —— 141

자운서원 · 김홍경 ——— 165

임천서원 · 주승택 ——— 187

석실서원 · 김용헌 ——— 215

화양서원 · 권정안 ——— 241

고산서원 · 정병련 ——— 275

황강서원 · 윤천근 ——— 307

소수서원 이해영

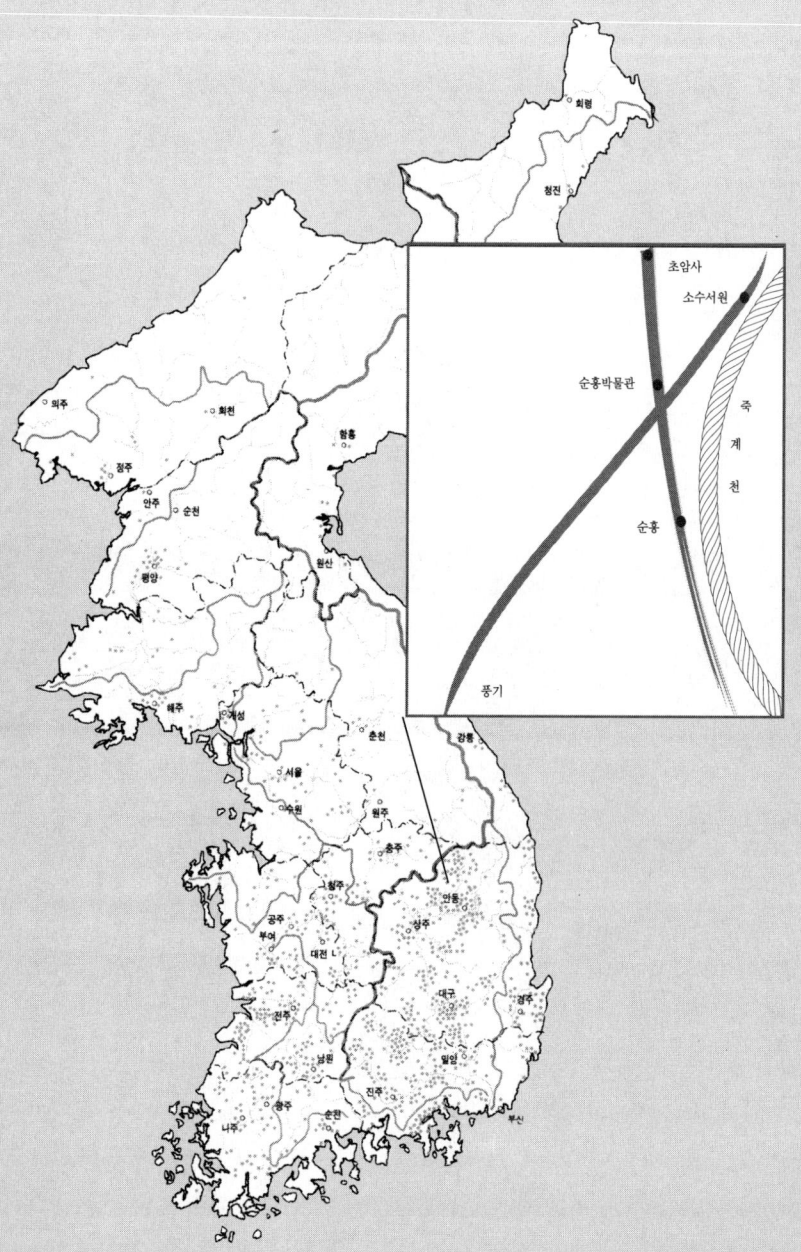

1. 서원의 위치와 내력

소수서원紹修書院은 경상북도 영주시 순흥면에 있는 우리 나라 최초의 서원이다. 1541년(중종 36) 7월에 풍기 군수로 부임한 주세붕周世鵬은 다음 해 1542년 8월에 이곳 출신 성리학자인 안향安珦을 배향하기 위해 사묘祀廟를 설립했다가, 1543년 8월에 사당 동쪽에 서원을 설립하고 백운동白雲洞서원이라 이름하였다. 백운동이란 이름은 중국 송나라 때의 성리학 집대성자 주희가 강학한 백록동白鹿洞서원에서 따온 것으로, 이는 조선조 최초의 서원이었다. 그후 백운동서원은 풍기 군수로 부임한 이황李滉이 조정에 사액을 청하여 소수서원이라는 명칭을 받아 사액서원이 되었다. 그러므로 소수서원은 우리 나라 최초의 서원이면서 동시에 최초의 사액서원이다.

소수서원에는 1544년에 안축安軸과 안보安輔가 추가 배향되었고, 1633년에는 주세붕이 추가 배향되었다. 소수서원은 1871년 흥선대원군이 서원을 철폐할 때에 헐어 버리지 않고 남긴 47개 서원 중의 하나이다. 그래서 오늘날까지도 국보 제111호인 회헌 영정, 보물 제485호인 대성지성문선왕 전좌도, 보물 제717호인 신재 영정을 비롯하여 수많은 유물과 건물들이 잘 보존되어 있다. 배향된 인물들에 대한 제사는 3월·9월 첫 정일丁日에 지낸다.

소수서원은 순흥면 동북쪽 거북 모양의 영귀봉靈龜峯 아래에 자리잡고 있는데, 서원이 세워진 터는 이 신령스러운 거북이 알을 품는 자리에 해당한다고 한다. 서원 주변의 산자락에는 신라 시대의 고분군이 있다. 서원 오른쪽으로는 일명 군자산君子山이라 불리는 연꽃 모양의 연화산이 자리잡고 있고, 서원과 연화산 사이에는 소백산맥의 물줄기이자 태백산의 황지와 함께 1,300리 낙동강의 원류를 이루는 죽계수竹溪水가 멀리에서부터 영귀봉을 휘감고 내려와 소수서원을 안고 돌면서 아래로 흘러가고 있다.

소수서원 주차장 입구에서 보면 멀리 소백산의 주봉인 비로봉이 좌우에 연화봉과 국망봉 같은 거봉을 거느리고 그윽하게 소수서원을 바라보고 있다. 국망봉이라는 이름에는 다음과 같은 이야기가 전해 온다. 소수서원에서 이황에게 가르침을 받았던 천민 제자 배순이 국상이 나자 삭망 때마다 그 봉우리에 올라가 북쪽을 향해 곡을 했고, 이로 인해 국망봉이라 부르게 되었다는 것이다. 대장장이였던 배순은 스승 이황을 오래 모시지 못한 안타까움 때문에 쇠로 이황의 상을 만들어 놓고 계속 글을 읽었고, 이황이 죽은 후에는 그 철상을 모시고 3년상을 입었다고 전해지기도 한다.

우리 나라 국토의 가장 큰 맥인 백두대간이 태백산에 이르러 한 갈래를 남쪽을 향해 늘어뜨리니 그 줄기가 바로 낙동정맥이다. 백두대간이 지리산 쪽을 향해 가다 큰 숨 한 번 내쉬며 영남의 산하를 구상하는 곳이 있으니, 바로 소백산이다. 소수서원은 국토 정맥의 정기가 모인 곳 바로 아래, 그 정기의 그늘에 자리하고 있는 것이다. 소수서원에 배향되어 있는 안축이 고려말에 지은 것으로 전해지는 '죽계별곡竹溪別曲'은 순흥을 죽령의 남쪽, 영가永嘉(안동)의 북쪽, 소백산 앞에 있으면서 '천년 흥망에도 한결같은 풍류'를 이어 온 고장이라 언급하며 죽계의 여러 빼어난 경치를 자랑함과 동시에 순흥이 유학의 전통이 내려온 고장임을 밝히고 있다.

소백산 주변과 그 휘하 지역에는 무량수전이 유명한 화엄종찰 부석사를 비롯하여 비로사, 희방사, 초암사 등이 있어 옛 불교의 흥성을 짐작해 볼 수 있게 한다. 소수서원이 자리잡은 터도 바로 숙수사 옛터가 아니던가. 이곳은 또한 소수서원을 비롯하여 영주의 이산서원, 예안의 도산서원 등 초기의 많은 서원들이 자리잡고 있었던 곳이기도 하다. 이데올로기로서의 불교와 유교가 강성했던 자리인 것이다. 역사적으로 보면 소백산이 품고 있는 지역은 산맥이 국경 역할을 하면서 삼국 시대부터 고구려와 신라의 힘이 부딪쳤던 곳이었다. 그래서 순흥의 읍내리에는 남한에서 유일한 고구려계 고분과 벽화가 있다. 이곳은 또 고려 태조 왕건과 후백제의 견훤이 결전을 겨루었던 지역이기도 하다. 이러한 사실들은 동시에 이곳이 힘의 공백

지대였을 가능성을 의미하기도 한다. 따라서 이 지역은 나름대로 중앙의 권력으로부터 멀리 떨어져 있을 수 있었다. 이로 인해 이 지역은 자치에 관한 독특한 정서의 형성이 가능하였는데, 중앙의 입장에서 보면 이는 권력이 미치지 않는 곱지 않은 전통이었다. 이러한 지역적 전통과 함께 세조 때 금성대군의 역모 사건까지 겹쳐 국가의 차원에서 순흥은 이데올로기적인 교화가 절실한 지역이었다.

일찍이 주세붕周世鵬은 목사 안휘安暉에게 보낸 편지에서 "부임한 후 며칠만에 옛 순흥부에 이르렀는데 한 마리 소가 울고 있는 숙수사 옛터가 있었다. 이곳은 문정공 안축이 '죽계별곡'을 지은 곳으로 신령한 거북 모양의 산 아래에 죽계가 있으며, 구름에 감싸인 산, 소백산으로부터 흘러 내려오는 물 등 진실로 백록동서원이 있는 중국의 여산에 못지않다. 흰 구름이 항상 골짜기에 가득하므로 감히 이름하여 백운동이라 하였다. 그리고 감회에 젖어 배회하다가 비로소 사당 건립의 뜻을 갖게 되었다"고 하였다.

매표소를 지나 주변에 숙수사 당간지주와 수많은 낙락장송들이 서 있는, 느낌 있는 길을 따라가다 보면 서원 건물 입구에 이르게 된다. 그곳에서 오른쪽을 감돌아 내려가는 죽계 건너 물가에는 큰 바위가 있는데, 그 바위 위쪽에는 이황이 새겼다는 흰 글씨의 '백운동'이란 글자가 있고 그 아래에는 붉은 글씨로 '경敬' 자가 커다랗게 새겨져 있다. 경이란 마음을 바르게 갖추어 지닌다는 성리학 수양론의 핵심 개념이다. 바위에 새겨져 있는 '경' 자는 주세붕이 새겼다고 한다.

숙수사 당간지주 (사진: 김복영)

경이란 마음에 있는 것인데 돌에 새겨 무엇하겠는가라는 주변 사람들의 말에, 주세붕은 주자는 선천제도先天諸圖도 새겼거늘 '경' 자를 못 새기겠는가 하고 바위 위에 글자를 새겼다. 그러면서 그는 "사묘와 서원은 비록 오래 보존하지 못하더라도 바위에 새긴 이 '경' 자만은 마멸되지 않는 한 천년 후에라도 경석敬石이라 불리리라"고 하였다. '경은 학문의 처음이자 끝'이라고까지 말하였던 이황은 바위 주변에 소나무, 잣나무, 대나무를 심고 정자를 지은 뒤 취한대翠寒臺라고 이름지었다.

서원 건물 입구의 측면에는 경렴정景濂亭이 죽계를 사이에 두고 취한대를 마주보고 서 있다. 이 경렴정을 세운 사람은 주세붕인데, 경렴정은 맞은편 연화봉의 이름이 송대 성리학의 비조라 할 수 있는 주렴계周濂溪가 살던 염계濂溪의 연봉蓮峰과 같아서 주렴계의 뜻을 경모하기 위해 이름 붙인 것이라 한다. 경렴정과 취한대 둘레에는 울창한 노송 숲이 있고 그 아래로 푸른 죽계의 물이 잔잔히 흐른다. 그래서 경렴정 난간에서 보면 건너편 절벽에 새겨진 '백운동'과 '경'이라는 글자가 물에 어리어 경이란 도학의 마음가짐과 속세를 떠난 풍광의 절묘한 어우러짐을 느낄 수 있다.

경렴정(사진: 김복영)

소수서원 주변의 빼어난 풍광이야 다시 이를 바 없지만 대부분의 서원은 주변의 풍광이 고즈넉하고 아름다운 곳에 자리잡고 있다. 이처럼 서원이 주변 풍광을 염두에 두고 자리를 잡는 데에는 나름대로 중요한 의미가 있다. 이황(1501~1570)이 소수서원의 사액을 청하는 다음 글을 보면 그 의미를 알 수 있다.

은거하며 뜻을 구하는 선비와 도를 강론하며 학업을 익히는 사람들이 대부분 세상에서 시끄럽게 다투는 것을 싫어하여 전적을 짊어지고 넓고 한적한 들판이나 고요한 물가에 나아가 선왕의 도를 노래하고 고요히 천하의 의리를 살피면서 그 덕을 쌓고 인을 익혀 이것으로 즐거움을 삼고자 하였기 때문에 즐겨 서원에 나아가는 것이다. 국학이나 향교가 사람이 많이 모이는 성곽 가운데 있어서 한편으로는 학교에 관한 법령에 구애받고 다른 한편으로는 다른 일(과거)에 마음이 옮겨 가고 빼앗기는 것과 비교해 볼 때, 그 효과를 어찌 같이 말할 수 있겠는가. 이러한 관점에서 말한다면 단지 선비가 학문을 함에 서원에서 힘을 얻을 수 있을 뿐만 아니라 나라에서 어진 이를 얻는 데에도 또한 서원이 국학이나 향교보다 나을 것이다.

이황은 이 글에서 서원의 설립 배경과 그 지향하는 목표가 관학인 성균관이나 향교와는 다르다는 것을 분명하게 밝히고 있다. 즉 성균관이나 향교가 조정이나 관청과 직접적인 관계를 맺고 그 관여를 받는 데 비해, 서원은 사학으로서의 조직이나 운영이 조정과 관청으로부터 독립되어야 한다는 것이다. 만약 조정의 공인을 받아 사액서원이 되더라도 서원은 독립적인 조직과 운영 체계를 갖추는 것이 바람직한 일이었다. 그래서 이황은 사액을 청원하면서 다음과 같이 서원 운영의 자율성을 강조하였다.

서적을 내려 주시고 편액을 내려 주시며 전토와 노비를 하사하시어 그 재력을 넉넉하게 하시고, 또 감사와 군수로 하여금 다만 그 진흥 배양의 방법과 돕기 위해 나누어 준 비품을 관할 검찰하는 일만을 강구토록 할 뿐, 가혹한 법령과 번거로운 조목으로 구속을 못하도록 청하고자 합니다.

하지만 서원은 도가적 은둔자들처럼 세속을 벗어나 단순히 수려한 풍광 속에서 자신만의 인생과 삶을 즐기는 장소는 결코 될 수 없다. 서원의 주인인 사림들이 지녔던 기본적 생각, 즉 세상을 바르게 한다는 목표는 결코 버릴 수 있는 것이 아니었기 때문이다. 세상을 바르게 하기 위해서는 우선 자기 자신을 올바르게 수양해야 하고, 그러기 위해서는 세속의 번잡함을 떠나 공부를 해야 하지만 그 공부는 언제든 기회가 주어지면 세상을 바르게 하는 데 쓰여져야 하는 것이었다. 즉 '수기치인'이라는 유학적 이념의 실현을 위한 강학과 자기 수양의 도장이 바로 서원인 것이다.

2. 주세붕의 서원 창설

소수서원을 창설한 주세붕(1495~1554)의 본관은 상주尙州이며, 자는 경유景游, 호는 신재愼齋로 뛰어난 관리이자 학자였다. 주세붕이 황해도 관찰사에 임명되었을 때, 대간에서 주세붕은 학문이 정심하고 넓어 성균관에 있으면 학생들의 훌륭한 스승이 될 것이고 임금이 학문을 닦는 경연의 일

서원 입구에서 제일 먼저 마주치게 되는 명륜당(사진: 김복영)

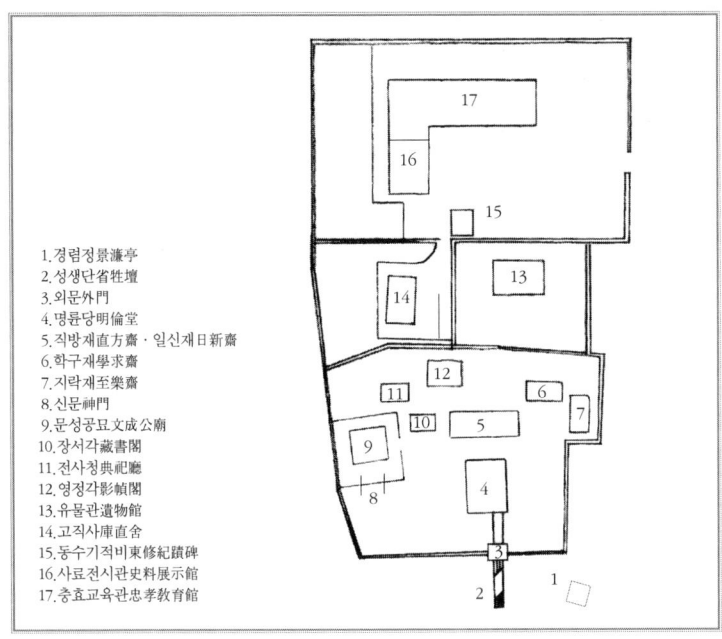

1.경렴정景濂亭
2.성생단省牲壇
3.외문外門
4.명륜당明倫堂
5.직방재直方齋·일신재日新齋
6.학구재學求齋
7.지락재至樂齋
8.신문神門
9.문성공묘文成公廟
10.장서각藏書閣
11.전사청典祀廳
12.영정각影幀閣
13.유물관遺物館
14.고직사庫直舍
15.동수기적비東修紀蹟碑
16.사료전시관史料展示館
17.충효교육관忠孝敎育館

을 맡으면 임금을 바로 도울 만한 인물이니 멀리 외직에 보내면 안 된다고 요청하였으나, 임금이 황해도 백성들이 지금 곤궁하니 그가 아니면 구할 길이 없다 하며 관찰사로 보냈다고 한다. 또 그가 풍기 군수로 재직할 때에 마침 큰 기근이 들었는데 백성들을 뛰어나게 구휼하여, 당시 경차관敬差官 (어사)으로 있던 이황의 형 이해李瀣가 그를 경상도에서 가장 우수한 목민관이라고 상주하여 이에 임금이 벼슬을 올려 주고 치하한 일도 있었다.

한편 주세붕은 도학에 힘쓸 것을 주장하고 불교의 폐단을 지적하는 상소를 올리기도 하였다. 그는 목민에 힘쓰는 동시에 도학을 강화하고 그 교육을 통해 백성을 교화하고자 하였던 것이다. 그것이 구체적으로 드러난 일이 바로 서원 창설이었다. 그는 1541년 풍기 군수로 부임한 즉시 피폐되어 향촌민의 교육 기능을 발휘하지 못하던 향교를 복구하려 하였으나 흉년을 당하여 실현시키지 못하다가, 경상도 관찰사와 풍기의 사림 그리고 관속들

문성공묘 (사진: 김복영)

의 협조를 얻어 2년 뒤인 1542년 향교를 관아에 가까운 곳으로 옮겨 지었다. 그는 향교를 옮겨 지음과 동시에 양반들에게 교육 기관으로서 외면당하던 향교 대신 풍기의 사림 및 그들의 자제를 위한 교육 기관을 건립하고자 하였다. 그리하여 마침내 중국의 주자가 세운 백록동서원을 모방하여 고려말 성리학을 도입한 순흥 출신의 안향을 배향한 백운동서원을 건립하였다. 이후 그는 서원의 원활한 운영을 위해 서적을 구입하고 서원전을 마련하였다. 그의 문집인 『신재집愼齋集』 「연보」에 따르면 그가 서원을 세우려고 터를 닦다가 묻혀 있는 구리 수백 근을 캐내어 경서 및 여러 현인의 문집 천여 권을 구입하고 서원의 토지와 그릇 등속을 갖추어 학생들의 학업을 닦는 밑천을 삼았다고 하는데, 아마도 숙수사의 유물이 아니었던가 싶다. 주세붕은 서원의 규모와 절차를 모두 백록동서원의 것을 따라 모방하였다.

주세붕이 서원을 창설한 것은 서원을 통해 사림을 교육하고 또한 서원을 사림의 중심 기구로 삼아 향촌의 풍속을 교화하려는 데 그 목적이 있었다. 그는 서원을 설립하면서 "선현을 제사지내는 사묘를 세워 그 덕을 높이고

(立廟而尙德) 서원을 세워 학문을 돈독히 한다(立院而敎學)"는 명분을 내세웠다. 그가 안향을 봉사하는 사묘와 유생의 교육을 위한 서재를 세운 것은 선현을 존숭하려는 뜻도 있었지만, 동시에 교육을 통해 유교적 윤리를 가르쳐 사람들을 교화하려는 목적도 있었던 것이다. 그런데 배향된 선현이 풍기 출신인 안향이고, 교육 교화의 대상이 풍기 사림이었다는 점에서 보면 풍기 사림의 교화가 주된 목적이었음을 알 수 있다.

한편 주세붕은 죽계사竹溪辭와 도동곡道東曲을 지어 배향된 선현을 제사지낼 때 노래 부르게 하였다. 죽계사 3장은 안향의 신위 앞에서 분향을 하고 불렀는데, 그 내용은 서원 주변의 풍광과 안향을 찬양하는 것이었다. 도동곡 9장은 초헌, 아헌, 종헌을 각각 마칠 때마다 3장씩 노래하였다. 초헌 후 부르는 첫 3장은 유학의 도를 이어 온 성인의 계보인 이른바 도통 계보에 속하는 복희, 신농 황제, 요순, 우탕, 문무, 주공 등 공자 이전 성인들을 찬양하며 그들의 마음 쓰는 방법을 담은 것이었다. 아헌 후 부르는 다음 3장은 공자, 맹자, 자사, 증자 등 선진 유학의 성인 현인들의 학문을 찬양하는 내용이었다. 종헌 후 부르는 마지막 3장은 송대 주희를 찬양하고 나아

직방재(사진: 김복영)

가 안향을 찬양하는 내용을 담은 것이었다. 이를 통해서도 주세붕이 서원을 창설한 목적이 풍기 출신 안향을 배향함으로써 유교적이고 성리학적인 이데올로기를 가지고 풍기 순흥 지역을 교화하려는 데에 있었음을 알 수 있다.

사실 그 때까지 안향에 대한 평가는 비록 그가 우리 나라에 처음으로 성리학을 전래하였다고는 하지만 섬학전을 마련한 공이 있기 때문에 문묘에 종사되었다는 범위에서 크게 벗어나 있지 못하였다. 그러나 주세붕은 안향이 성리학을 도입한 공이 크고 이색과 정몽주도 그의 영향을 받았다고 하면서 안향을 우리 나라 도학의 조종으로 받들었다. 이러한 주세붕의 태도는 백운동서원이 주자의 백록동서원을 모방하여 체제를 갖춘 것이라는 점과 아울러 안향을 봉사한 것이 주자를 존숭하여 성리학적 교화를 이루기 위한 수단이었음을 나타내는 것이라 할 수 있다.

주세붕이 유교 윤리를 통하여 풍기 사람을 교육하고 교화하고자 한 것은 달리 보면 당시 풍기의 풍속이 유교 윤리가 제대로 지켜지지 않는 상태에 있었음을 말해 주는 것이라 하겠다. 원래 향교는 양반 자제들을 대상으로 교육하는 기관이었으나 향교의 기능이 피폐되어 감에 따라 평민들도 향교에 입교할 수 있었다. 이에 따라 향교를 외면하는 풍기 사람들을 위해 서원이 설립되었다. 그래서 서원의 입학 자격도 생원, 진사 등의 사마시 합격자에게 우선권을 주었고, 나아가 향학심이 높고 바른 유생을 가려서 입학을 허락하였던 것이다.

이렇게 서원을 설립하고 안향을 봉사한 것은 풍기의 유향소와 사마소를 중심으로 향촌에서 독자적인 활동을 하면서 지방관의 통치를 잘 따르지 않는 사람들을 서원이라는 새로운 교육 기관으로 흡수하려 한 것이다. 다시 말해 그가 서원을 설립한 목적은 서원을 유향소와 사마소를 대신하는 향촌 기구로 삼고자 한 것이었으며, 아울러 성리학을 풍기 사람들에게 교육함으로써 지배 계급인 이들을 통해 향속 교화를 이루고자 한 것이었다.

이러한 주세붕의 의도에 대해 일부 사림과 안씨들을 제외한 대다수 풍기의 사림들은, 안향은 문묘에 종사되어 있고 향교에도 배향되어 있으니 별도로 제사지내는 사묘는 불필요하고, 향교가 있으니 별개의 교육 기관은 필요하지 않으며, 또한 전국적으로 심한 기근을 당한 시기에 서원을 세운다는 것은 온당하지 않다는 점 등을 들어 서원 건립을 반대하였다. 아울러 성현을 배우는 것은 그 마음을 배우는 것이 중요하다고 주장하였다. 이에 대해 그는 주자의 행적을 인용하며 사당을 세워 덕을 높이고, 서원을 세워 학문을 돈독히 하는 일이 기근을 구하는 일보다 시급한 일이라고 역설하였다. 즉 그는 당시의 정사와 학문이 황폐하게 된 것이 표리 관계에 있다고 보았던 것이다. 그 역시 서원의 설립이 때가 아닌 줄 알았지만, 세상의 도리와 인심의 황폐함을 구하는 일이 보다 근본적인 일이라 생각하여 서원 설립을 주장한 것이었다. 이는 도덕적 질서의 확립 없이는 모든 정사가 제대로 이루어질 수 없다고 여기는 도학적 입장에 서 있는 것이라 할 수 있는데, 이러한 생각은 16세기 중엽 이후의 사림파들의 생각과도 일치하는 것이었다.
　서원의 설립은 풍기 지방의 교화에 커다란 영향을 미쳤다. 즉 유교 윤리를 보급하여 향촌민을 교화시켰음은 물론 원생들은 과거 급제에 크게 유리하였다는 평가를 받기도 하였다. 그러면서도 원생들은 향촌의 일에 간여하지 말고 단지 교육에만 전념하도록 하였다. 이것은 서원 본연의 기능인 교육이라는 면을 중요시한 때문이기도 하였지만 서원에 대한 풍기 사림들의 태도를 의식한 것이기도 하였다.
　주세붕은 풍기의 사림들에게 서원의 운영을 맡기고, 풍기 사림의 자제들을 원생으로 뽑도록 하였다. 그러나 설립 당시 원생의 수 10명 가운데 풍기 사람은 단 1명뿐이었다. 원장을 풍기 사림으로 삼고 실제 사림들을 운영에 참여시켰다고 하지만 원생들이 다른 군이나 현에서 온 사람들이 대부분이었다는 사실은, 서원의 설립이 풍기의 사림과 그 자제들을 교육함으로써 향촌을 교화하려는 당초의 의도와는 달리 초기에는 일부 사림들과 안향의 후손을 제외하고는 대다수 풍기 사림들에게 크게 호응을 얻지 못하였음을 반증하는 것이라 하겠다.

3. 소수서원의 발전

소수서원이 발전하게 된 결정적 계기는 국가의 공인인 사액이었고, 아울러 그 사액을 청한 이황의 공로였지만 그 이전에 안향의 후손인 안현安玹(1501～1560)의 백운동서원 진흥책이 큰 역할을 하였다.

1. 안현의 서원 진흥책

백운동서원에 대한 행·재정적인 지원 체계를 확립한 사람은 안향의 11대 손인 안현이었다. 그는 1545년(명종 원년)경상도 관찰사로 부임하여 다음해 한성부 좌윤으로 자리를 옮길 때까지의 1년간 백운동서원의 경제적 기반의 확충과 운영 방책을 제도적으로 보완하여 확고한 기반을 갖출 수 있도록 하였다. 그는 서원의 설립자인 주세붕과 서원을 사액서원으로 하는 데 절대적인 공을 세운 이황을 연결하는 중개자이자 백운동서원을 사액서원인 소수서원이 되게 한 숨은 공로자였다. 그는 백운동서원의 경제적 자립을 위해 부단히 노력하였는데, 이로 인해 백운동서원이 사액서원이 될 때 조정으로부터 전례에 의해 서적과 편액은 받았으나 전토와 노비는 새로이 하사받을 필요가 없을 정도로 그 재정이 튼튼하였다. 물론 서원을 설립할 때 주세붕이 재정에 관해서 많은 애를 썼지만, 안현에 의하여

소수서원 편액(사진: 김복영)

그 재정의 규모가 자립이 가능할 정도로 확대된 것이다. 그리하여 『속대전 續大典』에 규정한 3결結의 서원전 규모보다 10배나 넘는 서원 재단을 일찍부터 마련할 수 있었다. 소수서원 등록에 보이는 서원에 대한 지원은 가히 경상도의 거도적인 관심사였다. 합천·밀양·기장·신령·안동·영천·창원·상주·예천·영덕·안강·군위 등지에서 서원에 보낸 물품은 일일이 열거할 수 없을 정도였는데, 이들 물품은 지방 수령들이 보낸 것들이 대부분이었다.

이러한 안현의 노력은 그가 안향의 후손으로 자기의 선조를 봉사하는 서원을 오래 존속시키고자 하는 개인적인 의도가 전혀 없지는 않았다. 그가 우상으로 있을 당시 안향 영정의 보수를 위해 풍기 군수가 편지를 보내자 그가 직접 나서서 그 일을 도왔고, 당시의 군수에게 감사의 편지를 보낸 일을 보더라도 그러한 사실을 짐작할 수 있다. 하지만 그는 당시 도학적 학문 및 질서를 수립하려는 조정의 의도를 받드는 지방의 목민관으로서 서원이라는 새로운 형태의 학교를 육성 발전시키려는 생각도 충분히 지니고 있었던 것으로 보이는데, 그것은 수령의 일곱 가지 할 일(守令七事) 가운데 으뜸가는 일이 바로 교학의 일이었기 때문이다.

ㄹ. 이황의 사액 주청

안현의 소수서원 발전에 관한 노력이 경제적 자립에 주로 경주되었다면, 이황의 사액을 받기 위한 노력은 소수서원을 국가의 공인을 받은 참다운 서원으로 만드는 결정적 계기가 되었다.

1548년 10월에 풍기 군수로 부임한 이황은 서원의 진흥을 위해 1549년 12월에 경상도 관찰사 심통원沈通源에게 백운동서원에 조정의 사액을 바라는 글을 보냈다. 이에 명종은 대제학 신광한에게 서원의 이름을 "자기 내적 수양을 통하여 유학의 정신을 이어간다"라고 하는 의미를 지닌 '소수

紹修'로 짓게 하였다. '소수'는 다른 한편으로 순흥에 폐지된 학교를 다시 세워 단절된 도학을 잇게 한다는 의미(旣廢之學紹而修之)를 지니고 있다고도 한다. 이는 1456년(세조 2) 9월에 순흥으로 유배된 세종의 다섯째 아들 금성대군錦城大君과 순흥 부사 이보흠의 단종 복위 밀모 사건으로 인해 순흥부가 풍기군의 한 면으로 강등되어 편입되고 순흥 향교가 폐지되었기 때문이다. 명종은 이어 사서오경과 『성리대전』 등의 책을 소수서원이란 친필 사액과 함께 내렸다. 사액이란 임금이 사당이나 서원의 이름을 지어 현판을 내리는 것을 말하는데, 이는 곧 국가의 승인을 뜻하는 것이다. 다시 말해 왕명에 의해 성리학의 교육에 관한 정통성을 인정받게 되었다는 것이다. 이처럼 사액서원이 됨으로써 소수서원은 백운동서원 시절과는 다른 위상을 지니게 되었다.

그런데 이황이 감사 심통원에게 보낸 편지에는 백운동서원의 내력과 규모뿐 아니라 그의 서원관도 실려 있다.

죽계의 물이 소백산 아래에서 발원하여 옛 순흥부의 가운데를 지나는데 실은 우리 유학계의 선현인 문성공 안향이 살던 곳입니다. 마을은 그윽하고 깊어 구름이 드리운 골짜기가 아득한데 주세붕은 고을을 다스림에 학문을 일으키고 인재를 기르는 것을 제일로 삼아 이미 향교에 정성을 기울이던 터에, 죽계는 선현의 유적이 있는 곳이라 그 땅에 나가 터를 잡고 서원을 지으니 무릇 30여 칸이 되었습니다.…… 대개 우리 나라 교육은 중국의 제도를 좇아 서울에 성균관과 사학이 있고, 지방에는 향교가 있으나 다만 서원이 없는 것이 큰 흠이었는데 주 군수가 주위의 비웃음과 비방을 무릅쓰고 비로소 여기에 서원을 세웠습니다. 그러나 교육 기관이란 반드시 국가의 인정을 거쳐야만 그것이 오래 유지될 수 있고, 그렇지 못하면 마치 근원이 없는 물과 같아서 아침에 가득했다가도 저녁에 없어질 수도 있습니다. 또한 주군수와 안감사가 아무리 설비를 잘해 놓았다 하더라도 이는 한 군수와 방백이 한 일이라, 임금의 명령을 받고 국사에 오르지 못하면 오래 유지하지 못할 것입니다. 그러므로 감사께서는 위에 아뢰어 송나라 고사대로 서적과 편액, 그리고 토지와 노비를 내리게 해주기 바랍니다. 그렇게 되면 서원은 한 고을 한 도를 위하는 것이라기보다 한 나라의 교육을 위하는 일이 될 것입니다. 또한 최충, 우탁, 정몽주, 길재 등 선현의 옛터에 모두 서원이 서게 되면 나라의 교학이 크게 밝아져 중국의 공자와 맹자의 학문이나 송대의 훌륭한 성리학자들의 학문에 견줄 만하게 될 것입니다. 이즈음 보건대 지방 향교들은 그 가르침이 무너져 선비들이 향교에서 공부하기를 부끄러이 여길 만큼 한심한 상태입니다. 그러므로 이제 서원의 가르침을 일으키면 학문과 정치의 결함을 보충하여 선비들의 풍습이 훨씬 달라질 것이며 습속이 아름다워져 임금의 훌륭한 다스림에 보탬이 될 것입니다.

이러한 이황의 사액 청원은 그의 시대인식과도 관련이 있다. 그는 세상의 도가 쇠미해지고 선비의 올바른 풍습이 없어졌다는 생각을 갖고 있었다. 그는 여러 차례의 사화를 거치면서 흐트러진 당시의 인심을 수습하기 위해서는 인심을 맑고 착하게 하여야 하고, 그러기 위해서는 올바른 학문, 구체적으로는 참다운 성리학을 열어야 한다고 생각하였다. 그는 참다운 성리학을 통해서 사대부의 심성을 바로잡고 이 땅의 정신 풍토를 정화시킴으로써 이상 사회의 건설이 가능하다고 본 것이었다. 다시 말하면 이상 사회에 걸맞는 새로운 인간 형성이라는 시대적 과제를 위해서 무엇보다도 이 땅에 있어서 참다운 성리학의 토착화가 필요하며, 그러기 위해서는 각 지방의 의욕적인 신진 사림들을 성리학의 산하에 모여들게 하고 참다운 공부를 시켜야 한다고 생각하였던 것이다.

당시의 학교 시설로는 매 군현마다 향교가 있었으며 중앙에는 최고 국학인 성균관이 있었다. 그러나 그즈음 향교는 이미 학교로서의 기능이 퇴화되어 가고 있었고 성균관조차도 국학으로서의 온전한 기능을 유지하지 못하고 있었다. 이황이 대사성으로 있을 때 내린 「유사학사생문諭四學師生文」을 살펴보면, 스승과 학생 사이가 길거리의 시정잡배만도 못한 상태에 있음을 보여 주고 있어 당시의 교학 체계가 어느 정도 심각한 상태에 있는지를 잘 알려 준다. 그는 당시의 관학의 폐해와 해이를 바로잡을 방안으로

서원 교육을 제시한 것이었다.

살피건대 오늘의 국학은 어진 선비들의 소관이지만 대체로 군현의 향교는 한갓 글을 가르치는 도구로만 남고 교육은 크게 무너져, 선비들은 향교에서 지내는 것을 오히려 부끄러이 여깁니다. 이처럼 그 피폐함이 극심하여 어찌할 도리가 없게 되었으니 가히 한심합니다. 서원 교육이 이제 흥성한다면 교육의 퇴폐함을 구할 수 있을 것이며, 배우는 사람이 의지할 바가 있고, 사림들의 기풍이 따라서 크게 변하여 습속이 날로 아름다워질 것이며 임금의 교화가 이루어질 수 있을 것입니다.

소수서원에 사액과 책 노비가 내려진 것을 시초로 하여, 때마침 황폐되어 가는 향교를 대신하여 국가의 보조를 받는 서원이 각처에 설치되었다. 이를 계기로 이황의 서원 창설 운동이 이어졌다. 그는 서원 설립의 취지에 대하여 다음과 같이 말하였다.

공부하는 사람들이 바깥으로만 치달리는 마음 대신 진리와 도의를 배우고 실천하려는 정신을 가지고 끊임없이 서로 절차탁마해 나간다면 안으로는 집안을 바르게 하고 세상의 푯대가 될 것이오, 밖으로는 사회를 바로잡고 시대를 제도하리니, 이것이 곧 서원 설립의 본뜻이다.

이황은 관학인 향교와 국학과는 직접 관계가 없는 서원이야말로 성리학의 온상이 될 수 있다고 생각했던 것 같다. 그 이유는 향교와 국학은 나라의 제도와 규정에 얽매이고 과거 공부에 주력하여 옳은 학문을 이룰 수 없는 반면, 서원에서는 자유로운 분위기에서 출세주의와 공리주의를 떠나 순수한 학문 연구에 몰두할 수 있다는 것이다. 즉 서원은 일단 세속적인 모든 면에서 벗어나 올바른 인재를 양성해 냄으로써 이상 사회를 이룩할 수 있는 새로운 힘을 개발할 수 있다는 것이다.

사실 사림들의 생존 방식이 과거를 통한 벼슬밖에 없었던 당시에 개인의 수양을 위한 학문을 위주로 하는 성리학의 학문관을 토착화하는 일은 쉽지 않았다. 실제로 이황의 아들 손자조차도 과거에 관심을 갖고 있었다. 이황이 도산서당에서 강학하던 당시에 영주에는 과거 공부를 전문으로 지도하는 사설 학원(居接)이 있었다. 이 학원은 인격 함양이나 학문이 목적이 아니라 과거에 대비하는 교육이 주목적이었다. 오늘날의 진학 지도 학원이나 고시 학원 같은 성격을 띤 사설 학원이었던 것이다. 이황의 손자 안도安道도 이곳을 찾아간 적이 있어서 이황은 문장 수련에 힘을 쓰는 손자를 나무라기까지 하였다. 이황이 유교 경전과 성리학 서적을 중심 교재로 삼아 강의하는 데 반해서 영주의 사설 학원에서는 과거 위주의 암기와 작문을 주로 가르쳤다. 손자가 조부의 교육을 이해하지 못하자 이황은 하도 딱해서 "가까이 있는 단 복숭아는 거들떠보지도 않고 쓴 돌배 따러 온 산천을 헤매고 있구나"(棄却甛桃樹, 巡山摘醋梨)라는 시를 보여 주며 손자를 일깨워 주었다고 한다. 그리고 문인 김성일, 우성전 등이 와서 『역학계몽易學啓蒙』과 『심경心經』 등을 수강할 때는 절에 가서 공부하고 있는 손자를 불러 내어 청강하게 하였다. 아들 준寯도 부친의 강학보다 영주의 학원에 가서 공부하는 것을 원했다. 이황은 내심 못마땅하면서도 허락했는데, 준은 곧 아버지의 가르침이 옳은 것을 깨닫고 되돌아왔다. 이황의 실천 중심의 학문, 배운 것을 그대로 실천하는 도덕 교육, 즉 앎과 실천을 함께하는(知行竝進)의 학문을 집안 사람들도 처음에는 납득하지 않았던 것이다. 또한 과거를 앞두고 이황에게 과거 시험을 위한 수업을 받으러 왔다가 그가 과거와는 상관없는 경학을 중심으로 가르치자 되돌아간 생도가 부지기수였다.

이황이 서원 교육을 통하여 이루고자 했던 학문 내용과 이황의 학문 내용은 기본적으로 얼개가 같을 수밖에 없다. 그의 학문은 도덕적으로 완성된 인간이 되고자 하는 학문이기에 그는 도덕적 자아의 확립과 완성에 노력을 기울였다. 그러나 그의 학문과 삶의 정신은 한 걸음 더 나아가 도덕이나 이론 이전에 감성적 직관에 의해 파악되는 세계와 사물, 그리고 삶의 의미를 매우 소중하게 여기고 깊이 음미하는 것이었다. 이러한 학문을 익히기 위해서는 주변 환경이 세속의 번잡함으로부터 일정한 거리를 벗어나 있으며, 그윽하고 아름다울 필요가 있었다. 그는 경건한 마음가짐으로 안으로 자신을 성찰할 뿐만 아니라 밖으로 대상 세계에 대한 자연스러운 감흥을 일으켜 경건한 삶과 자연의 아름다움을 함께 누리고자 하였다.

이황이 사명으로 삼았던 서원 창설과 진흥 운동이 지니는 의미는 역사적으로 볼 때, 두 가지가 있다. 하나는 이황의 사후 점차 지방 인재들의 진출이 늘어나게 되었고, 이에 따라 사림 정치가 본격화되고 성리학적 이념이 정치를 주도하게 되었다는 사실이며, 다른 하나는 학자가 공부를 하는 것은 과거를 거쳐 출세하는 것만이 목적이 아니라 학문 그 자체를 구극의 사업으로 하며 아울러 학문을 통해 역사에 기여할 수 있다는 것이 하나의 통념으로 정립되었다는 것이다.

그러나 이황이 적극적인 관심을 가지고 사액을 주도했던 소수서원은 풍기 사림의 비협조로 인해 초기부터 삐걱거리게 되었다. 주세붕을 도와 서원 설립에 깊이 간여했고 그의 깊은 신임을 받아 서원을 맡아 운영하던 김중문이 유생을 구타하는 일이 일어났고, 이에 서원의 재생들이 크게 반발하였던 것이다. 이에 대해 이황은 「의여군수논서원사擬與郡守論書院事」란 글을 지어 "선비란 천자와 벗하여도 외람되지 않고 왕공으로서 선비에게 몸을 낮추어 사귀더라도 욕이 되지 않는 것이니, 이로써 선비가 귀하고 공경받을 수 있고, 절의와 명예가 그렇게 함으로써 성립된다"고 하여 학문하는 사람들의 지위를 인정하였다. 성리학적 도학적 학문관에 의하면 학자가 공부하는 내용은 성인의 학문이요, 성왕의 학문인 성학聖學이었다. 즉 개인의 입장에서는 성인 되기를 구하고 밖으로는 도덕 정치를 시행하는 이른바 내성외왕內聖外王을 이루고자 하는 학문인 것이다. 그러므로 서원에서 공부하는 사람들은 개인의 내적 도덕적 세계에서는 천자에게도, 왕공에게도 굽힐 이유가 없는 것이다.

그러면서 이황은 당시 풍기 군수에게 선비를 예로 대할 것, 황중거와 박중보 같은 명망의 선비를 예방하여 그들로 하여금 서원의 선비들을 다시 오게 할 것, 유사(김중문)로 하여금 몸을 굽혀 사과하도록 할 것을 요청하였다. 그렇지 않으면 죽계의 바람과 달은 처량하고, 덩그러니 큰 집은 적막하며, 넓은 방에는 거문고와 글을 읽는 소리가 끊어져 쓸쓸할 것이니, 비록 중문과 같은 사람으로 열 사람을 시켜 서원의 사당을 지키게 하고 봄·가을 제사를 폐하지 않는다 하더라도 안향의 영혼은 아마 이곳을 돌보고 흠향하기를 즐기지 않을까 두려우며, 주세붕의 얼도 또한 반드시 지하에서 눈물을 흘릴 것이라고 하였다.

4. 서원에 배향된 인물

1. 안향

안향安珦(1243~1306)의 처음 이름은 유裕요, 호는 회헌晦軒, 시호는 문성文成이다. 그는 영주군 순흥면 평리에서 태어났다. 조선시대에는 향이라는 이름이 문종의 이름과 같았으므로 이를 피하여 그의 처음 이름인 유로 다시 바꾸어 불렀다. 안향의 아버지 부孚는 본래 의업을 하던 사람으로 벼슬이 밀직부사密直府使에 이르렀다. 의업이란 사실주의와 합리주의를 바탕으로 하는 것이므로 안향은 이러한 환경에서 자라 사실적이고 합리적인 사유를 중시하게 되었다. 그리하여 그는 당시에 백성들에게 유행하던 미신, 즉 인간에게 미리 운명이 주어진다고 하는 생각이나 질병은 요사한 귀신의 장난이므로 무당들에 의해 퇴치될 수 있다고 여기는 어리석은 견해에 대하여 지극히 부정적이었다. 아울러 그는 백성을 속여 물품을 빼앗는 무당들을 매우 미워하였다. 이처럼 미신을 미워하는 마음은 상대적으로 유교의 보다 합리적인 이론에 대하여 관심을 갖게 하였다. 그러한 관심은 그가 주자학을 만남으로써 보다 명백하게 그 방향을 찾게 되었다.

안향은 황폐한 문묘(공자묘)를 보고 울적한 감회가 들어 다음과 같은 시를 읊었다고 한다.

곳곳마다 향등을 올려 부처에게 복을 빌고 집집마다 북소리 다투어 푸닥거리네. 오직 몇 칸 공자 사당은 온 뜰엔 가을 풀뿐, 사람 없어 적막해라.

이 시는 국가는 끊임없는 혼란으로 피폐한데, 불교와 무속은 번성하고 유학은 진작되지 않음을 탄식한 것이다. 한편 은연중에 불교와 무속을 배척함으로써 유교를 이 땅에 다시 새롭게 발전시키고 이로써 사람들을 교화시키고자 하는 의지를 그 안에 담고 있기도 하다.

안향은 백이정白頤正(1247~1323)과 함께 원나라에서 성리학을 받아들이고, 이를 내세워 고려 문화를 혁신하고자 한 첫 세대였다. 그는 1289년(충렬왕 15) 11월, 원나라에 가서 처음으로 주자의 문집인 『주자전서』를 보고 손수 그것을 베끼고, 공자와 주자의 화상을 그렸으며, 이듬해 3월 그것을 가지고 돌아왔다. 그는 주자를 흠모하여 주자의 호인 회암晦庵을 모방해 자신의 호를 회헌晦軒이라 하였는데, 1297년 12월에는 후원에 정사를 짓고 공자와 주자의 화상을 모셨다. 그는 1298년에도 충선왕을 따라 원나라에 다녀왔다. 그가 원나라의 문묘에 참배하였을 때, 그곳의 학관이 고려에도 공자의 사당(聖廟)이 있느냐고 묻자 그는 "우리 나라에도 중국과 똑같은 공자의 사당이 있소"라고 대답하였다. 그들이 문답하는 가운데 그가 주자의 학설에 맞추어 성리학의 이론을 논변하자 그곳의 학관들은 크게 경탄하여 마지않으면서 그를 일컬어 '동방의 주자'라는 칭송을 아끼지 않았다고 한다.

안향은 1303년에는 김문정金文鼎을 중국 강남 지방에 보내어 공자와 칠십 제자의 화상, 그리고 문묘에 사용할 제기, 악기, 육경, 제자서와 역사서를 구해 오도록 하였으며, 그후(1314년)에도 박사 유연연을 중국 강남에 보내 경전 1만8천 권을 사오게 하였다. 1304년 6월 국학의 대성전이 완성되자 거기에 공자를 비롯한 성현들의 화상을 모시고 문묘의 제도를 갖추게 하였다. 안향은 인륜의 실천을 강조하고 인격의 수양을 중시하는 주자학이야말로 고려의 폐단을 개혁할 수 있는 새로운 학문으로 생각하였는데, 그는 국자감의 학생들에게 주자학을 성인의 도를 배우는 길잡이로 삼으라고 강조하였다.

성인의 도는 현실 생활 속에서 윤리를 실천하는 것 이외의 것이 아니다. 자식된 자 효도하고 신하된 자 충성하고 예로써 집안을 다스리고, 벗을 믿음으로 사귀고 경건한 마음으로 자기 자신을 수양하고, 정성으로 일을 하는 것일 따름이다. 그런데 불교는 어떠한가. 부모를 버리고 집을 나가서 윤리를 파괴하니, 이는 오랑캐의 무리인 것이다. 근래 전쟁에 시달린 나머지 학교가 무너지고 선비는 학문을 몰라, 배운다는 것이 겨우 불서나 즐겨 읽고 그 허무하고 공허한 뜻을 믿으니 심히 가슴 아픈 일이다. 내 일찍이 중국에서 주회암의 저술을 보니, 성인의 도를 드러내 밝히고 불교를 물리친 공이 족히 공자에 견줄 만하였다. 그러므로 공자의 도를 배우는 데 있어서는 회암을 배우는 것이 제일 나으니 여러 학생들은 게으르지 말고 힘써 새로운 책을 읽어야 할 것이다.

안향은 공자의 도는 인륜을 실천하며 성경誠敬으로 수양하는 데 중점이 있고, 주자는 이러한 공자의 도를 천명하고 인륜을 무시하는 불교를 배척한 공이 있다고 극구 찬양한 것이다. 그가 학생들에게 주자의 책을 권장하며 불교에서 출가하는 것을 윤리를 파괴하는 짓이라고 심하게 비판한 것은 인륜의 문제를 통하여 유교와 불교를 구분함으로써 주자학이 인륜의 실천을 중시하고 수양을 강조하는 측면을 부각시킨 것이다. 즉 그는 주자학을 불교를 배척하는 측면에서 받아들인 것이다.

안향은 대성전 등이 중수될 즈음에 이르러 국학의 형편을 걱정했다. 그리하여 1304년에 국학의 쇠퇴와 양현고 자금의 고갈을 돕기 위해 문무 관리들에게 기부금을 갹출하여 그 이자를 선비를 교육하는 비용으로 사용할 것을 건의하였다. 이것이 오늘날의 육영재단에 해당하는 섬학전이었다.

이에 정부의 관리들이 따르고 왕도 토지와 곡식을 내어 부조하였다. 이상의 행적을 보면 안향은 주자학에만 골몰했던 것이 아니라 학교를 일으키고 경사를 가르치는 데 널리 관심을 갖고 힘썼던 것을 알 수 있다.

　안향은 주자학을 유학의 진수로 보고 그것을 국학의 학생들에게 배우도록 하여 주자학을 고려학계에 뿌리내리게 하는데 결정적인 역할을 담당했다. 그가 개척한 주자학은 백이정 우탁 권보에게 전해지고 이제현―이색―정몽주―길재―권근―김숙자―김종직―김굉필―조광조에 이어져 조선 성리학의 발전에 공헌을 하게 된다. 이황은 안향을 다음과 같이 평하였다.

　전조(고려)의 선비는 숭상하는 바가 정교(유교)와 사교(불교)가 있었는데 안문성공이 학교를 일으키고 유학을 숭상하여 비록 유교 문화의 나라, 나아가 이상 사회에 이르도록 할 수는 없었지만, 말기에는 도덕과 절의의 아름다움을 갖추게 되어 포은 정몽주와 같은 사람이 나오게 되었으니 이것은 그의 힘이 아니겠는가?

　안향은 주자학 도입과 실천의 공적으로 돌아간 지 13년 뒤인 1319년(충숙왕 6)에 고려의 수도인 개경의 문묘, 동무 2위에 종사되었다. 1298년(충렬왕 24) 원나라 학관들이 안향을 동방의 주자라고 칭하며 화상을 화공에게 그리게 하였는데, 1318년(충숙왕 5) 2월에 왕명으로 그 화상이 모사되었다. 그 영정은 순흥향교에 보관되어 있다가 회헌 종가로 옮겨졌는데, 주세붕이 서원을 설립하면서 소수서원에 봉안되었다. 그후 소수서원에 보관되어 있던 그림이 해어지고 채색이 떨어져 나가 인멸될 지경이 되자, 풍기 군수 장문보張文輔가 서원 원장 안적安馰과 함께 예조판서이던 심통원에게 영정 보수를 청하였고, 다음 군수 박승임도 보수를 청하였다. 이에 심통원이 당시 우상이던 안현과 의논하여 마침 경주에서 집경전의 개수를 하고 있던 당대 최고의 화공 이불해李不害를 곡절 끝에 불러 올려 1556년 다시 모사해 그렸다. 오늘날 안향의 영정은 국보 제111호로 지정되어 있다.

ㄹ. 추가 배향된 안축과 안보

안축과 안보가 추가 배향된 것은 안향의 가까운 집안인 순흥 출신의 안씨로서 유명한 사람들이었기 때문이지 유학과 큰 관계는 없다. 주세붕의 경우는 서원의 창설 공로로 배향되었다.

안축(1287~1348)의 호는 근재謹齋이며, 고려 충숙왕 때 급제하여 벼슬은 우문관제학右文館提學 감춘추관사監春秋館事에 이르렀다. 경기체가景幾體歌로 된 '관동별곡關東別曲', '죽계별곡竹溪別曲'을 남겨 문장가로 이름이 높았다. 시호는 문정이다. 안축은 유학사보다는 국문학사에서 많이 연구되는 인물이다.

안보(1302~1357)는 안축의 아우로, 충숙왕 때 급제하여 벼슬이 대제학에 이르렀다. 이색은 묘지에서 "선생은 성품이 활달하고 사기를 즐겨 읽었으며 일에 임함에 대체를 좇아 조금도 치우침이 없었고, 문장은 화려함을 버리고 뜻을 전달함을 취할 뿐이었다"고 평하고 있다. 시호는 문경이다.

5. 소수서원에서 공부한 사람들

소수서원은 위에서 언급한 바와 같이 서원으로서 매우 중요한 의미를 지녔음에도 불구하고, 서원의 기록인 『원지院誌』도 남아 있지 않고 서책들의 대부분도 흩어져 없어진 상태이다. 단지 전해 오는 이야기에 의하면 소수서원에서는 당시 관학이 피폐할 때 4,000여 명의 인재를 배출했다고 한다. 특히 이황이 군수로 재직할 때를 중심으로 하여 이황의 문인인 김성일金誠一(호는 鶴峰)의 5형제가 모두 이곳에서 공부하였고, 역시 이황의 문인인 유운룡柳雲龍(호는 謙庵)은 두 번이나 풍기 군수를 지내면서 소수서원의 학풍 진작에 힘썼다고 전해진다.

소수서원이 배출한 주요 인물들은 대부분 이황의 제자들이거나 이황의 학맥과 연관된다. 소수서원에서 학문을 닦은 사람들의 명부인 『입원록』은 3권으로 이루어져 있는데, 권2의 소재는 알려져 있지 않다. 권1은 도산서원에 보관되어 있다. 권1에 실려 있는 인물들은 조목趙穆(호는 月川), 황응규黃應奎(호는 松澗), 구봉령具鳳齡(호는 栢潭), 권문해權文海(호는 草磵), 정탁鄭琢(호는 藥圃), 김륭金隆(호는 勿巖), 남사고南師古(호는 格菴), 김성일金誠一(호는 鶴峯), 금난수琴蘭秀(호는 惺齋), 김륵金玏(호는 栢巖), 權好文(호는 松巖) 등 이황 당대의 이름있는 문인들이 주를 이루고 있는데, 이는 이황의 풍기 군수 시절과 연관이 있는 것으로 보인다. 그후 장현광張顯光(호는 旅軒), 권두문權斗文(호는 南川), 이개립李介立(호는 省吾堂), 김구정金九鼎(호는 西峴), 이여빈李汝馪(호는 炊沙), 곽진郭𣈣(호는 丹谷), 김영조金榮祖(호는 忘窩) 등이 서원에서 공부하였다고 하는데, 대부분 이황의 학맥과 연관된 인물들이다. 권3에 실려 있는 인물들은 풍기 주변의 학자들로 보이는데 특별한 학맥이나 사상의 흐름은 보이지 않는다. 그러므로 이황을 배향한 도산서원 등의 성세에 밀려 소수서원은 조선 최초의 서원이며 또한 조선 최초의 사액서원임에도 불구하고 그 학문적 입지와 사상적 영향은 점차 쇠퇴의 길을 걸었다고 짐작할 수밖에 없다.

금오서원   홍원식

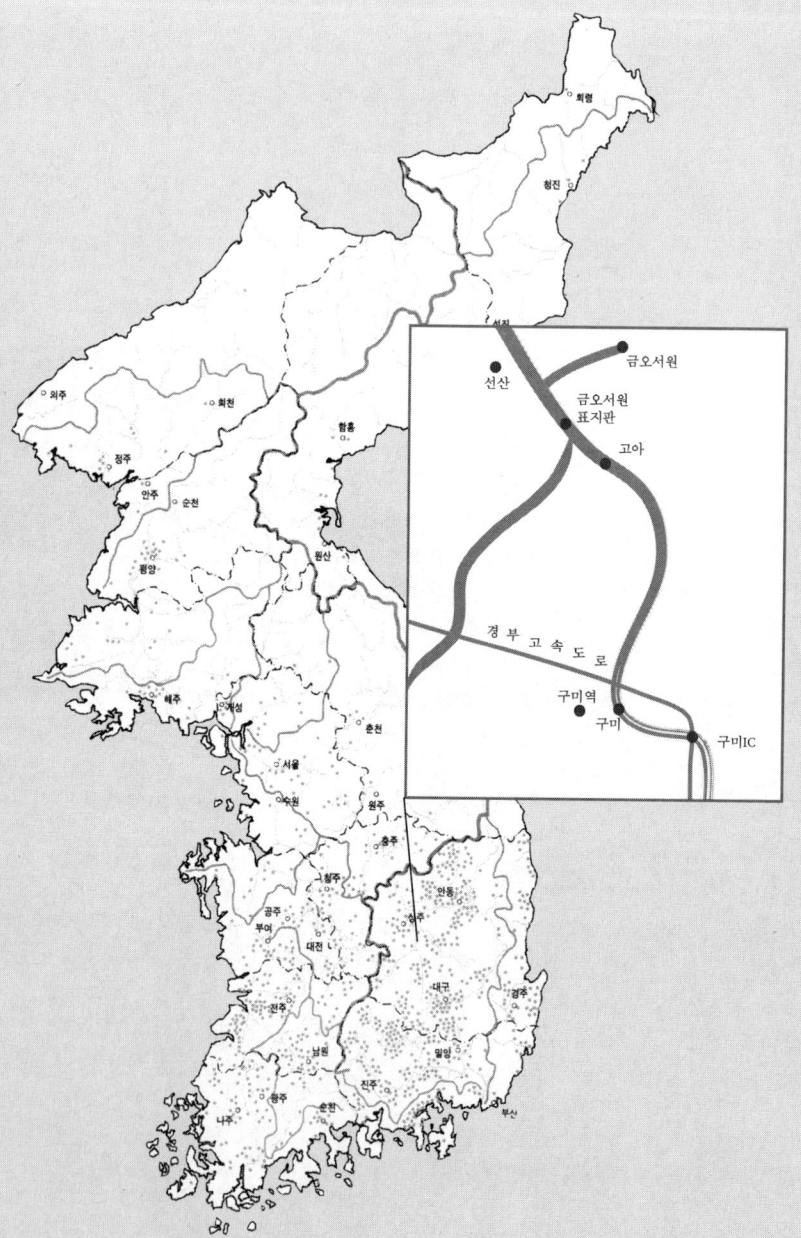

1. 금오산을 바라보며 낙동강에 기대선 금오서원

이중환李重煥은 일찍이 『택리지擇理志』에서 "조선 인재의 반은 영남에 있고, 영남 인재의 반은 선산善山에 있다"고 말한 적이 있는데, 이와 같이 선산에 인재가 많이 난 데에는 어떤 특별한 이유가 있을 것이다. 선산 인재를 언급하자면 고려말 삼은三隱 가운데 한 사람인 고려 유신遺臣 길재吉再 (1353~1419, 호는 冶隱)를 말하지 않을 수 없다. 그러나 그는 숱한 선산 인재 가운데 한 사람이 아니다. 오히려 선산 인재들이 바로 그에게서 나왔으며, 조선의 선비 즉 사림士林들도 그로부터 시작되었다. 그러므로 길재의 선산은 조선 주자학의 산실인 셈이다. 그는 금오산金烏山 아래에서 태어나고 자랐으며, 그곳에서 고려에 대한 절의를 지키며 학생들을 가르치다 생을 마친 그야말로 금오산인金烏山人이요, 금오산 주인이었다. 그가 죽은 뒤 그를 모신 서원 역시 그 땅에 세워지고 이름 또한 금오서원으로 명명되었다.

서울에서 경부선 철길이나 고속도로를 타고 가다 충청과 경상을 가르는 소백 준령의 고개 마루인 추풍령을 넘어 꽤 너른 들판을 지나면 김천이 나온다. 다시 한 10분 정도 달리다 보면 갑자기 불쑥 솟아오른 산이 나타난다. 바로 금오산이다. 예전에는 선산 혹은 일선一善이라 불리웠지만 지금은 구미라 불리는 땅에 금오산이 있다. 금오산은 동쪽으로 흘러내리다가 구미 공단의 자욱한 공장 굴뚝을 왼쪽으로 두고 낙동강으로 빠져드는데, 바로 이 금오산 동쪽 산자락이 길재가 태어나고 살다가 묻힌 땅이며, 영남 유학의 산실이자 조선 주자학의 발상지이기도 하다.

길재가 죽은 지 150여 년이 지나 금오산 아래에 금오서원이 세워지게 된다. 그러나 지금 우리가 찾아가는 금오서원은 이곳에 있지 않다. 금오서원은 세워진 지 얼마 되지 않아 임진왜란으로 불타 버리게 되었고, 몇 년 뒤 북쪽으로 약간 자리를 옮겨 다시 세워지게 된다. 구미 시내를 지나 북쪽으로 가다 보면 선산읍 경계가 나오고, 선산 읍내를 눈앞에 두고 오른쪽으로 난 들길을 따라 약 3킬로미터 정도를 가다 보면 조금 가파른 산 언덕에 기대선 금오서원을 만나게 된다. 지금 금오서원이 위치한 주소는 경북 구미시 선산읍 원1동이다. 남쪽으로 탁 트인 정면으로는 낙동강 본류와 지류인 김천 땅을 돌아드는 감천甘川이 합류하는 것이 보이며, 넓은 들판을 가로질러 멀리 금오산의 자태가 보인다. 여전히 금오서원은 금오산을 떠나 있지 않았다. 이제 금오서원은 금오산을 바라보며 서 있는 것이다.

낙동강은 이제 옛날의 낙동강이 아니다. 낙동강에는 더 이상 길재가 살았을 때처럼 정겨운 어부들의 노랫소리가 들리지 않으며, 어지러이 드나드는 장삿배도 찾아볼 수 없다. 오히려 흉물스런 몰골의 모래 채취선이 강 여기저기에 떠 있을 따름이다. 그러나 낙동강은 우리에게 많은 기억을 떠올리게 해준다. 좀 반반한 강언덕이면 으레 서원이 자리잡고 있어 시간의 무상함을 생각하게 해주고 깊은 기억 속의 흔적들을 더듬게 해준다. 낙동강은 태백산 황지에서 발원하여 1,300리 길을 휘휘 돌아 남해에 이른다. 이 중 1,000리는 뱃길이 열려 있었다고 한다. 영남의 중심 교통로로 이용되었던 낙동강은 산업과 경제는 물론이려니와 학문의 길이기도 하였다. 이 뱃길을 따라 오르내렸을 배움의 길, 즉 이 뱃길을 따라 서원이 세워지고 이로 인해 영남 사림이 퍼져 나갔던 것이다. 유학의 흔적을 찾으려거든 낙동강으로 나가 볼 일이다. 선비의 정취를 느껴 보려거든 돌고 돌면서 느리디느리게 흐르는 낙동강가에 서 볼 일이다. 이렇듯 낙동강은 유학의 기억을 머금은 채 유학의 영과 혼을 담고 지금도 흐르고 있다.

1567년(명종 22) 최응룡崔應龍(호는 松亭)과 김취문金就文(호는 久庵)이 향내 유림들과 함께 길재의 유덕을 기리고 공부할 서원을 세우고자 뜻을 모으게 되었다. 이들은 선산 부사府使 송기충宋期忠에게 그같은 생각을 전하였고, 이에 송기충이 조정에 주청하여 허락을 얻어 마침내 금오서원을 창건하게 되었다. 그리고 8년 뒤인 1575년(선조 8) 금오서원은 나라로부터 사

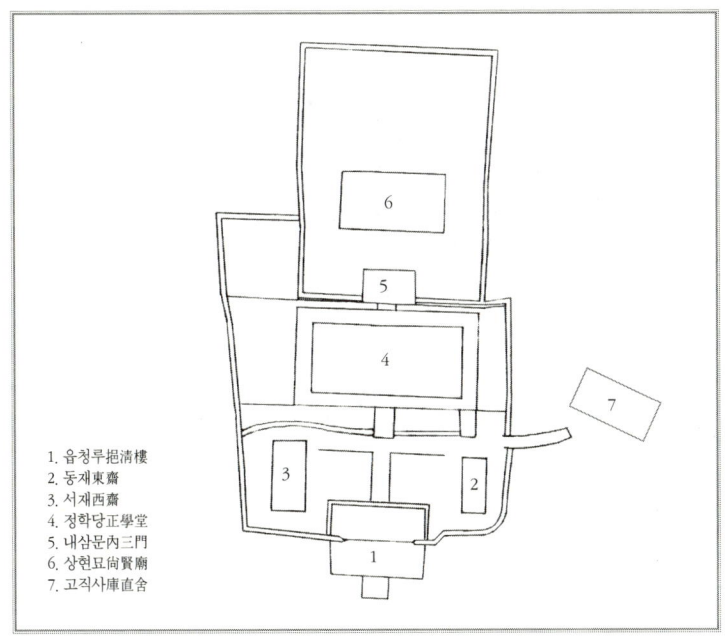

1. 읍청루挹淸樓
2. 동재東齋
3. 서재西齋
4. 정학당正學堂
5. 내삼문內三門
6. 상현묘尙賢廟
7. 고직사庫直舍

액賜額과 함께 서책書冊을 하사받게 된다. 그러나 임진왜란으로 인해 서원은 불에 타 버리는데, 전쟁이 끝난 직후 부사 김용金涌의 도움으로 지금의 자리에 장소를 옮겨 짓게 되었고, 1609년(광해군 원년)에 다시 사액을 받게 된다. 이후 금오서원은 1868년(고종 5) 전국의 47개 서원만 남겨 놓은 채 나머지 모든 서원에 대한 훼철령이 내려졌을 때에도 제외되어 지금에 이르도록 몇 차례의 중수重修를 거치게 되는데, 현재 경상북도 지방기념물 제60호로 지정되어 있다. 서원을 처음 건립했을 때는 길재만을 향사했으나, 남산藍山으로 옮겨 지은 뒤인 1605년(선조 38)에는 김종직金宗直(호는 佔畢齋)과 정붕鄭鵬(호는 新堂), 그리고 박영朴英(호는 松堂)을 추향追享하였으며, 다시 1624년(인조 2)에 장현광張顯光(호는 旅軒)을 추향하였다.

서원은 남향받이로 야트막한 산비탈에 기대서 있다. 서원 건물이 앉은 모습은 영남 남인계南人系 서원의 정형을 이루고 있다. 즉 누각과 강당 및

서재에서 내려다본 읍청루

사당이 일직선상에 있고, 동서재가 강당 앞에 대칭으로 서 있는 전학후묘 前學後廟의 전형적 구조이다. 자세히 살펴보면, 먼저 정면 맨 앞에 읍청루 邑靑樓라는 판액板額을 단 누문樓門이 있다. 정면 3칸, 측면 1칸의 좀 작아 보이는 다락형 건물로 팔작기와 지붕이다. 누문을 통해 계단을 올라서면 좌우에 동서로 숙사인 동서재東西齋가 있다. 지금은 판액이 보이지 않는 데, 기록에 따르면 동재의 이름은 보인補仁이었고 서재의 이름은 강의講義 였다고 한다. 동서재 모두 정면 3칸, 측면 2칸의 맞배기와 지붕 건물로 앞 면에 툇간을 두어 전부 개방하고 툇마루를 깔았다. 서재의 남쪽 1칸은 방 을 들이지 않고 대청을 만들었다. 한 층 위에 정학당正學堂이란 판액을 단

강당 판액

강당이 있다. 이곳은 서원의 강학 공간으로 정면 5칸, 측 면 3칸의 팔작기와 지붕 건물 이다. 정학당의 동쪽 방은 일 건재日乾齋, 서쪽 방은 시민 재時敏齋이다. 정학당 뒤로

상현묘

 가파르게 몇 계단을 오르면 상현묘尙賢廟가 있다. 이곳은 묘우廟宇이므로 3면의 벽을 모두 흙으로 쌓았고 남향의 정면만 문을 달았으나, 판자문을 달아 빛을 막았다. 상현묘는 정면 3칸, 측면 1칸의 맞배기와 지붕 건물이다. 이와 같이 서원은 총 5동의 건물로 이뤄져 있으며, 부속 건물로 고직사庫直숨가 동쪽 담에 붙어 있다.
 강당의 넓은 마루에 올라서면 한가운데에 큼직하게 씌어진 정학당이란 현판이 걸려 있고, 그 좌우와 동서쪽 방문 위에 여러 판액들이 걸려 있다. 이 가운데에는 서원의 중수에 관한 내용을 담은 것이며, 동서쪽 방의 이름을 풀이한 글이 있다. 서원의 강당과 여러 건물이나 재의 이름들은 1619년 장현광張顯光이 붙인 것이다. 그 중 '일건재日乾齋'와 '시민재時敏齋'를 풀이한 글을 옮겨 보면(『야은선생문집』 번역본 「嶠南誌」에서 인용) '일건'은 "하늘은 건乾으로 행하고 돌고 돌아 쉬지 않는다. 그러므로 군자는 스스로 힘쓰고 날마다 언행을 조금도 함부로 하지 않는다. 새벽부터 해가 기울도록 조심하고 조심하되 한결같이 하여 조금도 간단없이 숨쉴 동안도 쉬지 않고 두려워하고 깨우쳐 어둠에도 게으르지 않아서 진보되고 성誠이 성립

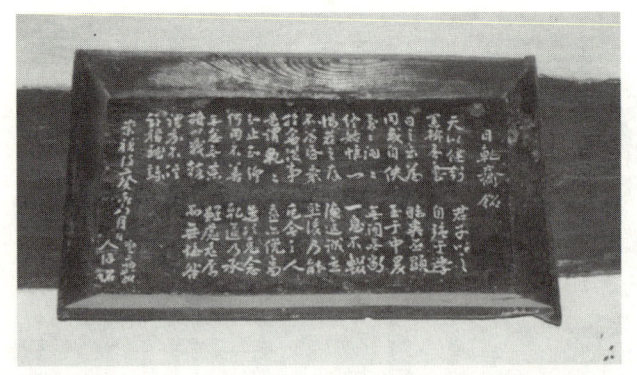

일건재 명銘

되어야 하느니라. 이에 종사하는 것을 건건乾乾하다 하는 것이다"이며, '시민'은 "학문하는 요건은 부지런함으로부터 얻어진다. 급급히 부지런함을 시민이라 한다. 그 본래의 뜻에 따르고 또 실천함에 재빠르면 덕이 샘물이 처음 솟음과 같으며 익혀 가는 기쁨이 저도 모르게 쌓이느니라"이다.

현판 가운데 특히 우리의 눈을 끄는 것은 '원계칠조院戒七條'로, 서원에서 금하는 일곱 가지 행동을 담고 있다. 즉 창과 벽에 낙서를 하는 사람, 책을 망가뜨리는 사람, 놀기만 하고 공부하지 않는 사람, 함께 어울림에 예의가 없는 사람, 술이나 음식을 탐하는 사람, 난잡한 이야기를 하는 사람, 옷차림이 단정하지 않은 사람이 있다면 돌아가고, 만약 오지 않았으면 절대 오지 말라는 내용을 담고 있다. 무섭다기보다는 오늘날 어느 초등학교에서나 들을 수 있는 내용이어서 도리어 웃음을 자아내게 한다. 그러나 한편으로는 그러한 규칙을 어길 사람조차 찾을 수 없는 현실이 필자로 하여금 씁쓸함을 느끼게 하였다. 차라리 많은 사람이 찾아와 누군가 이를 어기는 사람이라도 있었으면 하는 생각이 들었다.

항상 서원을 찾아가면 마주치게 되는 당혹스러움이 있는데, 그것이 바로 굳게 닫힌 문이다. 문화재 보호가 바로 이런 것일까? 서원의 주요 기능은

금오서원 강당

제사와 더불어 교육이거늘, 이제 더 이상 교육 기능을 갖지 못한 서원이 과연 서원일 수 있을까? 그나마 제사도 옛날 같지 않아, 몇몇 유림과 후손들에 의해 겨우 그 명맥을 이어 가고 있을 뿐이다. 서원의 껍데기인 건물만 수리한다고 해서 서원이 보호될 수는 없을 것이다. 이제 서원은 애물단지로 전락하고 말았다. 그 누구도 찾지 않는 문화재, 그것이 바로 오늘날 서원이다. 그러나 서원은 선인들의 정신이 흘렀던 곳이다. 서원이 참답게 되살아날 날을 고대해 본다.

2. 야은 길재, 그리고 목은과 포은

오백 년 도읍지를 필마로 돌아드니,
산천은 의구하되 인걸은 간 데 없다.
어즈버 태평연월이 꿈이런가 하노라.

우리들의 귀에 익은 이 시조는 길재가 벼슬을 버리고 송도를 떠난 뒤 10여 년 만에 임금의 부름을 받고 다시 찾아와 회고의 감정을 읊은 것이다.

길재는 이미 패망한 고려 왕조에 대한 달랠 길 없는 애달픈 마음을 이 시조에서 전하고 있다. 원천석元天錫도 길재와 같은 마음에 "흥망이 유수하니 만월대도 추초로다/ 오백 년 왕업이 목적에 부쳤으니/ 석양에 지나는 객이 눈물겨워 하노라"라 읊었다. 이 두 시조는 고려 유신遺臣의 심회心懷를 나타내 주는 대표적인 것이다.

고려 패망의 기색이 짙어지자 길재는 1390년 가족들을 데리고 고향인 선산 땅 봉계鳳溪로 낙향한다. 당시 그의 나이는 38세, 벼슬은 그다지 높지 않은 종7품 종사랑從事郎 문하주서門下注書였다. 그는 낙향하는 길에 스승이기도 한 이색李穡(호는 牧隱)의 집에 들러 하루 묵게 된다. 이색은 젊은 제자를 떠나 보내는 마음을 다음과 같은 한 수의 시로 남기고 있다.

> 성균관에 노닐 때는 경전에 통달했단 소리 듣고
> 급제해 주서 돼도 새파랗게 젊기만 한데
> 가족들 이끌고 고향으로 간다면서 작별하러 왔으니
> 내 대답이야 쓰디쓰게 정중할 수밖에 없네.
> 글 읽는다는 건 옛 어진 이 자취 따르고
> 나라 위한 경륜이 천자의 뜻까지 미쳐야 하거늘
> 높은 벼슬 우연히 와도 덥석 받을 바가 아니라
> 날아가는 기러기 한 마리 아득하게 멀어져 가네.

길재는 고향으로 돌아온 뒤 늙은 어머님을 정성으로 모시면서 금오산과 낙동강을 벗삼으며 책 읽고 학생 가르치는 일을 게을리 하지 않는다. 그가 낙향한 뒤 2년이 지나서 고려는 마침내 패망하고 새 왕조인 조선이 건국된다. 다시 몇 년의 시간이 흘러 제1차 왕자의 난으로 태조太祖 이성계李成桂가 물러나고 정종定宗이 왕위에 오르게 되었으며, 아우 이방원李方遠이 세자가 된다. 이 때에 비로소 길재는 새 왕조의 부름을 받게 된다. 그는 은혜에 감사드리기 위해 송도를 찾았으며, 그 때 앞에서 언급한 시조를 읊었던 것이다.

길재가 서울인 개경에 오자 정종은 그에게 태상박사太常博士의 벼슬을 내린다. 그러나 그는 곧 세자 이방원에게 사직의 뜻을 밝힌다. 그가 임금이 아닌 세자에게 먼저 사직의 뜻을 밝힌 것은 그를 부른 이가 세자란 것을 알고 있었기 때문이다. 일찍이 그는 이방원과 성균관에서 동문 수학을 하였는데, 이러한 인연으로 세자가 그를 부른 것이다. 때문에 그는 조선 왕조에 협조하지 않겠다는 직접적인 뜻을 밝히며 사직하지는 않는다. 그가 맨 처음 벼슬길에 오르게 된 것은 고려 우왕禑王 때였는데, 이성계 일파가 우왕과 그의 아들 창왕昌王이 왕씨王氏가 아니라 신돈辛旽의 자손이라고 주장하며 임금을 폐위시켰고, 이 때 그도 벼슬을 버리고 낙향하였다. 그는 세자에게 이러한 사정을 완곡하게 설명하며 사직을 청하였다. 즉 그가 벼슬길에 나아간 것은 신씨 왕조 때이고, 다시 공양왕恭讓王의 왕씨 왕조가 들어서자 불사이군不事二君의 의義에 따라 낙향했으므로 마찬가지로 이씨의 조선 왕조에서도 의에 따라 벼슬할 수 없음을 밝힌 것이다. 이에 세자는 "그대가 말한 바는 강상불역綱常不易의 도道이다. 의로 보아서는 그 뜻을 뺏기가 어렵다. 그러나 부른 것은 나이지만 벼슬을 내린 것은 임금이다. 임금께 사뢰는 것이 옳겠다"며 사직의 뜻을 받아들인다.

그리하여 길재는 "여자에게는 두 지아비가 없고 신하에게는 두 임금이 없다"는 불사이군의 대의大義를 들어 정종에게 사직의 상소를 올린다. 이에 정종은 괴이하게 여겨 경연經筵에 임석한 권근權近(호는 陽村)에게 어떻게 처리하면 좋겠느냐고 물었다. 길재의 스승이기도 한 권근은 거유巨儒답게 다음과 같이 답하였다. "이와 같은 사람은 마땅히 물러나 있게끔 허락해야 하며 작록을 높여 줘서 뒷사람들에게 장려하는 뜻을 보여야 할 것입니다. 그가 굳이 가려고 한다면 가게 하여 그로 하여금 스스로 마음먹은 바를 이룰 수 있도록 해주는 것이 더욱 좋은 일이 될 것입니다. 일례로 광무제光武帝는 한漢나라의 현왕이었지만 엄광嚴光은 벼슬하지 않으려 했습니다. 이처럼 선비에게 진실로 뜻이 있으면 빼앗지 못하는 것입니다." 이후 길재는 고향 땅으로 돌아와 절의를 지키다가 그곳에서 생을 마쳤다. 일찍이 그가 절의를 내세운 대상은 우왕과 창왕의 신씨 왕조였다. 그러나 그 누구도 그를 단지 신씨 왕조에 대해서만 절의를 지켰다고 생각하지 않는다. 그는 왕씨의 고려 왕조를 위해 절의를 지켰던 것이다.

신하로서의 거취去就, 진퇴進退 문제와 관련하여 길재는 또 하나의 모범을 보이고 있다. 즉 그의 아들 사순師舜이 임금의 부름을 받았을 때 그는 아들의 상경을 승낙하였던 것이다. 그는 자신이 고려의 유신이기 때문에 벼슬길에 나아갈 수는 없지만 아들의 사정은 다르다고 생각하였으며, 아들에게 다음과 같은 간곡한 당부의 말을 남겼다. "임금이 신하를 먼저 부르는 일은 옛날 삼대三代 시절 이후로 듣기 드문 일이다. 네가 초야에 있는 몸으로 임금의 부름을 받았으니, 비록 벼슬을 받지 못하더라도 그 은혜와 의리는 다른 어떤 신하들과 비교될 바가 아니다. 그러니 너는 마땅히 내가 고려를 잊지 못하는 그 마음을 본받아 너의 조선 임금을 섬겨야 한다. 그렇게 한다면 네 아비의 마음은 더 바랄 것이 없다."

길재는 1353년(공민왕 2) 경상도 선산부 속현屬縣인 해평海平 봉계鳳溪에서 태어났다. 자는 재보再父이며, 호는 야은冶隱 또는 금오산인金烏山人이다. 이른바 고려말 '삼은三隱' 가운데 한 사람이다. 증조부는 성균생원成均生員 시우時遇요, 조부는 산원국정散員國正 보보요, 아버지는 중정대부中正大夫 지금주사知錦州事 원진元進이다. 34세 때(1386년) 문과 급제하여 첫 벼슬길에 나아가지만, 앞에서 말한 대로 1390년 낙향하며, 57세 때(1419년) 세상을 떠나 고향 땅에 묻힌다. 그의 생애에 대한 기록은 그의 문집에 문인 박서생朴瑞生이 쓴 「연보年譜」와 「행장行狀」에 상세히 기록되어 있다.

길재의 사승관계를 살펴보면, 대표적인 인물로 네 사람을 들 수 있다. 그가 아직 고향 땅에 머물고 있던 18세 때 그는 상주사록商州司錄으로 있던 박비朴賁를 찾아가 배움을 구한다. 이후 아버지가 있던 송도로 올라와 성균관에 드나들면서 당대 대학자인 이색李穡, 정몽주鄭夢周(호는 圃隱), 권근 權近을 스승으로 모시게 된다. 그리하여 그는 박비와 권근이 죽었을 때, 스승에 대한 극진한 예로 심상心喪 3년을 치른다. 그렇다고 해서 그와 이색, 정몽주의 관계가 밀접하지 않았던 것은 아니다. 이색과 정몽주는 새 왕조의 건설이라는 격변 속에서 죽어 갔던 인물로, 그 자신도 경황이 없었을 것이다. 이 둘은 그와 함께 '삼은'으로 불려지고 있고, 앞에서 언급하였듯이 이색은 제자를 떠나 보내면서 가슴 아픈 심정을 전하고 있다. 또 뒷날 사림 士林들은 정몽주의 절의 정신과 동방 성리학의 도통道統을 이은 인물로 길재를 꼽고 있다.

새 왕조를 함께 살았던 권근과 길재가 나눈 정은 실제로 너무나 따스하였다. 아직 서슬 퍼런 상황에서 대의명분大義名分을 내세워 제자를 감싸주었던 권근의 모습은 사제간의 깊고도 따뜻한 정을 충분히 느끼게 해준다. 이뿐만이 아니다. 조선 왕조의 건국에 참여한 뒤 경상도 관찰사로 내려와 있던 남재南在(1351~1419)는 비록 뜻은 달리했지만 길재의 뜻을 높이 사시 3수를 지어 보낸 적이 있었다. 그러자 당시 여러 명사들은 남재의 시에 화답하는 시를 짓게 되었는데, 고려의 중신으로 숱한 곡절을 겪다가 새 왕조에 협력하게 된 권근도 시 4수를 지었으며 뒤에 한 권의 시첩詩帖으로 묶을 때는 서문까지 썼다. 그는 서문에서 다음과 같이 적고 있다.

> 배우고 가르침에 있어서의 올바름, 도를 믿는 데 있어서의 돈독함, 아는 바에 있어서의 탁월함, 실천함에 있어서의 확고함이 어찌 이토록 지극한가. 아아, 고려 500년 동안 교화를 북돋워 선비들의 기풍을 일으킨 효험이 선생의 한 몸에 모여 거둬져서 조선 억만 년 동안 윤리 강상을 심어 신하로서의 절의를 밝히는 일이 선생 한 몸에서부터 비롯될 것이니, 유교의 윤리 도덕에 공을 끼침이 크고도 크도다!

여기에서 살아 있는 스승이 살아 있는 제자를 '선생'이라고 일컫고 있음을 알 수 있다. 참으로 아름다운 이야기이다. 그러므로 우리는 이 글을 통해 제자 길재의 훌륭함을 살필 수 있을 뿐만 아니라 스승 권근의 크나큰 풍모도 함께 느낄 수 있다.

길재가 죽은 뒤 그를 기리는 작업이 이어졌다. 먼저 세종世宗 때 「삼강행실도三綱行實圖」를 그리면서 길재를 정몽주와 함께 「충신도忠臣圖」에 포함시킨다. 즉 정몽주가 '나아가 죽음'(進而就死)으로써 충절을 지켰다면, 길재는 '물러나 절의를 지킴'(退而守節)으로써 충절을 지켰다는 것인데 방법은 다르나 그 대의는 한가지라고 생각했던 것이다. 이후 길재는 정몽주와 함께 충절지사의 대명사로 일컬어진다. 길재에 대한 추모는 16세기 중반 이후 사림들에 의해 본격화된다. 이 때 『야은선생행록冶隱先生行錄』이 초간(1573년)되고, 그를 제향하는 금오서원과 오산서원吳山書院이 세워지며 뒤이어 사액을 받게 된다. 또한 숙종肅宗은 어제시御制詩(1710년)를 내리고, 영조英祖는 충절忠節(1739년)이라는 시호諡號를 내렸는데, 백세청풍비百世淸風碑(1761년)와 채미정採薇亭(1768년)도 이 시기에 건립된다.

16세기 중반 이후 길재에 대한 추모 사업이 활발하게 된 것은 일차적으로 사림파들이 정권을 잡은 것에 연유하지만, 한편으로 그들의 정통성을 굳건히 하기 위해 길재를 적극적으로 선양한 면도 없지 않다. 사림파들은 동방 성리학의 도통론을 확립하여 절의 정신만이 아니라 성리학의 학맥도 이 도통을 따라 이어졌다고 확신하였는데, 이 때 길재는 만고 충절의 사표師表이자 동방 성리학의 개조인 정몽주의 도의와 학문을 정통으로 이어받은 사람으로 자리매김되었던 것이다. 1567년(명종 22) 이황李滉(호는 退溪)이 예조판서禮曹判書로 있을 때, 중국 사신으로 온 허국許國 등이 그에게 조선에도 효제충신孝悌忠信과 공맹심학孔孟心學에 대해 밝은 자가 있는지를 물어 오자 그는 충효인 5인과 심학자 16인을 언급하였는데, 이 때 두 곳 모두에 길재를 포함시켰다. 또한 이황과 이른바 '사단칠정논쟁四端七情論爭'을 통해 교분이 깊었던 기대승奇大升(호는 高峯)은 선조宣祖가 임석한 경연 자리에서 정몽주에 이어 길재, 김숙자金淑滋, 김종직金宗直, 김굉필金宏弼, 조광조趙光祖로 이어지는 동방 도통을 말하였는데, 기대승의 이 동방 도통 연원은 이후 불변의 진리처럼 받아들여졌다. 이처럼 길재의 위상은 한없이 높아지고 굳어져 갔다. 그에 대한 이러한 자리매김이 끝없이 이어지는 그의 추모 사업을 가능하게 했던 것이다. 그리하여 그는 충신으로서 뿐만 아니라 성리학자로서 우뚝한 자리에 서게 되었다. 한편 길재와 깊은 사제의 정을 나누었던 권근은 조선 왕조에 참여했다는 이유로 도통 연원에서 제외되었고, 이제 스승의 자리에서마저 내려와야 할 처지가 되고 말았다.

3. 금오오현과 길재의 자취를 찾아서

금오서원에는 길재를 위시하여 모두 5명의 위패가 모셔져 있다. 여기에서 위패가 봉안된 나머지 인물들을 살펴보는 것도 의미 있는 일이 될 것이다. 일반적으로 여러 인물이 함께 모셔질 때는 서로 연원 관계가 있다. 얼핏 생각하기에는 금오서원에 길재가 주향主享된 만큼 당연히 그의 도통 연원을 이은 인물들이 봉안될 법한 일이다. 그러나 앞에서 언급한 것처럼 사실은 그렇지 않았으니, 김종직金宗直(1431~1492) 한 사람만 도통 연원에 든 사람이었으며 나머지는 모두 지역 연고가 있는 이들이었다.

김종직은 길재의 제자인 김숙자金淑滋의 아들로 밀양에서 태어났으며, 본관은 일선一善(善山)이다. 자는 계온季溫, 호는 점필재佔畢齋이다. 그는 「조의제문」으로 유명한데, 이 일로 인해 그는 죽은 뒤 무오사화戊午士禍(1498년) 때 연산군燕山君에 의해 부관 참시당한다. 그는 걸출한 많은 제자들을 두었는데, 도통 연원에서 그의 뒤를 잇는 김굉필을 위시하여 정여창鄭汝昌, 김일손金馹孫, 유호인兪好仁, 조위曺偉, 남효온南孝溫 등을 들 수 있다. 그는 경남 밀양의 예림서원禮林書院에 주향된다.

정붕鄭鵬(1467~1512)은 자가 운정雲程, 호는 신당新堂이며, 본관은 해주

海州이다. 일찍이 그는 김종직의 제자 김굉필의 문하에서 수학하였다. 그는 갑자사화甲子士禍 때 영덕으로 장류杖流당한다. 그의 사후 8년 만에 기묘사화己卯士禍가 일어나지만 생전의 뜻과 도가 합치된다 하여 뒷날 「기묘명현록己卯名賢錄」에 수록된다.

박영朴英(1471~1540)은 자가 자실子實, 호는 송당松堂이며, 본관은 밀양密陽이다. 양녕대군讓寧大君의 외손자로 한양에서 출생하여 그곳에서 살았는데, 연산군이 등극하여 성종成宗이 아껴 기르던 사슴을 쏘아 죽이는 것을 보고 그날 바로 병을 핑계로 고향인 선산으로 내려온다. 그는 정붕에게서 배움을 구하였는데, 뒷날 스승과 학문을 논한 그 유명한 「냉산문답冷山問答」을 남긴다. 그는 영조 때 「기묘명현록」에 추가되며, 문목文穆이라는 시호를 받는다.

장현광張顯光(1553~1637)은 자가 덕회德晦, 호는 여헌旅軒이며, 본관은 인동仁同이다. 9세 때 어머니의 명으로 박영의 문인인 노수성盧守誠에게 배우게 된다. 그는 1619년 금오서원의 재호齋號를 정하였으며, 「경위설經緯說」과 같은 풍부한 성리학설을 내놓는다. 그는 구미의 동락서원東洛書院에 주향되며, 효종孝宗 때 문강文康이라는 시호를 받는다.

이상과 같이 '금오오현'을 살펴볼 때, 기본적으로는 선산이라는 지역적 연고에 바탕을 두고 있기는 하지만 사승 연원도 함께 고려되었음을 알 수 있다. 그러나 같은 선산 출신으로 길재의 직전直傳 제자이자 김종직의 아버지요, 스승인 강호江湖 김숙자가 빠진 것은 아무래도 잘 이해가 되지 않는다. 다행히 금오서원 근처에 그를 주향한 낙봉서원洛峰書院이 있어 한번 찾아가 봄직하다. 낙봉서원은 1646년(인조 24) 구미시 해평면 낙성동(지금의 위치)에 세워지며, 1787년(정조 11)에 사액받는다. 1868년(고종 5) 서원 훼철령으로 훼철되었다가 근년에 복원되었다.

내친 김에 발길을 돌려 금오산으로 향해 보자. 길재는 낙동강이 바라다 보이는 금오산 언덕배기에서 태어났는데, 잠시 벼슬한 때를 제외하고는 죽을 때까지 그곳에서 살았다. 이곳은 금오서원이 처음 세워졌던 곳으로 비석과 정자도 있었던 곳이다. 그러므로 길재 스스로 금호산인이라는 호를 붙인 것도 무리가 아니며, 따라서 그를 금오산 주인이라 부르는 것 또한 무리가 아닐 것이다. 이런 면에서 볼 때 금오산의 길재가 아니라 길재의 금오산이라는 것이 더 나을 듯하다. 아무래도 길재가 없는 금오산의 모습은 잘 떠오르지 않기 때문이다.

금오산에 있는 폭포 위의 오른쪽으로는 깎아지른 듯한 절벽이 있는데, 이 절벽을 오르다 보면 굴이 하나 나온다. 길재의 호를 딴 일명 야은굴冶隱窟로, 그가 정좌해 마음을 닦던 곳이어서 붙여진 이름이라고 한다. 그러나 이에 대해서는 이설이 분분하다. 즉 길재가 아니라 도선道詵이 참선한 곳이라거나, 이 고을 어느 양반네가 도를 닦던 곳이라는 등의 여러 설이 나도는 것이다. 이처럼 부질없는 여러 이설들을 들을 바에야 한 시인 묵객의 시 한 구절을 듣는 것이 차라리 나으리라. 이은상李殷相(호는 鷺山)은 여러 이설들에 대해 한낱 부질없는 시비임을 노랫말로 탓하였다. "깊은 인연 맺은 이라, 야은굴 옳은 말이/ 뒷사람도 왔더니라, 그네 굴도 옳은 말이/ 오늘은 백로자白鷺子 놀다 간다, 나도 함께 일러라."

금오산을 내려오면 구미시 쪽 산 입구에 채미정採薇亭이 있다. 중국의 은殷나라가 망하고 주周나라가 서자 백이숙제伯夷叔齊가 수양산首陽山으로 들어가 고사리를 캐어 먹다가 죽었다는 고사를 길재의 행적에 비겨 붙인 이름이다. 이 때문에 흔히 금오산을 동방의 수양산이라고도 한다. 그리하여 수많은 선비와 시인들이 금오산을 그냥 지나치지 못한 채 길재를 백이숙제에다 비기는 시 한 수를 남겨 놓고서야 발길을 옮기곤 하였다.

다시 발길을 동쪽으로 돌려 낙동강으로 향하다 보면 금오산에서 흘러내리던 산줄기가 잠시 주춤하다 약간 솟아오른 뒤 다시 강 속으로 빠져드는 것을 볼 수 있다. 산줄기가 잠시 주춤하고 있는 그곳으로는 경부선 철도와 고속도로가 가로지르고 있다. 금오산의 정기가 조금 끊어진 듯한 느낌이

들지만 '민족의 대동맥'으로 인해 그렇게 된 것이니 나무랄 일은 아니다. 약간 솟은 산 아래로는 오태吳太라는 마을이 낙동강을 발치에 두고 포근히 자리잡고 있었다. 이곳에 길재의 무덤이 있다. 풍수가들은 지금도 그의 무덤을 놓고 말이 많은 모양이다. 그러나 반풍수半風水도 못 되는 주제의 필자가 보기에도 이 묘 자리는 그야말로 명당이라는 생각이 들기에 족하다. 아늑하고 따뜻하며 전망 좋으면 명당 자리가 아닐까?

오태에는 또 하나 찾아보아야 할 길재의 발자취가 있다. 나월봉羅月峰 동쪽 끝 낙동강이 내려다보이는 곳에 그의 덕을 찬양하는 자그만 비석 하나가 서 있다. 지주비砥柱碑이다. 앞면에는 '지주중류砥柱中流'라는 네 글자가 크게 새겨져 있으며, 작은 글씨로 새겨진 음기陰記는 세월에 씻겨 알아볼 수가 없다. 유운룡柳雲龍이 지은 「오산서원사적吳山書院事蹟」을 보면, 길재의 무덤 곁 이곳에는 옛날 누각까지 둔 꽤나 큰 오산서원이 있었던 모양인데, 지금은 작은 비석 하나만이 남아 기억을 전하고 있다. 사실은 지금 남은 비석마저 그 때 있었던 것이 아니라고 한다. 지금 있는 것은 1780년(정조 4)에 세워진 것이고, 원래는 1587년 유운룡이 우연히 사우師友간인 정구鄭逑(호는 寒岡)로부터 중국의 이제묘夷齊廟에 있는 지주중류비砥柱中流碑의 묵본墨本을 얻어다 그대로 앞면에 새기고 그의 동생 유성룡柳成龍(호는 西涯)이 음기를 적었다고 한다.

빈터에 홀로 지키고 서 있는 지주비 비명의 내력이라도 알고서야 자리를 뜨는 것이 도리일 것 같다. 옛날 중국의 우禹임금이 저주산底柱山을 깨뜨려 물을 통하게 함으로써 황하의 물을 다스렸다는 전설이 있는데, 그렇게 하여 저주산은 돌문이 셋 뚫렸으므로 지금은 삼문산三門山이라 부르며, 그 돌산의 모양이 본래 기둥처럼 생겼으므로 지주산砥柱山이라 한 것이다. 또 그것이 황하의 거친 탁류 속에서도 흔들리지 않고 서 있으므로 지절志節이 고상한 인물을 지주산에다 비겼다고 한다. 그러나 이제 길재는 자신의 비문이 깡그리 지워질 그 날을 기다리며 외롭게 서 있는 듯했다.

덕천서원 손병욱

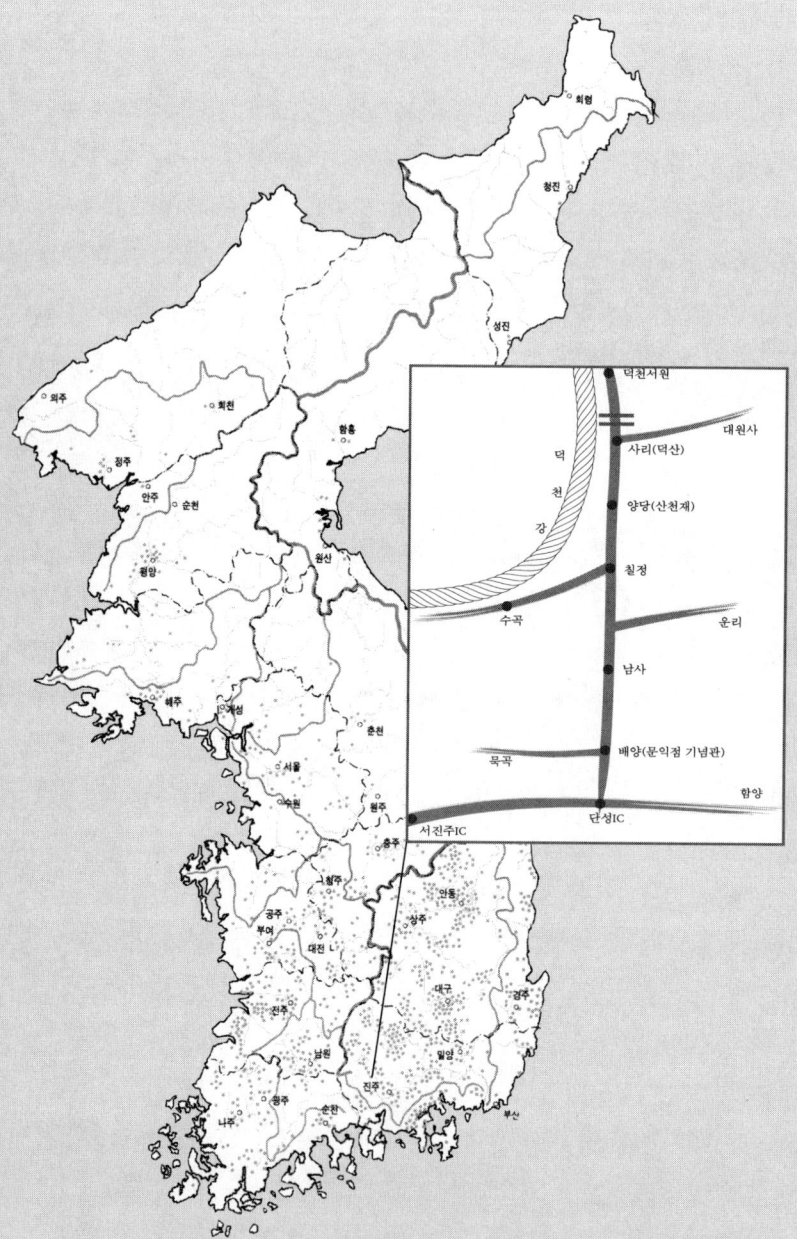

1. 덕천서원의 건립 배경

1. 덕천서원의 위치

　덕천서원德川書院을 설명하자면, 진주晉州로부터 시작하는 것이 순서에 맞을 것 같다. 진주 시내에서 서진주 인터체인지로 진입하여 대전大田까지의 고속도로(지금은 함양까지 부분 개통되었다)를 따라 약 15분쯤 서북쪽으로 올라가다 보면 제일 먼저 지리산智異山 방면으로의 진입을 알려 주는 푯말과 함께 단성丹城 인터체인지가 나온다. 이곳으로 빠져 나와 우회전하여 국도로 진입한 후 서쪽으로 방향을 잡아서 올라가면 오른쪽 길 곁으로 신축된 지 얼마 안 되는 몇 채의 기와집이 늘어서 있는 것을 보게 된다. 여기가 바로 문익점文益漸(1329~1398, 호는 三憂堂) 기념관으로, 본래는 그의 면화 시배를 기리는 비가 서 있었던 곳이다. 그리고 기념관 안쪽 산기슭에 자리잡고 있는 마을은 문익점이 처음으로 면화를 심어 재배한 배양培養 마을로서 그가 태어난 곳이기도 하다. 배양 마을을 지나면서 왼쪽으로 시선을 돌리면 들판 너머에 강이 하나 보이고, 강 건너쪽에는 규모가 꽤 커 보이는 마을이 눈에 띄는데, 이곳이 바로 현대 선지식善知識으로 유명했던 성철性徹(1912~1993, 속명은 李英柱) 스님의 생가가 있는 묵곡默谷 마을이다. 다시 국도를 타고 5분 정도 올라가면 쭉 뻗은 직선 도로와 함께 도로의 양옆으로 펼쳐진 넓은 들판이 나오는데, 들판의 안쪽에는 유독 기와집과 나무가 많아 매우 고풍스러워 보이는 마을이 보인다. 이곳이 남사南沙 마을로, 구한말의 대표적인 유학자인 곽종석郭鍾錫(1846~1919, 호는 俛宇) 선생이 태어난 곳이다. 이 마을을 지나면 사수泗水라고 이름 붙여진 작은 강이 나오는데, 이 강을 오른쪽으로 끼고 뻗어 있는 길을 1분 정도 따라 올라가 보면 양갈래 길이 나오게 된다. 이 때는 계속 직진해야 하는데, 오른쪽으로는 강을 가로지른 다리 너머로 2차선 포장 도로가 뻗어 있는 것을 볼 수 있다. 이 길은 운리雲里 마을로 통하는 지방도이다. 운리 마을은 통일신

덕천서원의 강학 공간

라 시대에 세워진 거대한 고찰이었던 단속사斷俗寺가 있던 곳으로 유명하다. 그러나 신라 경덕왕景德王(재위 742~765) 때에 창건되어 조선조 중기까지 건재하였던 단속사는 지금 절터와 두 개의 탑, 그리고 당간지주幢竿支柱 이외에는 아무런 흔적도 남아 있지 않아 그곳을 찾는 사람들에게 아쉬움을 갖게 한다.

여기서부터 지리산 쪽으로 약 5분 가량 직진하여 고갯마루를 넘게 되면 고갯마루 아래에 위치한 칠정七亭 마을에 닿게 되는데, 고개를 넘어서면서부터 마을 앞으로 유유히 흐르는 덕천강德川江을 조망할 수 있다. 칠정 마을 삼거리에서 이 덕천강과 평행을 이루며 왼쪽으로 나 있는 길이 보이는데, 이 길을 따라가면 수곡水谷을 거쳐 진주에 이르게 된다. 그러나 칠정에서 덕천강을 왼쪽에 끼고 강의 흐름을 거슬러 올라가노라면 여기서부터 약 10분 정도 되는 곳에 위치한 양당兩塘 마을에 닿게 된다. 이 마을이 바로 산천재山天齋가 위치한 곳임을 길의 왼편에 서 있는 표지판을 통해서 알 수 있다. 산천재. 이 건물은 조식曺植(1501~1572, 호는 南冥)이 61세 되던 해 (1561년) 덕산德山에 들어와 건립한 이후 그가 72세로 졸할 때까지 제자들을 강학하던 유서 깊은 곳이다. 산천재를 지나 조금 더 올라가면 시천면矢川面 소재지인 사리絲里(옛 지명은 絲綸洞)에 도착하게 된다. 이 마을의 위쪽으로는 꽤 높은 구곡산九曲山이 병풍처럼 솟아 있고 왼쪽으로는 덕천강이 흐르고 있어서 처음 방문하는 이들에게 매우 탈속적인 느낌을 갖게 해준다. 이곳 사리에서는 다시 삼장면三壯面에 소재한 대원사大源寺 방면으로 가는 길과 시천면의 중산리中山里 쪽으로 가는 길로 나뉘는데, 우회전하면 대원사 쪽으로 가게 된다. 그러나 그대로 직진하여 덕천강을 가로지르는 다리를 건너면 곧 오른쪽으로 덕산 고등학교 건물과 운동장이 나타나는데, 바로 그 옆에 홍살문과 매우 연륜이 오래되어 보이는 은행나무 한 그루를 발견할 수 있다. 이곳이 바로 덕천서원 입구이다. 그러니까 서원이 국도변에 위치하고 있는 셈이다. 산천재와 덕천서원의 거리는 차로 1~2분 거리밖에 안 된다. 그리고 진주에서 이 코스를 따라 여기까지 오는 데 걸리는 시간은 30분 이내면 충분할 것이다.

　그렇다면 덕천서원이 자리잡고 있는 이곳(지금의 산청군 시천면)은 본래 어떠한 곳인가? 이곳은 한말까지 줄곧 진주목에 소속된 살천부곡薩川部曲의 중심지였다. 살천부곡은 화개부곡花開部曲과 함께 고려 시대 이래로 진주목에 속해 있었고 15세기에 편찬한 역대『지지地誌』에도 기재되었다. 또 이 두 부곡의 우두머리는 머리를 깎고 검게 물들인 옷을 입어 승수僧首라고 불리기도 하였다.『진양지晉陽誌』에 따르면 살천부곡은 진주목의 관아로부터 서쪽 70리 지점에 있으며, 지리산에 위치한 깊은 계곡의 오지였기 때문에 동구 안으로 들어가기 전까지는 촌락이 있으리라고 생각될 수 없을 정도였다고 한다. 그러나 일단 들어가 보면 골이 넓고 산수가 수려하며 맑아 농사짓기나 고기잡이, 양잠, 그리고 나물 채취에 알맞았으므로 산림처사들을 위한 제반 자연 조건을 갖추고 있는 곳이었다. 조식이 삼가현三嘉縣 토동兎洞에서 살천부곡의 중심지 사륜동에 이주하기 전까지도 이곳은 화전민 생활을 하는 민가 몇 집만이 살고 있었다. 이러한 현상은 고려말 이래 계속된 것으로 보이는데, 15세기 이육李陸(1438~1498, 호는 靑坡), 남효온 南孝溫(1454~1492, 호는 秋江)의 지리산 유산기遊山記에도 영세한 촌백성들이 살고 있다고 언급되어 있었다. 이러한 황폐일로에 있던 살천부곡이 본격적으로 개발되기 시작된 시기는 16세기부터였다. 진주목의 관아로부터 격리되어 있던 이곳에 진주의 재지사족在地士族이 살기 시작하였고, 특히 조식이 이곳에서 강학 설교하게 되자 그의 문도가 사방에서 모여들게 되었다. 그리하여 산천재와 덕천서원이 세워진 뒤부터 이 동구 일대는 남명 가문과 관련을 맺게 되었다.

ㄹ. 덕천서원의 전신으로서의 산천재

덕천서원을 살펴보기에 앞서 먼저 산천재를 언급해야 할 것 같다. 왜냐하면 산천재야말로 지금의 덕천서원을 있게 한 산실이라고 해도 과언이 아니기 때문이다. 산천재는 조식이 평생을 통해 여러 곳으로 거처를 옮겨 다니면서 지었던 여러 채의 정자나 서재 가운데서 가장 만년에 지어진 것이지만, 그의 전 생애를 통해 온축蘊蓄하였던 학문의 진수를 제자들에게 강학하던 곳이다. 만약 조식이 그다지 연고도 없었던 이곳 사륜동에 산천재를 짓지 않았더라면 사후에 그를 기리고 제향祭享하는 덕천서원이 이곳에 세워졌을 리 만무하다. 산천재가 이곳에 있었기에 덕천서원이 이곳 덕산에 존재할 수 있었고, 그리하여 이곳 덕산은 남명학의 발원지로서의 위치를 확고하게 다지게 되었던 것이다.

현존하는 산천재는 3칸 집이다. 현 건물은 임진왜란에 불타 없어진 후 200년 이상 복구되지 못하다가 1817년(순조 22)에 중건된 것이다. 지금의 산천재 벽에는 벽화가 희미하게 남아 있는데, 이것은 『장자』에 나오는 허유와 소부의 고사를 그린 그림과 농부가 쟁기질하는 그림으로 서원이나 서재에서는 보기 드문 산수화이다. 마치 처사處士가 자연을 벗삼아 유유자적

산천재

하면서도 깨끗한 마음의 본바탕을 함양하는 은일隱逸의 정신을 나타내고 있는 것으로 보인다. 이외에도 산천재 경내에는 『남명집』의 목판을 보관하고 있는 장판각이 있고, 또 남명학연구원 현판이 걸린 산천재 관리사(95년 준공)가 입구 바깥쪽에 있다.

현재의 산천재로 들어가는 대문께에서 안쪽을 향해 바라보면 서북쪽으로 두류산頭流山의 최고봉인 천왕봉天王峰이 마치 손에 잡힐 듯 뚜렷한 모습으로 한눈에 들어온다. 그리고 최근의 덕천강 직강 및 매립 공사가 있기 전만 하더라도 산천재 앞마당 바로 밑으로 덕천강이 흘러 여름에는 남의 눈에 띄지 않고도 강에 몸을 담그고 더위를 식히기에 안성맞춤의 지형적 조건을 갖추고 있었다. 아니 굳이 물에 들어가지 않더라도 흐르는 물을 따라 불어오는 시원한 강바람은 사람들이 더위를 잊고 학문에 전념할 수 있도록 하기에 충분했을 것이다. 이처럼 산천재는 터에 대한 식견이 별로 없는 사람들에게도 예사롭게 보이지 않는 곳에 자리잡고 있다. 이 터를 손수 잡아, 작지만 아담한 건물을 짓고 또 여생을 보낼 거처를 근처에 마련하였을 때의 그 득의得意한 마음의 즐거움을 과연 무어라고 형용할 수 있었을까? 사시사철 웅장하게 우뚝 선 두류산 천왕봉의 모습과 맑고 푸른 덕천강의 흐름을 마음껏 조망할 수 있는 그 행복감은 먹지 않아도 배고프지 않은 포만감과 통했을 것이다. 조식의 이러한 심정은 '덕산에 살 곳을 잡고서'라는 그의 시에서 잘 드러나 있다. 이 시는 현재 산천재의 네 기둥에 주련 柱聯으로 새겨져 있다.

봄 산 어디엔들 향기로운 풀 없으리요마는
다만 천왕봉이 하늘과 가까이 있는 것을 사랑해서라네.
맨손으로 돌아왔으니 무엇을 먹을 것인가?
은빛 물줄기 십 리나 뻗었으니 도리어 마시고도 남음이 있다네.

그러나 조식의 덕산 이거移居와 산천재의 건립은 우연하게 그리고 쉽게 이루어진 것은 결코 아니었다. 그의 생애를 살펴보면 그가 일찍부터 두류산에 특별한 관심을 지니고 있었고, 틈나는 대로 이 산을 찾아 두루 탐방하고 답사하는 것을 커다란 낙으로 여겼음을 알 수 있다. 그는 28세 되던 해(1528년)에 벗 성우成遇와 함께 두류산을 유람한 이후 58세 되던 해(1558년)에 「유두류록遊頭流錄」을 쓰기까지 총 11회에 걸쳐 두류산에 입산하였다. 그는 당시에 알려진 두류산 입산 코스를 빠짐없이 탐방하면서 만년을 보낼 장소를 면밀히 물색하였던 것으로 보인다. 그 결과 이곳 덕산동을 선택하게 되었다. 이러한 선택을 하기까지의 그의 두류산 유람 기록을 「유두류록」에서 살펴보면, 덕산동으로 해서 두류산으로 들어간 것이 세 번이고, 청학동青鶴洞과 신응동神凝洞으로 들어간 것이 세 번이며, 용유동龍遊洞으로 들어간 것이 세 번이며, 이외에도 백운동白雲洞과 장항동獐項洞으로 들어간 것이 한 번이었다. 결국 최종적으로는 덕산동을 선택했지만 청학동과 신응동이 있는 오늘날의 화개동천花開洞天에도 특별한 마음을 두었던 것이 분명하다. 또한 「유두류록」에는 화개동천에 대한 조식의 애틋한 심정이 잘 나타나 있다. 특히 그가 지금의 화개면 신흥에 있었던 신응사神凝寺에 유숙하면서 그곳의 뛰어난 경치에 감탄을 금치 못하는 구절은, 그만큼 그의 마음이 그곳에 끌렸다는 증거가 된다. 그럼에도 그가 덕산동을 선택하게 된 까닭은 그의 연고지로서 당시에 기거하던 삼가현의 뇌룡정雷龍亭이나 계부당鷄伏堂에서 왕래하기 편리한 쪽을 선택해야 했기 때문이었을 것이다. 그리하여 화개동천 쪽에도 무척 마음이 끌렸지만 그의 술회대로 "일이 마음과 어긋나서 머무를 수 없음을 알고, 배회하고 돌아보다가 눈물을 흘리며 나올 수밖에 없었던 것"이다.

당호堂號인 산천재는 『주역』의 산천대축괘山天大畜卦의 '산천'을 가리키는데, 이는 "강건하고 독실하여 밖으로 빛을 드러내어 날마다 그 덕을 새롭게 한다"는 의미이다. 즉 강건하고 독실한 것을 내면적인 본체로 삼아 밖으로 빛을 드러냄으로써 그 덕화德化가 날로 새로워지는 효용성을 갖도록 하겠다는 것인데, 이는 조식이 평생을 통하여 온축해 온 것을 모두 널리 펼쳐서 만인에게 실제적인 보탬이 되도록 하겠다는 평소의 포부를 드러낸 것으로 볼 수 있다. 이러한 '실제적인 보탬'은 주로 강학 활동으로 나타나게 된다. 아울러 필자는 산천재라는 당호에는 바로 멀지 않은 곳에 버티고 서서 언제나 그 위엄 있는 자태를 드리우고 있는 두류산 천왕봉을 가리키는 의미도 있다고 본다. 두류산을 대표하는 천왕봉이 조식의 정신 세계에 끼친 크나큰 영향은 현재의 산천재에 있는 '덕산계정德山溪亭의 기둥에 씀'이라는 시에서 잘 드러난다.

청컨대 천석들이 큰 종을 보게나.
크게 치지 않으면 소리를 내지 않는다네.
어찌하여 저 두류산은
하늘이 울어도 울지 않을까.

산천재에서 아침 저녁으로 바라보는 천왕봉은 덕천강과 함께 조식의 내면 세계를 형성하고 살찌우는 데 커다란 영향을 끼쳤을 것으로 추정된다.

특히 천왕봉은 조식의 기질적 특징으로 거론되는 태산교악泰山喬嶽(크고 높은 산)이나 벽립천인壁立千仞(우뚝 솟은 천길 절벽)과 같은 인격을 형성하는 데에 영향을 주었다고 할 수 있다. 그는 이처럼 빼어난 자연 환경에 힘입어 당시로서는 매우 독특한 학풍을 형성하였으며, 이를 통해 그의 문도들을 교화敎化함으로써 후세에 강우학파江右學派의 태산북두라는 호칭을 얻게 되었던 것이다.

3. 덕천서원의 건립과 운영

덕천서원은 조식을 제향함은 물론 조식의 훈도를 직접 받은 문인들이 그의 정신을 후학들에게 강학하기 위해서 세워진 서원이다. 위대한 처사處士이자 당대 도학道學의 종장으로 추앙받았던 조식은 덕산으로 이거한 지 10년이 더 지난 1572년(선조 5) 2월 8일에 72세를 일기로 덕산의 사륜동에서 생을 마감한다. 이제 조식의 사후 그의 문인들이 덕천서원을 건립하고 이를 운영해 나가는 과정을 『덕천서원지德川書院誌』를 통해서 알아보도록 한다.

1575년(선조 8) 겨울에 조식의 문인인 최영경崔永慶(1529~1590, 호는 守愚堂), 하항河沆(1538~1590, 호는 覺齋), 하응도河應圖(1540~1610, 호는 寧無成), 손천우孫天祐(1533~1594, 호는 撫松), 유종지柳宗智(1546~1589, 호는 潮溪)와 목사 구변具忭 그리고 경상감사 윤근수尹近壽가 영남 사림과 더불어 산천재 서쪽 3리쯤 되는 덕천에 서원을 건립할 것을 결의하였다. 이보다 앞서 하응도는 이곳에 띠집을 지어 놓고 매양 선생을 모시고 노닐었는데, 이 때에 이르러 집을 철거하고 그 터를 서원의 대지로 헌납하였다.

여기서 덕천서원이 갖는 입지 조건을 간략히 살펴보자. 서원은 배움의 장이고 아울러 선현을 받들어 모신 곳이다. 따라서 강학에 적합한 장소여야 하고 모시는 선현과 연고가 있는 곳이라야 한다. 덕천서원은 이러한 조건을 두루 갖춘 곳이라 할 수 있다. 강학에 적합한 장소는 일반적으로 산수山水가 뛰어나고 조용한 산기슭이나 계곡 또는 향촌에 마련되어야 하는데, 그것은 서원에 머무르는 사람들이 공부에만 전념할 수 있도록 하기 위해서였다. 덕천서원은 조식의 만년 수장처修藏處였던 산천재와 지척지간에 있을 뿐 아니라 산과 강으로 아늑하게 둘러싸여 있어서 강학의 장소로서는 이상적인 자연 조건을 갖추었다. 지금도 서원 옆에는 덕산 고등학교가 자리잡고 있는데, 이곳이 여전히 현대인들에게도 훌륭한 강학 장소로 인정받고 있음을 알 수 있다. 서원의 뒤로는 야트막한 구릉이 자리잡고 있고 그 너머 위쪽으로는 구곡산이 우뚝 솟아 쭉 펼쳐져 있는데, 구곡산 정상의 아래쪽 기슭은 경사가 완만한데다가 골이 깊어서 안개와 구름이 드리워져 있는 경우가 많아 매우 탈속적脫俗的인 느낌을 준다. 서원 앞으로는 중산리 쪽에서 강이 흘러 내려와 서원 조금 아래쪽의 삼장 방면에서 내려오는 또 다른 강과 합류하여 덕천강을 이루게 되는데, 이렇게 보면 덕천서원은 두 강에 의해 둘러싸인 형국으로 외부에서 서원으로 진입하기가 쉽지 않았음을 추측할 수 있다. 그만큼 외부에 신경쓰지 않아도 될 조건을 갖춘 셈인데, 평소 하응도는 스승인 조식을 모시고 노닐면서 스승으로부터 이 터에 대한 긍정적인 말을 들었을 것으로 추정된다. 따라서 이 서원터를 잡은 사람은 사실상 조식이었다고 할 수 있을 것이다.

덕천서원의 기원이 되는 서원이 건립된 것은 1576년(선조 9) 봄으로, 그 해 가을 위패를 봉안하였는데 당시에는 덕산서원德山書院이라고 새긴 편액을 달았고 이어 조식을 제사하는 석채례釋菜禮를 거행하였다. 7월에는 정구鄭逑(1543~1620, 호는 寒岡)가 조식의 묘소에 나아가 서원의 건립을 알리는 고묘제告墓祭를 지내고 이어 최영경 등과 함께 서원의 규칙인 원규院規를 정했으며 예전 산천재에서처럼 덕산서원에서 강회를 개최하였다. 사우, 강당, 동·서재를 아울러 완공한 후 강당은 경의당敬義堂이라고 이름짓고, 동·서재는 각각 경재敬齋·의재義齋로 부르다가 뒤에 진덕재進

德齋·수업재修業齋로 고쳐 부르게 된다. 그리고 재헌齋軒은 '비가 개인 후에 불어오는 맑고 상쾌한 바람과 밝은 달'이라는 의미의 광풍제월光風霽月이라고 하였다. 오늘날의 명칭은 다시 본래대로 동재와 서재이다. 이 해에 문인 송희창宋希昌(1539~1620, 호는 松軒)이 사림과 의논한 후 회현晦峴에 회산서원晦山書院을 건립하였다. 이 서원은 그 뒤 1609년(광해군 1)에 용암서원龍岩書院으로 사액賜額된다. 이외에도 조식을 제향하는 서원으로는 1578년(선조 11) 김해의 탄동炭洞에 부사 하진보河晉寶가 향인과 공모하여 세운 신산서원新山書院이 있다.

1579년(선조 12) 하항이 고묘제告廟祭를 지내고 사우 경영의 규범과 여러 사람들의 공로를 상세히 기록하여 『덕산지』라고 이름하였다.

1582년(선조 21)에는 덕산서원 문밖 시냇가에 휴식을 취할 수 있는 정자를 지어 세심정洗心亭이라고 하였는데, 뒤에 취성정醉醒亭이라고 개칭하였다가 오늘날에는 다시금 세심정이라고 부르고 있다.

1592년(선조 25) 임진왜란이 일어난 이후 정유재란(1597년)을 겪으면서 덕산서원의 강당과 재실, 정자 그리고 사우가 모두 불타 없어져 버렸다. 그러나 10년 뒤인 1602년(선조 35) 덕산서원은 사림들에 의해 다시 중건되었고, 1603년에는 조식의 위패를 새로이 마련하고 최영경을 배향하였다. 이후 덕산서원은 영남우도 유림들이 은거하면서 수신에 힘쓰는 수장처이자 정신적인 메카로서 영남우도 도학과 남명학파의 본산

세심정

이 되었다. 뿐만 아니라 학문 활동이나 판각 등의 문화 사업 외에 향촌 사회의 문제 해결과 향풍 순화의 거점이 되기도 하였다.

1589년(선조 22) 정여립鄭汝立(?~1589)의 모반 사건으로 촉발된 기축옥사己丑獄事로 말미암아 크게 위축되었던 대북大北의 조식 문도들이 광해군의 등극과 동시에 정권의 전면에 등장하면서 대북의 영수인 정인홍鄭仁弘(1535~1623, 호는 來庵)이 스승의 추존 사업에 적극적으로 나서게 된다. 그 결과 진주의 덕천·삼가의 용암·김해의 신산서원 등 3개의 서원이 1609년(광해군 1)에 사액되었는데, 이 사액을 계기로 덕산서원은 이후 덕천서원으로 불리게 된다.

1614년(광해군 6)에 나라에서는 조식을 영의정에 추증하는 한편, 문정文貞이라는 시호를 내렸다. 또 1616년(광해군 8) 11월에는 삼각산 백운봉에 조식을 봉사하는 서원을 건립하고 백운서원白雲書院이라고 사액하였다. 한편 정인홍은 조식을 문묘에 종사시키기 위해서 관학 및 팔도의 유생들로 하여금 상소케 한 바 있으며, 1617년(광해군 9)에는 경상우도 유생 수백 명이 역시 그러한 상소를 올렸으나 끝내 실현되지는 못했다.

이후 정치적 상황의 변화에 따라서 성쇠를 거듭하던 덕천서원은 1870년(고종 7) 대원군의 서원 철폐령에 따라 훼철이라는 불운을 겪게 되는데, 훼철된 주요 원인은 봉안된 도학의 종장이 문묘에 종사되지 못했다는 것이었다. 그러나 1920년대에 이르러 덕천서원은 지방 유림에 의해 복구되었으며, 광복 후에는 국가의 지원으로 도산서원과의 비교 차원에서 확장 증설되었다. 그리하여 1954년 지방유형문화재 89호로 지정되었고, 1974년 사적 305호로 지정되었다.

여기서 현재의 덕천서원 경내에 있는 건물들을 살펴보면 다음과 같다.

• 숭덕사崇德祠 : 3칸으로 된 사우祠宇로서 조식의 위패와 최영경의 위패가 봉안되어 있다. 매년 음력 3월과 9월의 초정初丁(그 달에 처음으로 돌아오는 丁

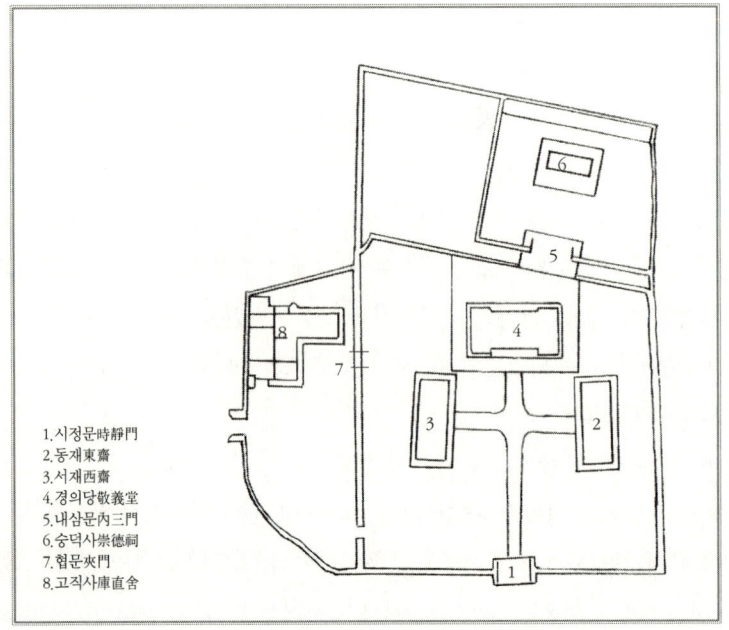

1. 시정문時靜門
2. 동재東齋
3. 서재西齋
4. 경의당敬義堂
5. 내삼문內三門
6. 숭덕사崇德祠
7. 협문夾門
8. 고직사庫直舍

日)에 향사를 드리고, 양력 8월 18일에는 그를 추모하는 남명제南冥祭를 개최하고 있다.

- 신문神門 : 숭덕사로 들어가는 문의 이름이다.
- 경의당敬義堂 : 5칸으로 된 강당으로 선비들이 모여 강학하던 장소이다. 중앙의 마루와 양쪽 협실로 되어 있는데, 원내의 여러 행사와 유림의 회합 및 학문의 토론 장소로 사용된다.
- 동재東齋와 서재西齋 : 학생들이 거처하던 곳인데 동·서재는 처음 경재敬齋, 의재義齋로 하였다가 뒤에 진덕재進德齋, 수업재修業齋로 이름을 바꾸기도 하였다.
- 시정문時靜門 : 덕천서원으로 들어가고 나오는 정문이다. 본래 이름은 유정문幽貞門이고 문루가 있었다.
- 홍살문 : 덕천서원의 정문인 시정문 앞의 도로변에 위치하고 있다.
- 세심정洗心亭 : 시정문과 홍살문 바깥의 도로 건너편 아래쪽(사리 방면) 덕천강가에 위치하고 있다.

2. 배향인물의 생애와 사상

1. 남명 조식의 생애와 사상

조식의 생애

덕천서원은 조식을 제향하고 강학을 통하여 그 정신을 널리 알리기 위해 세워진 서원이다. 그러므로 조식이 어떤 인물이고, 어떠한 삶을 살았으며, 어떠한 사상을 정립하여 어떠한 영향을 끼쳤는지를 우선적으로 살펴보지 않으면 안 될 것이다. 「연보」를 통해 조식의 생애를 네 단계로 나누면, 수학기(1~25세), 모색기(26~45세), 정립기(46~60세) 및 온축기(61~72세)로 나눌 수 있다.

수학기는 그가 1501년(연산군 7) 삼가현 토동의 외가에서 창녕 조씨 언형彦亨의 3남 5녀 중 차남으로 출생한 이후 25세가 될 때까지이다. 이 시기에 그는 다양한 학문을 폭넓게 공부하며 평생지기들을 사귀고, 나아가 과거 공부에 전념하였다. 25세 되던 해에 그는 허형許衡(1209~1281, 호는 노재魯齋)의 출처에 대한 글을 읽었는데 이는 진정으로 스스로를 위하는 학문인 위기지학爲己之學을 근간으로 한 성리학에 매진하는 계기가 되었다.

모색기는 그가 모순된 현실을 직시하여 비판적 현실 인식을 가다듬어 간 시기이다. 이 시기에 그는 합천과 의령에 머무르면서 이 지방 민중들이 당하는 고초를 체험하게 된다. 30세 때(1530년)는 처향인 김해 탄동炭洞으로 이사하여 산해정山海亭을 짓고 공부하게 되는데, 이 때도 여러 벗들을 사귀며 학문을 논하는 한편, 바닷가에 살면서 왜에 대한 인식을 새롭게 하고 아울러 국토에 대한 애착을 갖게 된다. 37세 때(1537) 이후로는 과거 공부에서 완전히 손을 떼고, 성인聖人의 길이 경의敬義의 학문에 있다고 보고 이에 전념하게 된다.

정립기는 그가 현실주의적 세계관을 정립하는 시기이다. 어머니의 복상을 마치고 난 후 48세 되던 해(1548년)에 토동에 계부당鷄伏堂과 뇌룡정

雷龍亭을 짓는데, 이 당호에는 그가 지향하고자 하는 바가 잘 드러나 있다. 즉 계부당은 닭이 알을 품고 있는 집을 뜻하며, 이는 닭이 알을 품는 것과 같은 정신과 마음으로 둥지를 틀고 앉아 수양에 전념하겠다는 뜻이다. 또 뇌룡정의 뇌룡雷龍은 『장자莊子』「재유在宥」에 나오는 "시동尸童처럼 조용히 앉아 있지만 용처럼 나타나고, 연못처럼 고요하지만 우뢰 소리를 낸다"에서 따온 말이다. 그러므로 뇌룡이란 말은 현실 참여와 개혁의 의지를 표명한 것으로서, 구체적으로는 교화敎化의 바람을 일으켜 인재를 양성하고 세상을 바로잡겠다는 의미를 담고 있다고 할 수 있다. 한편 그는 처사로서 급진적이고 과격한 상소를 올려 부조리한 현실을 과감하게 비판하기도 하였는데, 그의 나이 55세 때(1555년) 단성현감을 제수받은 후 임금에게 올린 「을묘사직소乙卯辭職疏」에서 이러한 점이 잘 드러난다.

온축기는 만년에 두류산으로 들어가 산천재를 짓고 평생을 온축하였던 학문의 요체인 경의의 정신을 제자들에게 강학을 통해서 불어 넣어 준 시기이다.

한편 「연보」를 통해 그의 생애가 사화의 절정기에 걸쳐 있음을 알 수 있으며, 이는 그의 선비로서의 생애가 결코 순탄할 수 없었음을 말해 준다. 실제로 조식은 사화로 말미암아 그와 가까운 사람들이 화를 당하는 것을 목격하는 쓰라림을 맛보아야만 했는데, 그의 생애 중에 조선조 4대 사화 중 3대 사화가 일어났다. 즉 4세 때에 갑자사화(1504년, 연산군 10)가 일어났으며, 19세 때에는 기묘사화(1519년, 중종 14)가 일어나 숙부 조언경曺彦卿이 조광조趙光祖(1482~1519, 호는 靜菴) 일파와 함께 희생되는 참화를 목격하였다. 또 45세 때에는 을사사화(1545년, 명종 1)가 일어나 친우인 이림李霖, 성우成遇, 곽순郭珣, 이치李致, 송인수宋麟壽가 차례로 희생되는 것을 보아야 했다. 이로 인해 그는 벼슬길, 특히 어진 선비의 나아가는 길이 험난함을 절실히 느끼게 되었다. 그러므로 그가 스스로 과거 공부를 포기하고 산림처사로 평생을 보내게 된 이면에는 당시의 이러한 시대적 상황이 크게 작용하였다고 할 수 있다.

조식은 주자학만이 존숭되던 당시의 학문 분위기 속에서도 주자학에만 국한되지 않고 매우 폭넓은 독서를 하였다. 이는 연보를 통해서 확인할 수 있다. 그의 나이 18~19세 때 서울 근교의 산사에서 벗과 함께 독서하면서 공부하였는데, 그 내용 가운데는 경經·사史·자子뿐만 아니라, 천문·지지地志·의방醫方·수학·궁마弓馬·항진行陳·관방關防·진수鎭戍 등에 관한 것도 있었다. 결과적으로 보면 조식은 이러한 공부 덕분에 주자학 일변도로 흐르지 않고 당시에 이단시되던 불교, 노장, 양명학은 물론이고 병가서兵家書까지 포괄할 만큼 그 학문의 폭이 매우 넓었으므로, 당대 선비들 가운데에서 매우 이채로운 존재가 될 수 있었다. 특히 병가서에 대한 관심과 공부는 그에게 문무겸비文武兼備의 정신을 심어 주었고 이것이 그의 경의사상敬義思想을 정립하는 데도 영향을 미친 것으로 보인다. 그리고 이러한 경의사상 덕분에 그 문하에서 임진왜란 당시에 의병장으로 활약한 인물들이 대거 배출될 수 있었을 것이다.

앞에서 언급한 것처럼 조식은 그의 나이 25세 때에 『성리대전性理大全』에 나오는 허형의 글을 읽다가 자신이 평생을 통해 궁극적으로 지향해야 할 바가 무엇인지를 분명히 자각하게 된다. 즉 평생의 지향처志向處를 확립하는 입지立志의 계기가 마련된 것이다. 이 때 세운 지향처의 내용은 한마디로 대장부大丈夫가 되겠다는 것인데, 그는 대장부란 벼슬길에 나아가는(出) 경우에 있어서는 나라를 위해 기여할 수 있는 쓸모 있는 존재여야 하고, 재야에 머물러 있는(處) 경우에는 스스로 체득한 진리(도)에 어긋나지 않게 생활함으로써 모든 이들의 정신적인 사표가 되는 존재라고 생각하였다. 그리하여 그는 이러한 출처를 제대로 실행하기 위해서는 이윤伊尹의 지향처를 자신의 지향처로 삼고, 안연顔淵의 학문을 자신의 배움의 대상으로 삼아야 한다고 생각하였다.

이처럼 조식의 출처관出處觀은 단순히 일개 왕의 신하가 되어 이름 덕을 보며 하는 일이 없이 녹봉만 축내는 태도가 아니라, 혼탁한 세상으로부터 물러나 숨어 있음으로써 세상을 맑게 하는 것이었다. 따라서 그의 출처는 노장老莊처럼 세속에서 완전히 물러나 자연과 동화되어 살고자 하는 은퇴와는 다르다고 할 수 있다. 그리하여 그는 벼슬길에 나아가지 않고 산림에 은거하면서 올바른 말과 행동을 통해 위로는 임금과 벼슬길에 나선 고관들의 잘못을 비판하여 그들을 각성시키고, 아래로는 백성들을 교화시켜서 세상을 맑게 하는 처사로서의 삶을 살고자 하였다. 「연보」에 따르면 그는 38세 이후로 임금으로부터 여러 차례 부름을 받았으나 단 한 번 그 부름에 응했을 뿐 실제로 벼슬에 나아간 적은 없었다. 비록 현실 정치에 직접 참여하지는 않았지만 산림에 있으면서 나라를 생각하고 백성을 염려하는 우국애민憂國愛民, 위민민본爲民民本의 충정은 벼슬하는 이들에 비해 조금도 덜하지 않았다.

이상에서 고찰해 본 조식의 생애를 요약한다면 그는 '드높은 기개와 기상의 소유자'로서 '이론과 실천의 겸비와 동시에 문무의 겸비를 지향하는 선비로서의 삶을 산 인물'로 평가될 수 있을 것이다.

조식의 사상

조식의 사상을 한 마디로 요약한다면 그것은 경의敬義 사상이 될 것이다. 그는 일찍이 말하기를 "우리 집안에 경의가 있는 것은 하늘에 해와 달이 있는 것과 같다"고 하였다. 그렇다면 경의란 무엇인가? 경의는 『주역』 곤괘坤卦 문언전文言傳에서 언급한 대로 "경으로써 내면을 곧게 하고 의로써 외면을 방정하게 한다"는 것이다. 그러므로 조식에게 있어서 경의의 강조는 그의 실천을 중시하는 학문 경향과 깊은 연관성이 있다. 왜냐하면 경이 자기의 내면을 다스리기 위한 실천 덕목이라면, 의는 자기의 외면을 다스리기 위한 실천 덕목이라고 할 수 있기 때문이다. 달리 말하면 경이 수기修己를 위한 덕목이라면 의는 치인治人과 연관성이 깊은 덕목이라고 할 수 있다. 이러한 경의의 의미는 그가 항상 허리에 차고 다녔던 패검佩劍에 새겨진 "안으로 밝히는 것을 경이라 하고, 밖으로 과감히 끊어버리는 것을 의라고 한다"는 검명劍銘에서도 잘 드러난다. 또는 경의를 달리 표현하여 "경을 주로 하여서 의를 실천한다"는 의미로서의 주경행의主敬行義라고도 한다. 그러나 일반적으로 당시의 학자들은 주자학적 성리학을 유일한 학문적 정통으로 여겨 "경에 머무르면서 이치를 탐구한다"는 거경궁리居敬窮理를 중시하였다. 당시 강좌학파江左學派를 대표하던 이황李滉(1501~1570, 호는 退溪)이야말로 거경궁리를 중시한 대표적인 인물이라고 하겠다. 그런데 거경궁리는 주경행의에 비해 도덕적인 원리인 천리天理의 탐구에 치중하므로 그 학문 경향이 이론적이고 형이상학적이며 비현실적이라고 할 수 있다. 이처럼 당시 학자들의 궁리를 중시하는 경향을, 조식은 '이름을 도둑질하고 남을 속이는' 행위로서 비판하였다.

그러나 조식이 궁리를 중시하지 않았다고 하여 독서와 사색을 등한히 했다고 여겨서는 안 된다. 그가 얼마나 폭넓고 깊이 있게 독서하고 사색하였는지는, 그가 선현의 저술을 읽으면서 중요하다고 생각하는 것들을 메모 형식으로 적어 놓은 「학기學記」에 잘 드러난다. 이 독서와 사색을 곧 궁리라고 할 수 있을 것이다. 다만 그는 선현의 글을 읽은 뒤 깊이 이해하고 수용하는 데 그치고 있어, 자신의 생각을 덧붙이거나 저술을 일삼는 것이 부질없는 일이라 생각하였던 듯하다. 따라서 그가 비판하고자 했던 것은 독서와 사색 그 자체가 아니다. 우주 생성의 문제와 인간 심성의 문제를 각각 리기理氣 개념으로 해명하려는 우주론宇宙論과 심성론心性論에 입각하여 각자의 학설과 이론을 내세워 그것의 시시비비를 따지는 것을 궁리의 본령이라 여기고 중시하면서도, 막상 현실 문제를 해결하기 위한 구체적인 실천에는 등한한 당시의 일반적인 학문 풍조를 비판하고자 하였던 것이다. 그러므로 그의 주경행의의 주장 속에는 "거경궁리에 그치지 말고 의의 실천인 행의까지 나아가자! 그리고 형이상학적이고 추상적인 천도와 심성에 대한 논의에만 치중하는 궁리를 지양하고 궁리의 목표를 반드시 행의에 두자"는 의미가 깃들어 있다고 볼 수 있다. 그에게 독자적인 성리학이 있다면 그것은 이론 위주가 아닌 실천 위주의 성리학이라 할 것이다. 결국 주경행의란 실천을 위해서 요청되는 명명백백한 의리義理를 획득하여 그것을 현실 문제를 해결하는 데 과감하게 적용하는 것이라 할 수 있으며, 따라서 그가 내세우는 경의는 경을 주로 하되 그것이 결과적으로 의의 실행에 귀착되지 않으면 안 되는 주경과의主敬果義라 하겠다.

조식에게 있어서는 경이 없다면 의가 있을 수 없고, 또 경이 해라면 의는 달이라고 할 수 있으므로 경이 대단히 중요한 의미를 갖는다. 그는 경을 네 가지로 설명하였다. 첫째는 의관衣冠을 가지런히 하고 겉으로 드러나는 몸가짐을 엄숙하게 하는 것이니, 이것은 곧 몸을 거두어 들여서 수렴收斂함을 말한다. 둘째는 그 마음을 거두어 들여 어떠한 대상에도 마음을 두지 말고 마음을 허심탄회하게 하는 것이니, 이것은 곧 마음을 거두어 들여서 수렴함이다. 셋째는 항상 스스로의 의식을 샛별처럼 초롱초롱하게 유지하는 것이니, 이것은 의식을 각성시킴이다. 넷째는 한 가지 일에 전일專一하는 것이니, 이것은 정신을 집중함이다. 이 네 가지는 그가 보는 경의 내용일 뿐 아니라, 경의 순서이기도 하다. 즉 몸의 수렴 다음에 마음이 수렴되고, 마음의 수렴 다음에 의식이 각성되며, 의식이 각성된 다음에야 정신을 집중할 수 있다는 것이다. 그렇다면 정신을 집중한다는 것은 무엇 때문인가? 그는 독서와 사색을 극진히 하여 의리를 명확히 인식하고 나아가 이 인식된 의리에 바탕하여 의를 실천하기 위해서 정신 집중이 필요하다고 본다.

한편 조식은 경의 중요성을 강조하면서 효과적으로 경의 상태에 도달하기 위한 방법을 제시하였는데, 그것이 바로 정좌靜坐이다. 일반적으로 정좌를 하면 위에서 언급한 네 가지 경의 내용 가운데 몸의 수렴, 마음의 수렴, 의식의 각성이 동시에 이루어지므로 정좌한 이후에는 바로 어떤 대상에든 정신을 집중하기가 쉬워진다. 왜냐하면 정좌를 통해 정력定力이 배양되기 때문이다. 여기서 정력이란 우리의 의식을 고요하고 깔끔하고 또렷하게 하여 어떤 대상에 대해서 정신을 집중시킬 수 있는 힘을 의미한다. 조식은 이 정력이 충분히 배양된 인물이었다. 이 점은 그의 애제자이자 외손서였던 김우옹金宇顒(1540~1603, 호는 東岡)이 쓴 행장에서 잘 드러난다. 즉 조식이 병석에 누운 지 한 달이 넘어 병세가 매우 위독했는데도 불구하고 그 정신은 조금도 흐트러지지 않았으며 여러 학자와 더불어 이야기하면서 평소의 가르침에 게으르지 않았다고 한다. 이에 대해 김우옹은 "삶과 죽음의 갈림길에서도 확연히 어지럽지 아니함이 이와 같았으니 평소의 공부와 정력의 견고함이 다른 사람보다 크게 뛰어나 우뚝히 미칠 수 없음을 볼 수 있다"고 하였다.

정력이 길러지면 원력願力도 동시에 길러지게 된다. 원력이란 각자가 소원하는 바를 이루려고 하는 힘이다. 이것을 지기志氣라고도 하는데, 지기란 어떤 일을 이루려는 의지와 기개를 가리킨다. 일반적으로 평생의 목표인 지향처志向處를 세우는 입지立志 이후 정력을 배양하면 원력도 동시에 배양된다. 이처럼 정력과 원력이 충분히 배양되거나 유지되는 상태에서 독서궁리를 하면 지력知力이 길러지고 신체 단련을 하면 기력氣力이 배양된다. 여기서 지력이란 지식 내지 지혜의 힘으로서 어떤 대상에 대한 인식 능력을 신장시켜 주는 것이고, 기력이란 육체적인 생명 활동을 왕성하게 해주는 힘으로서 이미 아는 것을 실현(내지 실천)할 수 있는 능력을 신장시켜주는 것을 말한다. 그러므로 원력과 정력이 바탕이 되어 배양된 지력과 기력은 그대로 각자가 세운 목표로 나아가게 하는 힘이 된다. 즉 이 네 가지 힘이 충분히 배양되면 누구나 다 목표 지향적인 삶을 영위할 수 있을 뿐 아니라 반드시 그 목표에 도달하게 될 것이다. 더 나아가 이 네 가지 힘이 충분하게 되면 우리의 기질 내지 기운이 후득적으로 가장 바람직스럽게 변화되는데, 이것이 바로 청수淸粹하고 충실充實한 기운이다. 이 기운은 의로운 기운으로서의 의기義氣와도 동의어인데, 의기는 의를 실천하는 행의의 바탕이 된다고 하겠다.

조식이야말로 이 네 가지의 힘이 충분하게 두루 배양된 인물이었다. 그의 우뚝한 기상과 기개는 내면에서 조화롭게 배합된 네 가지 힘이 외적으로 표출된 것이라 할 수 있다. 그가 자신의 출처관에 입각하여 어떠한 외풍에도 흔들림 없이 대장부로서의 삶을 성공적으로 살 수 있었다는 것이 그 단적인 증거이다. 그는 특히 기력이 남달랐던 인물이다. 그러기에 그는 의를 과감하게 실천하는 선비로서의 삶을 살 수 있었던 것이다. 다만 그가 기력을 배양한 방법이 무엇이었는지는 아직 분명하지 않다. 현재로서는 그가 평소에 신체 단련을 했다고 단정지을 만한 근거는 없다. 그가 무武에 대한 남다른 관심을 가졌던 것으로 보아 평소 무예 수련을 하였다고도 할 수 있으나 확실하지는 않다. 한편 그가 정좌 수행을 통해서 어느 정도까지의 기력을 배양한 것으로 생각할 수도 있는데, 그것은 정좌가 정력 배양뿐 아니라 기력 배양에도 일정한 효과를 갖는다고 할 수 있기 때문이다.

이처럼 조식은 정좌를 통해 정력과 원력을 배양하고 이것을 바탕으로 지력과 기력을 배양함으로써 의기를 형성하였다. 그는 이러한 의기를 통해 의를 실천하였을 뿐 아니라, 무의식武意識을 일깨움으로써 당시 문文이 일방적으로 중시되던 사회 분위기 속에서도 무비武備와 국방에 남다른 관심을 갖을 수 있었다. 그가 평소 검을 지녔다는 것도 이러한 정신과 상통한다. 그가 삼가에 지은 계부당(닭이 알을 품는 집)이라는 당호에서 드러나듯이, 그는 평소에 정좌 수행을 통해 정력과 원력은 물론 기력과 지력을 함양하는 일도 매우 중시하였다. 당시 이황을 비롯한 주자학자들의 정좌가 궁리와 연결되는 데 비해 조식의 경우는 정좌가 의의 실천과 연결되는 특징을 보이는데, 이 특징이야말로 조식의 삶과 사상을 당시의 다른 학자들과 다르게 이끌어 간 요인이라고 할 수 있을 것이다.

조식의 경의 사상은 그의 훈도를 받은 문인들에게 불의不義에 꿋꿋이 맞설 수 있는 선비 정신을 불어넣어 주었을 뿐 아니라, 현실을 자각하고 백성을 위하는 삶을 살도록 하였다. 이러한 스승의 가르침을 받은 그의 문인들은 임진왜란이라는 미증유의 국난을 당했을 때는 도처에서 창의기병倡義起兵하여 불의의 침략자인 왜병을 무찔러 국난을 타개하는 데 신명身命을 바쳤으며, 평상시에는 현실을 비판적으로 직시하여 그 모순을 타개함으로써 참다운 위민 정치가 시행되도록 하는 일에 몸을 아끼지 않았다. 바로 이런 점에서 조식의 정신을 이어받은 남명학파가 지니는 남다른 특징이 드러난다고 해야 할 것이다. 그러므로 남명학파의 학풍은 한 마디로 '의를 숭상하고 기를 중시하는 것'(尙義主氣)으로 말할 수 있으며, 여러모로 남명학파와 대립되는 퇴계학파의 학풍은 '인을 숭상하고 리를 중시하는 것'(尙仁主理)으로 특징지워지게 된다.

2. 수우당 최영경의 생애와 사상

최영경의 생애

최영경은 1529년(중종 24) 아버지 화순和順 최씨 세준世俊과 평해平海 손씨의 장남으로 한양에서 태어났다. 그는 젊은 시절부터 뜻이 높고 깨끗한 선비로 알려졌다. 그는 향시鄕試에는 급제하였으나 대과에는 실패하였는데, 1567년(명종 22) 그의 나이 38세 때에 덕산으로 조식을 찾아뵙고 제자가 되기를 청하였고 조식은 그를 제자로서 인정해 주었다.

1572년(선조 5) 조식의 별세 소식을 서울에서 들은 그는 곡하고 제문祭文을 지어 여러 동문에게 전하였으며, 이후 스승에 대한 제자의 예로서 마음으로 상복을 입는 심상心喪 3년을 지낸다. 1573년(선조 6) 그는 학문과 행실이 뛰어난 오현사五賢士의 한 사람으로 천거되어 조정에서 발탁되었는데,

이 때 이지함李之菡(1517~1578, 호는 土亭), 정인홍, 조목趙穆(1524~1606, 호는 月川), 김천일金千鎰(1537~1593, 호는 健齋)이 함께 발탁되었다.

　1575년(선조 8)에는 선대의 토지가 있고 아우 여경餘慶의 처가가 있었던 진주로 가서 도동道洞에 은거하였다. 그는 그곳을 사랑하여 대나무 숲속에 방 한 칸을 짓고 수우당守愚堂이라 명명하였다. 이듬해인 1576년(선조 9)에는 동문인 하항, 하응도, 목사 구변 등과 조식의 사우祠宇를 덕산동에 건립하였다. 1577년(선조 10) 그의 독자였던 홍렴弘濂이 어린 나이로 죽었으며, 기축옥사의 빌미를 제공하는 정여립이 와서 조문하였다. 1581년(선조 14)에는 사헌부 지평이라는 벼슬을 받았으나 곧 사직하는 글을 임금께 올리고 벼슬에 나아가지 않았다. 1585년(선조 18)에는 『소학』·『사서』 언해 교정청의 낭청郎廳으로 임금의 부름을 받았으나 역시 사양하고 나아가지 않았다. 1587년(선조 20) 정구가 함안 군수로 부임하여 진주 도동으로 그를 방문하였다. 이 때 『주례』를 비롯한 여러 경전을 강의 토론하였는데, 이 강론을 계기로 하수일河受一(1553~1612, 호는 松亭), 이대기李大期(호는 雪壑) 같은 이가 그의 제자가 되었다.

　1589년(선조 22)에 일어난 정여립의 모반 사건을 처리하는 과정에서 최영경은 정여립의 으뜸가는 참모인 길삼봉吉三峰으로 지목되어 국문을 받다가 1590년(선조 23) 옥중에서 별세하였다. 이 옥사는 동인 계열에 속한다고 할 수 있는 정여립의 모반을 빌미로 삼아 서인에 속하는 정철鄭澈(1536~1593, 호는 松江)과 성혼成渾(1535~1598, 호는 牛溪)이 주도하여 당시 동인에 속하였던 조식 문인과 서경덕徐敬德(1489~1546, 호는 花潭) 문인을 대거 제거한 일종의 사화士禍였다. 그리하여 이 때에 최영경을 비롯하여 정개청鄭介淸(1529~1590, 호는 困齋)과 이발李潑(1544~1589, 호는 東菴) 등이 죽음을 당하였다. 이 옥사를 계기로 동인이 분열되어 남북으로 갈라지게 되는데, 그것은 당시 같은 동인 계열로서 정철과 함께 재판관인 위관委官의 위치에 있었던 유성룡柳成龍(1542~1607, 호는 西涯)이 최영경 등을 구하는 데 소극적이었기 때문이다. 그리하여 이황의 문인들은 남인이 되고, 조식의 문인들은 북인이 되었다.

최영경이 옥사한 후 정인홍, 김성일, 홍여순洪汝淳 등이 그의 억울함을 풀어 주는 신원伸寃을 위해 여러모로 노력하였다. 그 결과 1591년(선조 24) 최영경은 신원되어 가선대부 사헌부 대사헌에 추증되었으며, 조정에서는 예관禮官을 보내어 제문을 내렸다. 그리고 1594년(선조 27)에 대사헌 김우옹을 위시한 사헌부·사간원·홍문관 삼사의 공동 주청에 의해 최영경의 옥사를 주도한 정철의 벼슬을 빼앗고 다시 제사를 올렸으며, 이어 정철 등을 유배형에 처하고 하수인 역할을 한 양천회梁千會 등을 장살형杖殺刑에 처하였다.

1602년(선조 35) 임진왜란과 정유재란을 겪으면서 소실되었던 덕천서원이 사림에 의해서 중건되었으며, 그 이듬해인 1603년(선조 36) 최영경이 덕천서원에 배향되었다. 그러나 1870년(고종 7) 대원군의 서원 철폐령으로 인해 덕천서원은 철폐되었으며, 영남의 유생들이 이를 개탄하여 존덕사尊德祠와 수정당守正堂을 진서晋西의 북평北坪에 신축하여 최영경을 향사해 오고 있다.

최영경의 사상

최영경은 기질이나 사상면에서 그의 스승인 조식과 흡사한 면이 많았다. 이긍익李肯翊이 지은 『연려실기술燃藜室記述』에서는 최영경의 기상에 대해 '우뚝 솟은 천길의 절벽'이니, '가을의 찬 서리와 여름의 뜨거운 태양'이라는 표현을 썼다. 이러한 표현은 조식의 기질을 표현할 때에도 언제나 언급되는 말들이다.

최영경은 당시의 현실을 철저하게 비판적으로 인식하였다. 그리하여 그는 그 시대의 상황에 대해 "공론公論이 행하여지지 않고 국가의 시책이 정해지지 않았으며, 붕당이 성행하고 기강이 떨어져 있어서 장차 국가가 쇠하고 위태로워질 것이 불을 보듯이 뻔하다"고 하였다. 이것은 마치 조식이 명종·선조대의 정치 상황을 급히 구해내지 않으면 안 된다는 의미의 '구급救急'으로 표현한 것이나 "나라 일이 이미 잘못되었다"고 인식한 것과 유사하다.

최영경이 기축옥사 때에 서인 세력의 탄압의 표적이 되어 옥사하게 된 데는 조식의 기질을 그대로 이어받은, 타협을 모르는 그의 정치관도 많이 작용되었던 것으로 보이며, 기축옥사에 조식 문인이 많이 연루된 것은 정여립의 사상에 공감대를 형성했기 때문이라고 볼 수 있다.

정여립은 "천하는 공물公物이니 어찌 일정한 주인이 있으리요"라는 당시로서는 파격적인 주장을 한 것에서 보듯이 정통 주자학의 입장에서 벗어난 사상의 소유자였다. 또한 정여립은 "폭넓게 공부하되 기억력이 매우 좋아서 유교 경전을 통달했으며, 의논이 과격하며 드높아 바람처럼 발하였다"는 평가에서 보듯이 두루 넓게 공부하는 박학적 성격과 함께 주자 성리학의 명분론에 얽매이지 않는 경향을 보였다. 이는 그와 교분을 유지하였던 최영경, 이발, 정개청 등의 학풍과도 일치한다. 이런 관점에서 최영경 역시 보수적인 인물이라기보다는 매우 개혁적인 성향을 지닌 인물이었다고 할 수 있을 것이다.

최영경은 남명학파의 다섯 현인 중의 한 사람으로 꼽히는데, 이들 다섯 명 가운데 최영경만이 유일하게 스승과 함께 덕천서원에 배향되는 영광을 누린다. 여기에는 그럴 만한 이유가 있다. 그가 기축옥사에서 억울한 누명을 쓰고 희생당한 데 대한 조식 문인들의 동정과 아쉬움이 작용했기 때문으로 볼 수도 있으나, 그렇다고 이것이 배향의 주된 요인이 될 수는 없다. 그보다는 그의 학문과 사상이 남명학파를 대표할 만했기 때문이라고 해야 옳을 것이다. 그는 남명학파 내에서도 높은 절개와 뛰어난 인품으로 상징되는 인물이다. 성혼은 일찍이 그를 만나고 나서 주위 사람들에게 말하기를 "그를 대하니 문득 맑은 한 줄기 바람이 소매에 가득함을 깨달았다"고

하였는데, 이는 최영경의 인품이 맑고 깨끗하여 매우 이채로웠음을 표현한 말이라 하겠다. 맑은 바람처럼 깨끗하고 밝은 달처럼 빛나는 기상의 소유자였던 최영경은 그를 대하는 사람에게 남다른 감화를 줄 수 있는 인물이었다. 이러한 인품을 바탕으로 하여 그의 생애에서 드러나는 '출처의 엄정함', '실상이 없는데도 헛되이 이름만 나는 것과 소인을 경계함', '조그마한 흠결이 있어도 그것을 용납하지 않음', 그리고 '민본 사상과 구세 정신' 등을 볼 때 그는 누구보다도 스승의 사상적 핵을 꿰뚫어 보고 구체적인 삶을 통해 이를 잘 체현해 낸 인물이었다고 해야 할 것이다.

3. 시대별로 본 덕천서원의 위상

1. 초창기의 덕천서원의 위상

덕천서원이 건립될 당시에 전국적으로 이미 꽤 많은 서원이 건립, 운영되고 있었다. 본래 서원이란 중심 인물을 배향하는 사우(내지 사묘)와 그 인물의 사상을 강학하는 강당을 갖춘 곳을 말하는데, 이러한 의미에서 최초의 서원은 1543년(중종 38) 주세붕周世鵬(1495~1554, 호는 愼齋)이 경상도 순흥땅에 세운 백운동서원白雲洞書院으로, 이곳에서는 고려 때 원元으로부터 주자학을 전래한 안향安珦(1243~1306, 호는 晦軒)을 봉사하였다. 백운동서원을 위시하여 덕천서원보다 먼저 건립된 서원은 약 30개소에 이른다. 생전에 조식과 함께 영남학파의 쌍벽을 이루었던 이황을 봉사하는 도산서원陶山書院이 세워진 연도는 1574년(선조 7)으로 덕천서원보다 2년이 앞선다. 그리고 도산서원이 사액되는 연도는 1575년(선조 8)으로 덕천서원의 사액보다 무려 30여 년이 앞서고 있다. 이처럼 서원의 위상에 있어서 이황을 봉사하는 도산서원이 앞서는 이유는 무엇일까? 무엇보다도 이황의 서원 건립에 대한 남다른 관심과 공헌을 꼽을 수 있을 것이다. 이에 비해 조식의 경우는, 그가 생전에 서원 건립에 얼마만한 관심을 가졌고 또 어느 정도 기여했는지에 대해 알려진 바가 없다. 또한 그의 서원관書院觀도 현재로서는 밝혀진 것이 아무것도 없다. 당시의 명망과 학식, 제자의 양성과 배출, 그리고 후세에 끼친 영향력의 측면에서는 결코 이황에 뒤지지 않는 조식이지만, 적어도 서원에서의 그의 위상은 이처럼 처음부터 이황에 비해 열세였던 것으로 보인다.

남명학파의 활발한 활동기였던 인조 반정 이전의 시기에 있어서도 전국의 서원 가운데 조식을 봉사하는 서원의 수는, 적어도 이황의 그것에 비교해 볼 때 상당한 차이를 보이고 있다. 그 원인이 무엇일까? 아마도 평소 조식이 서원을 통한 강학 활동에 그다지 커다란 비중을 두지 않았던 데에서 그 원인을 찾아볼 수 있을 것이다. 그의 생전에 전국적으로 꽤 많은 서원이 건립되어 있었지만 그의 생애에서 서원과 연관되는 언행이나 족적은 그다지 많지 않다. 그의 연보에는 그가 63세 되던 1563년 3월에 함양에 있는 남계서원藍溪書院을 찾아 정여창鄭汝昌(1450~1504)의 사당을 배알하고 여러 문생의 강론을 들었다는 기록이 남아 있을 뿐이다. 이것이 조식의 「연보」에 나타나는 서원과 연관된 유일한 기록이다. 남계서원은 1552년(명종 7) 건립되어 1566년(명종 21) 사액된 영남우도의 대표적인 서원으로서 백운동서원에 이어 두 번째로 건립되었다. 평소 정여창을 존경해 마지않았던 조식이 자신의 거처로부터 그다지 멀리 떨어져 있지도 않은 남계서원을 서원이 건립된 지 10년이 넘어서야 방문했다는 사실은, 서원에 대한 그의 의식의 일단을 보여 주는 것이라 할 수 있다. 아마 이러한 조식의 소극적인 서원 활동이 덕천서원과 도산서원의 건립 시기가 비슷하면서도 그 사액에 있어서 30년 이상의 차이가 나게 한 까닭일 것이다.

조식은 어째서 서원을 통한 강학 활동에 별다른 관심을 갖지 않았을까? 이 점은 조식의 독특한 학문적 개성과 연관성이 있으리라 여겨지는데, 그 상세한 내막은 앞으로 구명되어야 하겠지만 당시의 서원이 성현을 본받는다는 본래의 강학 목적을 제쳐 두고 과거 준비에 치중하는 경향에 대한 반감 때문이었을 것이다. 나아가 당시 서원에서 가르치던 내용이 주로 성리학의 심성론 위주로 되어 있어서 서원이 실천궁행의 장소가 아닌 공리공론의 장으로 바뀔 수 있는 가능성을 우려했기 때문이라고 볼 수도 있을 것 같다.

이제 초창기의 덕천서원의 위상에 대해서 살펴보기로 하자. 이 시기는 1576년(선조 9) 덕천서원이 건립되어 임진왜란과 정유재란을 겪으면서 서원이 소실되고 난 뒤 1602년(선조 35)에 중건되어 선조 말년인 1608년(선조 41)에 이르기까지의 약 30여 년간이 될 것이다. 이 시기의 덕천서원은 조식에게서 직접적인 훈도를 받은 문인들의 성쇠에 따라 그 위상(역할과 위치)이 달라지게 된다. 당시의 중요한 정치적인 사건들에 조식의 문인들이 직·간접적으로 깊이 관여하면서 남명학파는 심하게 부침하게 되는데, 이러한 부침과 덕천서원의 위상 변화는 그 궤를 같이한다고 할 수 있다.

덕천서원이 건립된 후 직면한 최초의 중대 사건은 앞에서 언급되었던 정여립의 모반 사건(1589년)이었다. 이른바 기축옥사에 조식의 문인들이 포함되면서 남명학파는 커다란 위기를 맞게 되는데, 이 사건으로 인해 최영경은 죽고(1590년) 정인홍은 삭탈 관직되었으며, 김우옹은 귀양을 가게 된다. 이들 삼인이 남명학파에서 차지하는 위치에 비추어 볼 때, 당시의 사건이 남명학파 전체에 남긴 상처는 매우 큰 것이었을 것이다. 그 뒤 정인홍을 비롯한 여러 사람들의 적극적인 노력에 힘입어 최영경이 신원됨으로써(1591년) 남명학파는 어느 정도 명예를 회복하게 된다. 그리고 뒤이어 미증유의 국난인 임진왜란이 일어났을 때, 조식의 문인들이 창의기병하여 보여 준 눈부신 활약상으로 인해 남명학파는 완전히 명예를 회복하게 되고 이후 정국을 주도할 수 있는 기반을 확고하게 다지게 된다. 비록 국난 중에 덕천서원의 사우와 강당 그리고 부속 건물들이 모두 소실되었지만, 국난이 끝난 후 5년이 못 되어 중건(1602년)되었으며, 조식과 함께 최영경을 배향(1603년)할 수 있었으니 이는 남명학파의 전반적인 위상 제고와 무관하지 않을 것이다. 특히 최영경이 신원된 후 조식과 함께 배향되었다는 것은 그 동안의 당쟁에서 남명학파가 도덕적으로 정당했음을 대내외적으로 표방하는 상징적인 의미를 지닌다고 할 수 있다. 그러므로 이 시기는 그 동안의 온갖 어려움을 극복한 남명학파가 최고의 절정기를 맞이한 때라고 할 수 있을 것이다. 이처럼 덕천서원은 변화하는 시대 상황의 중심에 자리잡고 있었다.

『덕천서원지』의 원임록院任錄에 따르면 이 기간 중에 덕천서원의 원장으로 하항과 진극경陳克敬(1546~1617, 호는 栢谷)이 취임하였으며, 원임은 정대순鄭大淳, 손균孫均 등이었다고 한다. 하항은 현재의 기록에 나와 있는 덕천서원 최초의 원장으로서 1592년(선조 25)부터 1601년경(선조 34)까지 그 직위에 있었다. 뒤이어 진극경이 취임하여 1601년부터 1611년(광해 3)까지 원장의 소임을 맡았는데, 그는 덕천서원이 중건된 1602년(선조 35) 이후 최초의 원장인 셈이다. 그런데 서원이 건립된 1576년부터 1591년까지의 15년 동안 누가 원장과 원임을 맡았는지에 대해서는 그 명단이 누락되어 있어 알 수가 없다.

2. 광해군 시대 덕천서원의 위상

광해군 시대란 광해군이 등극한 1608년부터 인조반정으로 광해군이 폐위된 1623년까지의 약 15년간을 가리킨다. 이 기간은 남명학파의 최대 전성기였다. 특히 대북의 영수인 정인홍에 대한 광해군의 전폭적인 신임을 바탕으로 대북파가 이후의 정국을 주도하게 되었으며, 이에 따라 정인홍을 비롯한 조식의 문인들은 스승의 추존사업推尊事業에 적극적으로 나서게 된다. 그 결과 조식을 봉사하는 이른바 조식서원曺植書院들이 차례로 사액을 받게 된다. 그리하여 덕천서원을 위시하여 용암서원과 신산서원 등이 광해군 원년인 1609년에, 그리고 삼각산 백운봉 아래 세워진 백운서원은 1616년(광해군 8)에 각각 사액서원이 된다. 아울러 전라도 강진에서도 남명서원의 건립이 추진되었다. 이 시기의 덕천(덕산)서원은 도산서원과 옥산서원玉山書院을 포함한 이른바 영남의 삼산서원三山書院 가운데 규모면에서나 성가면에서 최대, 최고라고 일컬을 만하였다. 즉 기호의 서인이 주축이 된 율곡학파는 물론, 영남좌도의 남인이 주축이 된 퇴계학파에 대해서도 조금도 손색이 없는 학파를 형성하게 된 것이다.

1614년(광해군 6)에는 나라에서 조식을 영의정에 추증하고 문정文貞이라는 시호를 내리게 되었다. 그러나 이러한 추존사업이 그저 순조롭게만 진행된 것은 아니었다. 예컨대 조식의 문묘종사는 그 문인들이 주축이 되어 35차례나 상소를 올렸음에도 불구하고 끝내 실현되지 못하였고, 도리어 이 과정에서 정인홍이 이언적李彦迪(1491~1553, 호는 晦齋)과 이황의 출처 문제를 들어 이들의 문묘종사가 부당함을 논하는 상소문인 일명「회퇴변척소晦退辨斥疏」를 올림으로써(1611년, 광해군 3) 기축옥사에 이어 남인 중심의 퇴계학파와는 더욱더 반목하게 되고 이것은 향후 남명학파의 위상에도 영향을 미치게 된다.

이 시기에는 『남명집』 기유본己酉本(1609년, 광해군 1)이 초각본初刻本인 갑진본甲辰本(1604년, 선조 37)에 이어 정인홍의 주도로 발간된다. 나아가 재각본再刻刊本인 임술본壬戌本(1622년, 광해군 14)이 당시 덕천서원 원장이었던 하징河澄(1563~1624, 호는 滄洲)의 주도로 간행되기도 하였다.

이 시기는 남명학파로서는 최대의 전성기였음에도 불구하고 내부적으로는 갈등이 발생하여 차츰 심화되어 감으로써 학파의 앞날에 암울한 그림자를 드리우기도 하였다. 가장 대표적인 것이 정인홍과 조식의 또 다른 수제자인 정구와의 갈등이었다. 1608년(선조 41) 광해군의 가형家兄인 임해군의 역모 사건에 대해서 임해군의 처벌을 요구하는 할은론割恩論과 관용을 베풀어 용서해 줄 것을 요구하는 전은론全恩論이 대립하였는데, 당시 정인홍은 할은론을 주장한 반면 정구는 전은론을 주장하였다. 이러한 주장의 대립은 그 이전부터 있어 온 정인홍과 정구 사이의 일련의 갈등 상황을 더욱더 심화시키는 쪽으로 작용하였다. 이들의 입장 차이가 큰 것은 정인홍이 조식으로부터 사사받은 데 비해 정구는 조식과 이황 양인으로부터 사사받아서 정인홍과는 달리 이황을 스승으로 존경한 데서 비롯되었다고 할 수 있다.

또한 이 시기의 덕천서원 원장으로는 진극경에 이어 이정李瀞(1541~1613, 호는 茅村)이 1611년(광해군 3) 취임하였고, 다음으로는 하징이 1614년(광해군 6) 취임하여 1624년(인조 2)까지 원장직에 있었던 것으로 보인다. 원임으로는 하공효河公孝(1559~1637, 호는 台村), 조겸趙㻩, 유종일柳宗日, 유경일柳慶一 등의 이름이 나타나 있다.

3. 인조반정 이후의 덕천서원의 위상

인조반정 이후 남명학파의 위상이 어떻게 바뀌어 갔는지를 추적하면 자연히 덕천서원의 위상도 드러나게 되는데, 인조반정으로 인해 남명학파는 심대한 타격을 입게 되었다. 그 동안 조식의 적전嫡傳으로 자부하면서 남명학파를 주도하였던 대북의 영수 정인홍이 반정으로 말미암아 역적으로 몰려 참수당했으며, 이로 인해 남명학파는 크게 위축되었다. 그러나 반정을 일으킨 서인 세력이 남인과 연합 정권을 형성하여 정국을 주도하고 있었으므로 서인 중심의 기호학파(일명 율곡학파)와 남인 중심의 퇴계학파는 그 세가 크게 신장되었다.

결국 남명학파는 존망의 기로에 서게 되었으며, 일단 명맥을 유지하기 위해서는 정인홍을 학파로부터 분리시키고 그 흔적을 제거하는 일이 시급하였다. 그리하여 퇴계학파에 대하여 대결의 자세를 유지하였던 정인홍 대신, 조식과 이황의 양 문하를 출입하였고 당시의 서인과 남인으로부터 동시에 선망을 받고 있었던 정구를 조식의 적전으로 부각시키게 되었다. 특히 정구는 정인홍과 사이가 나빴던 것으로 알려져 있어 정구를 내세움으로써 정인홍을 학파로부터 분리시키는 효과를 얻을 수 있었다. 이처럼 정구의 부각은 남명학파의 남인화를 촉진시켰으며, 이로 인해 학파의 주도권이 과거의 대북에서 남인에게로 넘어가게 되었다. 이는 더 이상 조식이 이황과 동등한 반열에서 대등하게 평가될 수 없음을 의미한다.

이와 아울러 정인홍의 흔적을 학파로부터 제거하기 위해 이미 간행된 바 있는 기존의 『남명집』을 대대적으로 수정하여 바로잡는 이른바 이정釐正 작업이 추진되었다. 그 주된 대상은 하징이 주도하여 간행하였던 임술본이었고, 정인홍을 비롯한 대북파의 문자 및 이황 비판의 흔적들을 제거하는 것이 그 목표였다. 그런데 임술본 간행 이후 이정본이 간행되기까지에는 꽤 오랜 시간이 걸리게 되는데, 임술본 이후 약 140년이 경과한 시점인 1764년에 가서야 이정본인 갑신삼각본甲申三刻本(영조 40)이 간행되게 된 것이다. 이처럼 긴 시간이 걸린 이유는 이정본을 간행하는 과정에서 남명학파에 또 다른 영향을 미치는 두 가지 사건이 발생하였기 때문이었다. 하나는 당시의 남인세력이 주도하였던 임술본 훼판 사건이고, 다른 하나는 이른바 무신란戊申亂(1728년, 영조 4)이었다.

먼저 임술본 훼판 사건에 대해서 살펴보자. 이 사건이 일어난 것은 1651년(효종 2) 가을인데, 진주의 하자혼河自渾, 이집李集 두 사람이 덕천서원의 책실冊室에 잠입하여 보관중인 임술본 목판본 가운데 주로 정인홍과 관련되는 내용을 심하게 훼손한 일이었다. 이 때 훼판의 명분은 퇴계의 설욕과 『남명집』의 정화淨化에 있었다. 이 사건으로 말미암아 훼판 반대 세력인 이른바 대북의 잔존 세력은 훼판 지지 세력이자 이 지역의 중심 세력인 남인으로부터 소외당하게 되는데, 훼판을 반대하는 쪽의 대표적인 인물로는 윤승경尹承慶, 하명河洺, 하달한河達漢 등을 들 수 있다. 이들 훼판 반대 세력들은 이후 정국의 변화에 따라 서인과 남인 간의 대립이 격화되자 서인의 중심축인 송시열宋時烈(1607~1689, 호는 尤庵)과 송준길宋浚吉(1606~1672, 호는 同春) 등 회덕懷德의 송씨 문중으로 흡수되고 이로 인해 기존의 남명학파 내부에는 서·남인의 당파적 대립 양상이 조성되게 된다.

한편 무신란은 일명 이인좌李麟佐(1695~1728)의 난이라고도 하는데, 이 난은 당시의 정계에서 배제된 진보·급진적인 성향의 서인 소론과 오랫동안 정치 권력에서 소외되어 온 영남의 남인이 제휴, 기병하여 영조와 노론 정권을 타파하고 인조의 장자인 소현세자의 증손인 밀풍군密豊君 탄坦을 임금으로 추대하고자 한 사건이었다. 이 난에 참여한 중심 인물은 당시 소론에 속하면서 남인들과 혈연 관계를 맺고 있었던 이인좌 외에 조식의 문인인 정온鄭蘊(1569~1641, 호는 桐溪)의 5세손으로서 남인에 속하였던 정희량鄭希亮(?~1728), 그리고 임진왜란시 정인홍의 문인으로서 창의기병하였던 조응인曺應仁(1556~1624, 호는 陶村)의 6세손인 조성좌曺聖佐(1696~1728) 등이었다. 이들의 기병이 실패로 돌아간 이후 남명학파가 입은 상처는 매우 컸다. 즉 이 사건을 계기로 당시의 노론 정권은 조식에서 정인홍으로 이어진 영남우도를 하나의 반역향으로 간주하여 철저하게 보복을 가하였는데, 그 가운데는 이후 50년간 영남우도 사림은 과거 시험에 응시할 수 없도록 정거停擧에 처하는 조처도 포함되었다.

이상에서 잘 드러나듯이 인조반정 이후의 남명학파는 역사의 부침 속에서 제대로 중심을 잡지 못하고 점점 더 쇠미해져 갔으며, 이에 따라 덕천서원도 그 위상이 매우 축소됨으로써 다른 서원에 비해 서원으로서의 역할을 수행하는 데 많은 제약을 받게 되었다. 급기야 1871년(고종 8)에 전국적으로 47개소의 서원을 남기고 모든 서원을 훼철할 때 덕천서원도 그 대상에 포함되어 훼철당하고 만다.

4. 덕천서원의 활성화 방안 고찰

1. 사찰과 비교하여 본 서원의 위상

우리의 역사에서 서원보다 훨씬 그 연륜이 오래되었음에도 여전히 왕성한 생명력을 지니고 살아 움직이는 공간이 바로 사찰이다. 서원에 비해 볼 때 사찰의 이런 측면은 두드러진다. 우선 서원과 사찰을 찾는 탐방객의 수를 평면적으로 비교해 봐도 그 차이는 매우 크다고 하겠다. 물론 사찰은 종교 행위를 주로 하는 장소라는 측면에서 서원과는 그 성격이 다르다. 그러나 단순히 종교적인 신앙의 대상이 모셔져 있는 곳이기 때문에 사찰이 현대인들에게 각별한 의미로 와닿는 것만은 아닐 것이다. 종교가 현세에서의 복을 빌고 내세의 극락왕생을 기원하는 것에 국한된다고 한다면 서원은 종교 행위와는 거리가 먼 공간이라고 해야 할 것이다. 그러나 사찰의 법당에 모셔진 불상 앞에 나아가 불공을 드리는 까닭이 부처와 같은 깨달은 사람이 되고자 하는 데 있으며 이것 역시 종교 행위에 포함된다면, 서원의 사당에 모셔진 성현의 위패에 나아가 의례를 행하는 까닭 역시 성현이 되고 싶다는 염원의 표현일 수 있다는 측면에서 볼 때, 서원은 종교적인 장소로서의 성격도 아울러 지닌다고 해야 할 것이다. 이처럼 서원이 종교적인 행위와도 연관성을 지닌 곳임에도 불구하고 서원과 사찰의 위상에 차이가 나는 원인은 무엇일까?

첫째, 사찰은 서원에 비해 볼거리가 매우 다양하다. 사찰은 건립 연대에 따라, 그리고 법당에 모셔진 부처에 따라 그 외형적인 모습과 건물의 배치가 달라지며 대부분의 경우 각 구조물에는 역사적인 의미가 부여되어 있다. 이러한 사찰에 비해 서원의 구조는 매우 단순하다.

둘째, 사찰은 서원보다 그 연륜이 훨씬 더 긴 경우가 많다. 따라서 사찰에 가면 역사적으로 오래된 시대와의 대화가 가능하다. 사람들은 일반적으로 자기의 뿌리를 알고자 하는 강한 욕구를 지니고 있는데, 사찰은 서원보다 훨씬 풍부한 실마리를 제공해 줄 수 있을 것이라는 기대감을 갖게 한다.

셋째, 사찰은 오늘날에도 여전히 수행 장소로서의 기능을 유지하고 있다. 즉 사찰에서는 수행정진하여 고승대덕高僧大德의 반열에 오른 인물들의 족적을 더듬어 보는 것 이외에도 고승대덕이 되고자 각고면려하는 수행승修行僧들을 만나 대화를 나누고 이를 통해 세속에 지친 심신을 위로받을 수 있다. 또 사찰의 선방에서 실제로 수행 행위를 할 수도 있다. 뿐만 아니라 사찰은 신분과 지위의 고하를 막론하고 누구든지 편안한 마음으로 자유롭게 출입할 수 있는 곳이라는 느낌을 갖게 해주는데, 이에 비해 서원은 아무나 쉽게 출입할 수 없으며 까다로운 예의범절과 신분을 따지는 곳이라는 인상이 강하다. 이처럼 사찰은 지난 시대 이 땅에서 살다간 서민들의 간절한 기원과 그들의 애환이 깃들어 있는 곳이기에 현대인들은 사찰에 대한 강한 친밀감을 갖게 된다.

지금까지 언급한 바대로 사찰은 서원이 갖지 못한 몇 가지 특징을 지니고 있으며, 또한 현대인들에게 보다 더 가까이 다가갈 수 있는 방안을 다각도로 강구하여 실천에 옮기고 있다. 그 한 예로 유서 깊은 대찰들을 중심으로 전개되고 있는 수련 대회를 들 수 있다. 이것은 일반인들이 방학이나 한가한 틈을 타서 사찰을 방문하여 일정 기간 동안 직접 선방에서 참선수행을 할 수 있도록 하는 것인데, 선을 대중화시키고 현대인들의 지친 심신을 정화시키는 데 있어 한몫을 톡톡히 하고 있다. 서원에서도 과거에는 성현을 본받는 것을 목표로 왕성한 강학 활동을 전개하였지만 오늘날 대부분의 서원의 역할은 강학 활동과는 거리가 멀다.

16세기 이후 도처에 서원이 세워지기 시작한 이래로 우리의 역사에서 서원이 담당했던 역할은 매우 컸다고 할 수 있다. 때로는 과거 시험을 위한 준비 장소가 되거나 당쟁을 심화시키는 소굴이 되었다는 비판이 있었지만, 이러한 역기능보다는 도학道學을 강명講明하여 사풍士風을 일으키고 향촌을 교화시키며, 인재를 배출하는 순기능이 더 컸던 것은 부인할 수 없는 사실이다. 그러나 오늘날에 있어서 서원의 위상을 살펴보면 이미 교육 기관으로서의 기능을 상실한 지 오래되었고, 다만 그곳에 배향된 인물(도학의 종장)에 대한 봉사 내지 제향의 장소로서 그 명맥을 유지해 나갈 뿐이다. 그러나 시대적인 상황이 변했다고 하여 유서 깊은 전통을 간직한 서원이 단순히 골동품적인 위치에 머무르는 것을 당연시한다면 이는 매우 바람직스럽지 못한 현상일 것이다.

ㄹ. 서원 부활의 방안

박제된 골동품으로서의 서원에 새로운 생명력을 불어넣어 이 시대에 부활시키는 길은 과연 무엇이겠는가? 사찰이 여전히 지니고 있는 생명력과 기능에 대한 고찰을 통해 우리는 서원을 되살릴 수 있는 방안을 강구하는 데 어떤 시사점을 찾을 수 있을 것이다. 그렇다면 왜 서원을 되살려야 하는가를 먼저 따져 보고 어떻게 되살릴 것인지 그 방안을 생각해 보기로 하자.

왜 서원을 부활시키려고 하는가? 서원은 다름아닌 선비 정신을 함양하는 곳이었으며, 오늘날 우리들에게는 이 선비 정신이 필요하기 때문이다. 우리 나라는 사회 전반에 걸쳐서 부정 부패가 만연되어 있고, 갈수록 이러한 부패 구조가 심화되고 있다. 뿐만 아니라 자기의 이기적인 욕구를 충족시키기 위해 타인과 공공의 이해를 돌아보지 않는 이들이 사회 지도층을 중심으로 폭넓게 확산되고 있다. 이처럼 우리 사회의 도처에서 풍겨 나오고 있는 악취와 위로부터 불어오는 탁한 바람을 차단하기 위해서는 지도층의 대오각성이 우선적으로 요청되는데, 이런 측면에서 조선조 사회 엘리트 내지 지배층의 올곧은 도의 정신과 청백리 정신은 오늘을 사는 한국 지도층의 귀감이 되기에 부족함이 없다. 따라서 이러한 선비 정신을 되살려야 하며, 바로 이를 위해서 서원은 일정한 역할을 할 수 있고 또 해야 하는 것이다.

그렇다면 어떻게 서원을 부활시킬 수 있을 것인가? 먼저 서원이 죽은 공간이 되지 않도록 해야 할 것이다. 그러자면 각 서원마다 그 서원이 갖고 있는 특성이 잘 부각되어야 한다. 즉 서원에서 제향하는 인물들이 각 시대에 따라 어떠한 역할을 수행했으며, 그들의 정신과 자취가 오늘날의 우리들에게 어떤 의미를 주고 있는지를 설득력 있게 제시해야 한다. 두 번째로는 서원에서 제향하는 인물들의 정신을 후세 사람들에게 심어 주기 위해서는 그 서원이 그 동안 어떻게 운영되어 왔는지를 구명해야 한다. 구체적으로는 그 서원에서 운영해 온 교과 과정(커리큘럼)의 실상이 어떠했으며, 이것이 다른 서원의 그것과 어떻게 다른지, 또 다를 수밖에 없었던 이유를 명확하게 밝혀야 한다. 세 번째로는 서원을 찾는 사람은 누구나 사당에 참배할 수 있도록 하고, 또 원하는 사람에게는 서원에서 제시한 다양한 커리큘럼을 선택하여 간접적으로나마 서원에서 배향하는 인물을 사숙私淑할 수 있는 기회를 제공해야 한다. 아울러 서원운영위원회 같은 것이 활성화되어 서원에서만 배울 수 있는 독자적인 내용을 계발하고 그것을 현대인들에게 가르칠 수 있도록 준비해야 할 것이다. 즉 서원은 오늘날에도 강학 활동이 가능한 곳이 되어야 한다.

3. 덕천서원의 활성화 방안

이상의 측면에서 논의의 대상을 덕천서원으로 좁혀 몇 가지를 살펴보기로 하자.

덕천서원은 남명 조식 선생을 봉사하던 곳으로, 그의 정신을 후세 사람들이 본받아 살려 나갈 수 있도록 강학을 했던 장소로서 역사적인 위상을 지닌 곳이다. 오늘날 사람들이 조식을 흠모하여 그의 정신을 본받고자 할 때 맨 먼저 부딪히게 되는 문제는 어디에 가서 무엇을 배우면 되는 지를 알 수 없다는 것이다. 덕천서원은 바로 이러한 문제에 해답을 줄 수 있는 곳이 되어야 한다. 즉 덕천서원은 조식의 독특한 기질과 경의 정신을 후세 사람들이 본받고 함양할 수 있는 수도 도량으로서 거듭나야 한다. 그러자면 희망하는 사람들이 방학이나 연중을 이용하여 특정 커리큘럼에 대한 강학을 받을 수 있는 준비를 마련해야 한다. 그러므로 수강자의 지식 정도와 나이, 성별 등에 따라 장·단기적으로 적용될 수 있는 다양한 강학 프로그램이 개발되어야 할 것이다.

덕천서원은 임진왜란이란 국란을 당하여 창의기병하여 구국에 앞장섰던 인재들을 배출한 요람지로서의 역할을 다했던 곳이다. 이러한 정신을 계승하는 일은 비록 시대는 바뀌었지만 통일 전야를 사는 오늘의 한국인들에게 매우 중요한 의미를 지니는데, 문제는 우리 청소년들에게 이러한 정신을 어떻게 하면 확고하게 심어 줄 수 있느냐는 것이다. 바로 이러한 문제 의식을 갖고 덕천서원은 운영되어 나가야 할 것이다.

서원이라고 하여 반드시 천편일률적일 필요는 없다. 서원을 책임지고 운영하는 이들은 조식 선생이 살아 나와서 오늘의 덕천서원을 봤을 때, 건물의 배치 및 그 운영의 제반 사항에 대하여 과연 전적으로 만족스러움을 표할 것인지에 대한 의문을 끊임없이 제기해 보아야 한다. 생전의 조식이 다른 유학자들과 달랐다면, 그의 정신과 가르침을 형상화한 덕천서원 역시 다른 서원과 무언가 달라야 할 것이다. 필자는 조식의 의식 속에는 문사적인 요소 외에도 무사적인 요소가 강하게 자리잡고 있으며, 아울러 시비분별을 떠나 유유자적하려는 도가적인 초월의 경향도 동시에 들어 있다고 본다. 문사적인 요소가 바로 유교적인 학자의 면모로 나타난다면, 무사적인 요소는 개혁주의적이고 실천적인 성향으로 나타난다고 하겠다. 그리고 도가적인 요소는 굳이 자신을 내세우지 않고 공치사를 바라지 않는, 세속의 영욕을 초월하려는 태도로 드러나게 된다고 본다. 조식은 이러한 상반되는 요소들을 그의 의식 속에서 조화시켜서 독특한 선비 정신을 구현한 인물이었다. 그가 만년에 터를 잡은 두류산 기슭은 바로 이러한 그의 의식을 구체화시키기에 적합한 장소였다고 할 수 있을 것이다. 이 점을 염두에 둔다면 현대판 덕천서원은 기존의 것을 살리는 데에서 더 나아가 발전 지향적으로 변모할 수 있는 가능성을 충분히 지니고 있다고 볼 수 있다.

도산서원 안병걸

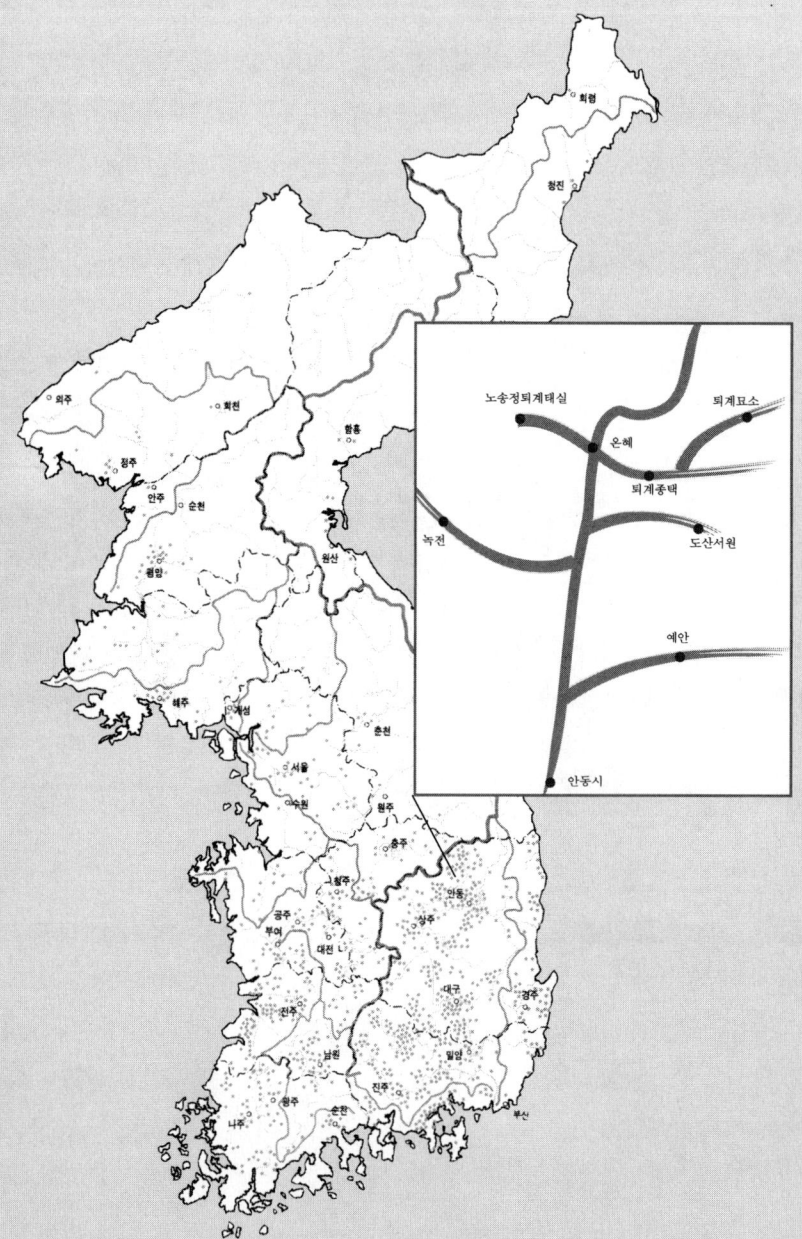

1. 도산서원을 찾기에 앞서 알아둘 일

도산서원陶山書院은 1574년에 이황李滉(1501~1570, 호는 退溪)의 제자들이 세운 서원이다. 그보다 4년 앞서 세상을 떠난 이황의 학덕을 기리기 위한 공간인 것이다. 도산서원의 위치는 안동시 도산면 토계리 680번지. 안동댐의 건설로 인하여 호수처럼 변한 낙동강의 상류를 굽어보는 지점에 있다. 본래 이 자리는 이황이 은거하면서 제자를 가르치던 도산서당이 있던 곳이다. 지금도 도산서원은 두 구역으로 구분이 가능하다. 서원 앞 우물이 있는 넓은 마당을 거쳐 문을 들어서면, 바로 만나는 도산서당과 농운정사, 그리고 그 아래 별채인 역락서재, 이 세 건물이 한 구역인데, 이것들이 이황의 생전에 있었던 건물들이다. 도산서당과 농운정사 사이로 난 경사진 길을 잘 다듬어진 계단을 딛고 올라가면 진도문이 있다. 이 문을 들어서면 비로소 도산서원이다. 도산서원은 이황의 생전에는 없던 많은 건물군으로 이루어져 있는 것이다.

맨 위부터 대충 살피면, 이황의 위패를 봉안한 사당인 상덕사가 있고, 그 아래에 강당인 전교당이 있으며, 전교당 앞에는 마당을 사이에 두고 동재(박약재)와 서재(홍의재)가 마주 보고 있다. 전교당과 동재 사이에 장판각이 있고, 동서 양재 아래로는 진도문을 사이에 두고 동서 광명실이 있다. 또 상덕사와 전교당 사이에 난 협문을 통해 서쪽으로 나가면 전사청이 있고, 그 아래에는 상하 두 동의 고직사가 있다. 이 많은 건물군은 모두 같은 시기에 지어진 것은 아니라고 본다. 1970년에도 농운정사의 서편 밖에 옥진각을 지어 이황의 유품과 고적, 고문서 일부를 전시하는 유물관 및 관리 사무소로 사용하고 있다.

이상을 우리는 모두 도산서원이라고 통칭하고 있지만, 사실 서원은 진도문 위의 구역이다. 그 아래의 도산서당, 농운정사 등과는 구별되어야 하는 것이다. 각별히 이황 생전에 있었던 건물이 도산서당 등 세 건물이었던 점

도산서원 전경(사진: 김복영)

을 다시 한번 확인하는 이유가 있다. 지금 같은 웅장한 건물군에서 이황의 모습을 연상해서는 안 되기 때문이다.

서원 제도가 중국에서 시작된 것은 익히 알려진 사실인데, 그 기능은 대체로 두 가지로 요약된다. 하나는 존현尊賢(선현을 추모하는 일)이고, 다른 하나는 강학講學(선비를 양성하는 기능)이다. 이런 관점에서 도산서원의 건물을 구분하면, 전교당과 동서 양재, 장판각, 광명실 등은 강학의 공간이고, 상덕사를 중심으로 한 전사청 등은 존현의 공간이라고 할 수 있다. 실제로 사당인 상덕사는 전교당 뒤편의 한층 높고 그윽한 곳에 따로 출입문인 삼문을 두고 별도로 담장이 둘러진 안에 있다. 이런 배치만으로도 자연히 엄숙하고 신성한 장소라는 느낌을 받지 않을 수 없다. 서원의 현실적 공간은 전교당이 중심이지만, 정신적 공간은 상덕사인 것이다. 도산서원은 전형적인 전당후묘前堂後廟의 양식이다. 이러한 양식은 역동서원을 보아도 동일하다. 고려 후기의 학자 우탁禹倬(1263~1342)을 추모하는 예안의 선비들이 세운 이 서원은 대원군 집정 시기에 훼철되었다가, 뒷날 안동시 송천동, 현재의 안동대학교 구내에 복원되었다. 부속 건물들을 전부 되살리지는 못하

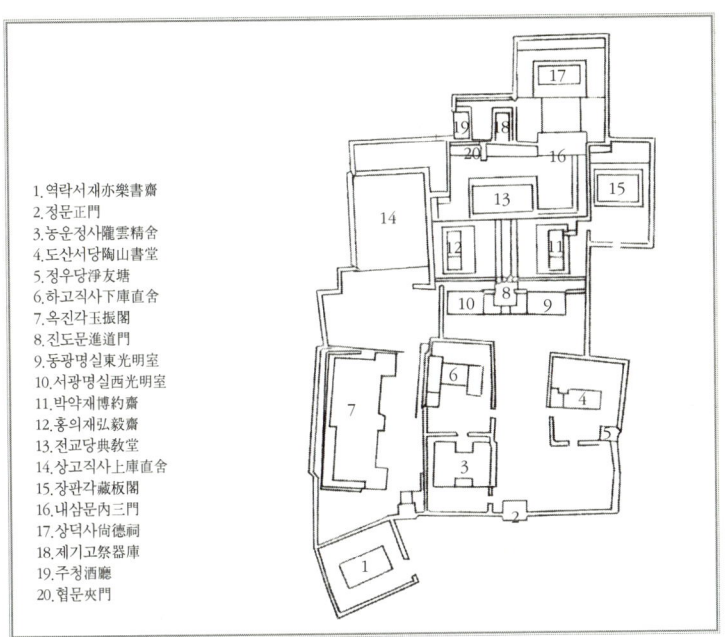

1. 역락서재亦樂書齋
2. 정문正門
3. 농운정사隴雲精舍
4. 도산서당陶山書堂
5. 정우당淨友塘
6. 하고직사下庫直舍
7. 옥진각玉振閣
8. 진도문進道門
9. 동광명실東光明室
10. 서광명실西光明室
11. 박약재博約齋
12. 홍의재弘毅齋
13. 전교당典敎堂
14. 상고직사上庫直舍
15. 장판각藏板閣
16. 내삼문內三門
17. 상덕사尙德祠
18. 제기고祭器庫
19. 주청酒廳
20. 협문夾門

였지만, 사당인 상덕사와 강당인 전교당의 배치는 대체로 예전의 구조를 따랐다고 한다. 뒷날 이황의 제자들이 도산서원을 지을 때, 이황의 지도를 받아 세운 역동서원의 배치는 좋은 참고가 되었을 것이다.

전교당은 전면 4칸, 측면 2칸의 규모 있는 건물이다. 서편의 전면 1칸 짜리 방 한존재를 빼고는 모두 마루로 된 넓은 강당이다. 한존재는 서원의 원장실이다. 마루의 중앙에 전교당이라는 현판이 있고, 그 좌우에 서원의 원규, 백록동규 등의 편액이 걸려 있다. 전교당은 서원의 강학 공간이면서, 이곳을 정신적 지주로 삼는

전교당(위) · 도산서원(아래) 현판

선비들의 회합 장소로 사용되기도 하였다. 전교당 건물의 앞면에 도산서원이라는 현판이 있다. 1575년 선조 임금이 하사한 사액 현판인데, 당대의 명필인 한호韓濩(1543~1607, 호는 石峯)의 글씨이다. 한존재 출입문 옆에는 제향시의 집사 명단이 게시되어 있다. 헌관 등 여러 집사는 매우 신중하게 선발하였는데, 공의에 붙여 결정하였다. 도산서원의 헌관은 매우 영예로운 직책이었다고 한다. 집사 명단은 다음 번 제향을 봉행할 헌관 및 집사가 새로 결정될 때까지 계속 게시해 둔다. 지금도 도산서원은 매년 두 차례 2월과 8월 중정일에 제향을 지내며, 한 달에 두 차례 삭망마다 분향례를 올리고 있다고 한다.

2. 도산서원의 주인공, 이황의 은거

이곳에 서원을 세운 이유는 이황의 강학터였기 때문이다. 조선 시대 서원들은 대부분이 그곳에 위패를 봉안한 선현의 연고지—예컨대 출생지나 거주지, 심지어 귀양지—또는 강학터에 세워졌는데, 도산서원은 이황의 강학터에 인접하여 지은 것이다. 도산서원이 세워진 근거는 도산서당에 있고, 도산서당이 의미가 있는 이유는 이황의 만년 장수처였기 때문이라고 말할 수 있다. 이황은 알려진 바와 같이 조선 시대의 유학자로서 학덕과 인망에 있어서 전·후대에 견줄 이가 없다는 평가를 받는 인물로, 조선 중기 시대적 요청에 따라 주자학을 한국적 양상으로 완성해 낸 사람이다.

이황의 출생지는 도산서원으로부터 약 4킬로미터 거리에 있는 도산면 온혜리이다. 당시 이곳은 본시 안동부와는 독립된 행정 구역인 예안현이었다. 워낙 작은 고을이라 힘있는 토호가 없어 뜻있는 선비들이 몇 두락의 토지를 갖고서 지낼 만한 아담한 고장이었다. 이황은 이곳에서 진사 이식의 여섯 아들 중 막내로 태어났다. 그가 태어난 지 채 1년도 지나기 전에 부친이 세상을 떠났기 때문에 그는 홀어머니의 슬하에서 자랐다. 『퇴계문집』의

「연보」와 「행장」에 따르면, 6세 되던 해 이웃 노인에게 『천자문』을 배웠고, 12세 무렵에는 숙부 이우李堣(1469~1517)에게서 『논어』를 배웠다고 한다. 소싯적의 배움은 가정에서 이루어진 것이다. 소년 시절부터 그는 글읽기를 좋아하였는데, 특히 도연명陶淵明을 사모하였다고 한다. 그의 문집을 보면 실제로 도연명의 운을 따라 지은 시가 상당히 많다.

27세에 진사시, 32세에 사마시에 합격한 이황은 33세에 성균관에 들어가 학습하였고, 그 다음해인 34세에 문과에 급제하고서 승문원의 권지부정자라는 말직으로 벼슬살이를 시작하였다. 그러나 그가 벼슬을 시작한 1530, 1540년대의 조선 왕조는 훈척 세력, 특히 어린 국왕의 외척들에 의해 국가 권력이 독점되었던 시기였다. 이른바 4대 사화로 불리는 1519년의 기묘사화와 1545년의 을사사화 사이에, 그는 과거에 급제하고 벼슬하였던 것이다. 당연히 먼 시골 출신인 그는 벼슬살이에 만족할 수 없었다. 그는 벼슬보다는 학문 연마에, 또 현실적 출세보다는 마음의 수양에 더욱 깊은 관심을 가졌다. 서울 생활에 이득이 없었던 것은 아니다. 소년 시절에 풍부한 독서를 통하여 이미 유교적 지식인으로서의 교양을 습득하 였던 것에 더하여, 서울 생활은 그를 더욱 넓고 깊은 학문 세계로 인도하였다. 당시 중국에서 들어온 『주자전서』, 『심경』 등 주자학적 저술을 구하여 그 세계의 깊이를 접할 수 있었던 것이다.

홍문관 전적, 사헌부 지평, 성균관 사성 등의 관직을 거친 뒤, 48세에 이황은 지방의 군수로 자원하였다. 일시 충청도 단양의 군수를 지냈는데, 그의 중형 이해李瀣가 마침 충청도 관찰사로 부임하였다. 형제가 같은 도에 근무할 수 없다는 인사 규정 때문에, 죽령 넘어 경상도의 작은 고을 풍기 군수로 자리를 옮겼다. 그곳 관내인 순흥은 우리 나라 주자학의 선구자 안향의 출생지이다. 그곳에는 이황의 전임자 주세붕周世鵬에 의해 세워진 백운동서원이 있었다. 그는 공무중 여가 시간을 이용하여 향교와 서원에 자주 들러 선비들을 격려하였다. 더 나아가 백운동서원의 국가적 지원을 요청하였다. 이 서원이 소수서원紹修書院이라는 이름으로 사액서원이 된 것은 1550년의 일이다. 그러나 그는 1549년 11월, 그곳에 부임한 지 1년 만에 벼슬을 버리고 고향으로 돌아와 은거하기 시작하였다.

'퇴계'라는 별호를 사용한 것은 이 때부터였다. '퇴계'는 이황이 살던 집 앞을 흐르는 작은 시내, 토계兎溪에서 따온 말이다. '퇴退'는 '물러난다'는 의미를 지닌 글자이다. 벼슬을 버리고 은거하고자 하는 의지를 호에 담은 것이다. 남들은 가까이 하지 못해 애쓰는 벼슬을 버리고 돌아온 그가 당시 이 고장 사람들에게는 어쩌면 기이하게 보였을지도 모른다. 그가 고향에 돌아오자 인근 지역의 젊은 선비들이 그를 찾아왔다. 그에게서 학문을 배우기 위해서이다. 이로부터 학문 탐구와 함께 제자를 길러 내는 학구 생활이 본격적으로 시작된 것이다. 이후 70세로 세상을 마치기까지 그가 길러낸 제자들은 300여 명이 넘는다.

당시 이황이 제자들과 강학한 책들은 『논어』·『중용』·『주역』등 고전과 『근사록』·『주자전서』·『심경』·『성리대전』등 주자학 서적이었다. 주자학은 이보다 훨씬 앞선 13세기 후반에 안향安珦(1243~1306)이 들여온 이래 고려 후기와 조선 시대에 걸쳐 많은 선비들을 경도시켰지만, 이황의 시대에 이르기까지 이론적으로는 그다지 심화되지 않았던 것이다. 이황은 그를 찾아오는 제자들과 대화를 하거나, 또는 멀리 있는 동학들과 편지를 통하여 토론하며 학구적 생활에 몰입하였다.

그러나 은거 생활이 그다지 오래되지 않았는데도 이황의 명성은 전국적으로 퍼졌다. 조정도 그를 산골에 내버려두지 않았다. 성균관 대사성, 홍문관 대제학 등의 중요하고 영예로운 관직을 주어 그를 불렀다. 홍문관 대제학은 문형文衡이라는 별칭으로 불리기도 하였다. 그만큼 과거에 급제한 문신 중에서도 문학적 자질이 있고, 학덕이 높은 사람이 아니면 수행하기 어려운 자리였다. 그 때문에 조선 시대의 문신들이 일생 일대의 명예로 생각했던 영광스러운 관직이었다. 이황은 거듭거듭 사양하다가, 국왕의 강청으로 마지못해 상경하여 고작 두세 달 출사하였다가, 다시 고향으로 돌아오곤 하였다. 성균관 대사성은 그의 나이 50대에 세 번을 받았지만, 실제로 재임하였던 기간은 그다지 길지 않았다. 여기 한 가지 의문이 있다. 대학은 학문을 탐구하고 인재를 길러 내는 소중한 곳이다. 이황은 왜 그 직책을 사양하였을까. 상식적으로는 도저히 이해가 되지 않는 구석이 있다. 성균관은 본시 국가의 관료가 될 사람들을 교육하는 정부 기관이다. 과거를 거쳐 입신 출세하고자 하는 포부를 지닌 선비들이 다투어 입학하였다. 그 기관의 장은 그만큼 중요한 것이었기에, 보통의 행정 관료보다 학문이 도저한 문신을 엄선하여 임용하였다. 그러기에 학덕이 높은 이황을 세 차례나 불렀던 것이다. 그러나 이황은 그 자리에 오래 머물지 않고 다시 고향으로 돌아오곤 하였다. 왜 그랬을까.

이황의 학문은 관료가 되어 출세하기 위한 수단이 아니었기 때문이다. 그의 학문은 마음의 수양을 통하여 자신의 몸가짐과 생활 태도를 올바르고 경건하게 가지는 것이었다. 그것을 위하여 그는 평생토록 유교의 경전들을 섭렵하며 탐구하였다. 주자학의 이론을 탐구하여 우리가 사는 우주 공간의 구조와 인간적 삶의 법칙, 그 도덕적 원리 등을 체계화하고자 하였다. 그러나 그러한 학문에 충실하기에 성균관은 그다지 적합한 곳이 아니었다. 그리하여 그는 남들이 모두 명예롭다고 부러워하는 그러한 자리에 집착하지 않고 고향으로 돌아왔던 것이다.

3. 도산서당을 짓기까지

이황이 풍기 군수직을 버리고 고향에 내려온 것은 1549년 11월이고, 도산서당을 지은 것은 1561년이다. 그 사이 고향 집 근처에 2칸짜리 작은 초당인 계상서당을 지어 독서에 열중하면서, 찾아오는 제자들을 가르쳤다. 그러나 계상서당은 제자들과 함께 지내기에는 옹색하였다. 이에 제자들이 먼저 새로운 곳에 서당을 지어 옮기자고 요청하였다. 이황도 불편하기는 마찬가지였지만, 새집을 짓는 데 선뜻 동의하지 않았다. 제자 몇 사람이 가만히 물색한 터가 지금 도산서당이 있는 자리였다. 제자들의 말에 바로 응하지는 않았지만, 내심 궁금하였던 이황은 어느 날 혼자 이곳을 돌아보고서 매우 흡족히 여겼다고 한다. 그다지 높지 않은 산자락에 위치하였고 아래에는 강물이 흐르는 곳이라, 산수가 잘 어울리는 곳이었다. 양옆의 산자락도 적당히 감싸 안아 주는 듯한 지형이었다. 답답한 계상서당과는 달리 아늑하면서도 앞이 트인 곳이라 좋았다. 본래 이황이 젊은 시절부터 자주 찾은 곳은 그의 고향에서 10킬로미터 남짓한 거리에 있는 청량산이었다. 지금도 청량산 인근에는 이황의 유적이 적지 않게 남아 있다. 그러나 이황은 만년의 장수처로서 청량산을 택하지 않고, 이곳 도산을 찾았다. 산의 형세야 물론 청량산이 빼어나지만, 흐르는 물과 어우러지지 않았다는 것이다. 이황이 산수의 형국을 살피는 풍수설을 참작한 것은 아니다. 산수의 자연적 조화에서 심정적으로 편안함을 느낀 것이다.

  산이 뒤에 있고, 앞에 물이 있지만, 도산은 절경이 갖추어진 명승지는 결코 아니다. 높지 않으므로 전혀 위압적이지 않은 산자락에 안겨 아늑한데다가, 앞이 트여 시원한 것이 큰 장점이었다. 무엇보다도 주변에 인가가 없어 사람의 왕래가 적었다. 독서하다가 가끔은 홀로 산책하기에 이보다 좋은 곳이 없었다. 이따금 마음 맞는 벗이 찾아오면 함께 산기슭에 난 오솔길을 따라 소요하기도 하였다. 달 밝은 밤이면 강에 배를 띄우고서 시를 짓고 읊조리기에도 이만한 곳이 없었다. 잠행하듯이 한번 이곳을 둘러본 이황은 서당을 짓기로 마음먹었다. 촌부에게 대금을 지불하고 땅을 구입한 것이 1557년의 일이다.

4. 도산서당과 이황의 벗들

이제부터 도산서당으로 간다. 그 뒤편의 건물 집단 도산서원은 잠시 머리에서 지워 버리자. 그다지 많은 내용은 아니지만 당시 이황을 자주 뵙던 제자의 한 사람인 금응훈이 「도산서당영건기사」라는 기록을 남겼다. 그에 의하면 이황은 서당의 건축을 용수사의 승려 법련에게 위촉하였다. 마침 공조판서의 벼슬을 받아 서울에서 지낼 수밖에 없었던 그는 터를 구한 이듬해인 1558년에 집의 설계도라 할 '옥사도자'를 직접 그려서 내려 보냈다. 그런데 채 완공되기 전에 법련이 세상을 떠나자, 역시 용수사 승려인 정일에게 맡겨 1561년에 완공하였다. 터를 구한 지 4년 뒤이다. 불승에게 건축을 맡긴 이유는 살림집이 아니었기 때문이라고 한다.

서당을 완성한 뒤 이황은 시를 지어 자신의 흥취를 담아 두었다. 『퇴계문집』에 실린 '도산잡영陶山雜詠'이 그것이다. 이 시의 서문에 서당의 건립 경위가 간략히 적혀 있다. 본래 서당은 정남향의 3칸짜리 아담한 건물이었다. 동편의 마루 1칸과 중앙의 방 1칸, 서편에는 부엌이 딸린 아주 작은 골방 1칸이 있다. 서당 이름은 물론 중앙의 방과 마루에도 각기 이황 자신이 이름을 지어 붙였다. 도산은 서당이 자리한 뒷산의 이름이다. 부근에 옹기를 굽던 가마가 있었기 때문에 이전부터 도산이라는 지명으로 불리웠다고 한다. 필자가 짐작컨대 서당 이름에 지명을 그대로 사용한 이유는 다른데 있었던 것이 아닌가 한다. 도산의 '도陶'는 '도야한다'는 의미도 있고, 더구나 그가 일찍부터 사모하였던 은둔 시인 도연명의 성씨와 같은 글자이기에 기꺼이 사용한 것이 아닌가 싶다. 아무튼 이황은 서당의 방 하나, 대청 하나에도 각기 이름을 지었다. 방은 완락재라 하고, 마루는 암서헌이라고 했다. 완락재라는 이름은 주희의 「명당실기」에서 "즐겨 완상하니, 이 한 몸을 마치고도 충분하겠다"(樂而玩之, 足以終吾身而不厭)라는 글을 보고 따온 것이고, 암서헌이라는 이름도 역시 주희가 지은 '운곡시'의 한 구절 "오래도록 몸으로 하지 못하였나니, 산골에 숨어 살면 다소 나을까?"(自身久未能, 巖栖冀微效)에서 따온 것이다. 주자를 충실히 따른 그의 모습이 드러나면서, 산 속에 은거하며 여생을 마치고자 하는 자족의 의지가 표현된 부분이기도 하다.

이황의 작명은 이에 그치지 않았다. 암서헌 앞의 담장으로 둘러싼 작은 마당 한 옆에는 네모난 작은 연못을 파고 연꽃을 심었다. 또 그 동쪽에는 작은 도랑을 사이에 두고 그다지 높지는 않지만 경사가 급한 산자락이 인접해 있는데,. 바로 그 아래에 작고 아담한 정원을 조성하였다. 이 작은 못과 도랑 건너 작은 정원에도 이황은 이름을 지어 두었다. 못은 정우당이고, 작은 정원은 절우사이다. 절우사에는 몇 가지 화초와 나무를 심어 두었다. 매화와 국화, 키 낮은 시누대가 그곳에 자리잡았고, 이 작은 정원에 바짝 붙어 있는 산자락에는 소나무 몇 그루가 자라고 있었다. 이곳을 왜 절우사라 했는지 독자는 알리라. 매화, 국화, 대나무, 소나무……. 풍상을 헤치고 방향을 품은 매화와 국화. 꿋꿋한 대나무, 추운 겨울에 더욱 푸르름을 잃지 않는 소나무. 어려운 시절에도 변함없이 더욱 빛을 발하여 절조를 상징하는 식물들이다. 서당 앞 연못 정우당은 맑은 벗, 연蓮이 사는 곳이다. 흐린 물 진흙 속에 뿌리를 묻은 채 더할 수 없이 정결한 꽃을 피워 내는 연. 이들을 이황은 말 없고 의지 없는 식물로만 보지 않았다. 중복되더라도 다시 열거하면, 매화·국화·대·소나무·연꽃이다. 여기에 이황 자신을 더했다. 모두 여섯이다. 여섯 벗이 도산에서 계를 맺었다. 그러기에 이들이 뿌리를 내린 터의 이름에 벗 '우友' 자를 넣었던 것이다. 절우사와 정우당에는 이황의 벗들이 있었던 것이다. 이황은 어쩌면 그 자신이 살았던 어두운 시대적 현실에 굴하지 않는 꿋꿋한 삶의 자세를 이들 다섯 벗들에게서 보았는지 모른다. 그들과의 무언의 대화를 통하여 변함없는 절조를 다지고 또 다졌을지도 모를 일이다.

다섯 벗이 모두 소중하였지만, 그 중에도 이황은 매화를 가장 애호하였다. 젊은 시절 서울의 독서당 앞에 핀 매화를 보고서 가슴 저리는 고향 생각에 시를 지은 일이 있었다. 매화를 그는 매형梅兄이라고 불렀다. 매형이 향을 발하면, 가까이 다가가 시를 지었다. 그 다음에는 자신이 다시 매화가 되어 이황에게 화답하는 시를 짓는다. 이황과 매화는 이런 방식으로 시를 주고받았다. 자문자답이 확실하지만, 그 때는 분명 이황이 매형이고, 매화가 이황이었다. 이런 일이 여러 차례 있었다. 이황은 평생에 걸쳐 200여 수의 매화시를 남겼고, 후인들은 그것을 따로 모아 매화시첩을 엮었다. 지금도 아직 찬바람이 가시지 않은 이른 봄날에는 서원의 안팎이 온통 매화 천지로 바뀐다. 서원의 정원에 가득한 매화나무와 절우사에 심어 둔 요즈음의 매화나무는 비록 이황이 벗하였던 그 나무가 아니지만 긴 겨울 오랜 정적에 휩싸였던 도산서원은 매화의 화신으로 다시 깨어나는 것이다.

5. 도산서당에서 이황과 제자들의 생활

다시 도산서당으로 들어간다. 완락재는 1칸의 작은 방이다. 이곳의 서쪽 벽에 이황은 천여 권의 서책을 두고, 화분 하나와 서탁 하나, 연적과 지팡이 하나, 침구와 돗자리, 향로 하나와 궤 하나를 두었는데, 여기에는 혼천의를 넣어 두었다고 한다. 지금 옥진각에 보관되어 있는 유물들이다. 이 정도로도 이황 혼자 몸을 운신하기에 공간이 넉넉하지 못하였을 것이라는 생각을 떨칠 수가 없다. 그런데 필자의 동료 윤천근 교수의 말을 들어 보니 그렇지 않았다. 그는 매우 뛰어난 눈썰미를 가진 남자이다. 그가 방안에 한번 들어가 앉아 보았던 모양이다. 막상 안에 들어가 앉아 보니 밖에서 보기와는 달리 그리 좁지 않더라고 한다. 오히려 마음을 흐트러지지 않게 다독이기에 적절한 넓이라는 생각이 들더라는 것이었다. 한쪽에 안석을 놓고 서탁을 마주하고 앉으면 나머지 공간에는 두어 명이 함께 앉을 만하다고 한다. 힐끗 보고 지나치기 마련인 완락재 방안에서 윤교수는 이렇듯이 이황의 마음을 읽었던 것이다. 순간 그는 450년의 세월을 넘어 일시 이황이 되었으리라. 이곳에서 이황은 찾아오는 제자들을 가르치는 한편 내방객을 맞이하였다. 날씨가 포근하면 마루로 나와 앉기도 하였을 것이다.

도산서당의 서쪽 편, 골방이 딸린 부엌은 그 규모로 보아 난방을 하기 위한 곳이지 취사까지 해결할 수 있는 곳은 아니었다. 도산 넘어 가까운 거리에 본댁이 있기도 하였지만, 서당은 독서하며 수양하는 곳이기 때문에 부엌을 그렇게 비좁게 만들었다고 한다.

농운정사는 제자들이 거처하면서 공부하던 곳이다. 8칸 규모의 공工자형 집이다. 때문에 흔히 '공자방工字房'이라고도 부른다. 공부에 힘쓰라는 뜻에서 이런 독특한 구조로 만들었다고 한다. 이황이 말한 공부는 요즘과 같은 학습의 의미가 아님은 모두 알 것이니, 지루한 설명은 생략하겠다. 그 서남쪽에 있는 마루는 관란헌이라 이름지었다. 이곳은 제자들이 토론하거나 담소하는 곳이었으리라. 동남쪽에 있는 시습재는 공부방, 지숙료는 숙소라는 짐작도 틀린 것은 아니다. 제자들은 이곳에 거처하면서 이황에게 배웠다. 제자들이 남긴 몇 가지 기록에 따르면, 그들은 이곳에서 길게는 두세 달, 짧으면 며칠간을 머물면서 배우고, 스스로 학습한 것을 갖고 스승에게 질정을 받았다. 정해진 사용 규약이 있었는지는 아직 확인하지 못하였다. 가끔은 스승과 제자가 함께 강가에 나가 산책하거나, 물위에 배를 타고 놀며 시를 지어 주고받기도 하였다.

서당 앞마당을 나서 강 쪽으로 가면, 당시에도 지금처럼 평평한 넓은 터였는지 알 수 없지만, 양옆에 전망대가 있다. 지금 서원으로 들어가는 입구에 있는 천광운영대와 그 반대편의 천연대가 그것이다. 천광운영대는 보통 천운대라고 줄여 부르는데, 강으로 돌출한 언덕이기 때문인지, 아니면 이름 때문인지 유달리 하늘이 넓어 보인다. 잔잔히 흐르는 강물에 비친 하늘빛이 더하여 눈앞에 탁 트인 풍광이 매우 시원한 곳이다. 서당을 가운데 두고 그 대칭이 되는 위치에 있는 전망대가 천연대이다. 역시 강으로 돌출한 언덕을 고르고 돋워서 만들었다. 이곳은 그 아래 낙동강의 물이 서당 근처에서 가장 깊다고 하였다. 맑은 물 속으로 강바닥의 돌과 함께 물고기가 뛰노는 모습이 눈 아래로 그대로 보이는 곳이었다. 안동댐으로 인해 수량이 많아지기는 했으나 물이 고이면서 혼탁해져 버린 지금은 도저히 상상할 수 없는 일이다. 이황 당시에는 물이 매우 맑았나 보다.

그런데 왜 천연대인가. 이황이 즐겨 보았을 『중용』에 인용된 『시경』 구절이 있다. "연비려천鳶飛戾天, 어약우연魚躍于淵." 즉 "솔개는 높이 날아 하늘 끝에 오르고, 물고기는 물에서 힘차게 뛰논다"는 뜻이다. 그러므로 드높은 하늘 끝에서 물 속 깊은 곳까지를 한자리에서 볼 수 있는 곳이 천연대였다. 중용의 작자는 이 시를 인용하고서 바로 뒤에 "언기상하동야言其上下同也"라고 설명하였다. 부득이 해설을 덧붙이자면 "높은 하늘을 나는 솔개나, 깊은 물 속의 물고기나, 생명이 용약하기는 마찬가지이다. 온 세상에 가득한 것이 생명력이다"라는 뜻이라고 한다. 천연대는 하늘 끝, 깊은 물 등 풍경만을 보고자 만든 단순한 전망대가 아니었다. 눈앞에 펼쳐진 산하대지를 넘어 그 생명력을 통찰할 수 있는 사색의 장소가 바로 이곳이었다.

천연대 아래의 물이 깊으면서 맑았다고 하였다. 그냥 지나쳐 볼 이황이 아니다. 탁영담이라고 하였다. 갓끈을 씻을 만큼 맑은 물이 흘러 와 잠시 머물다가 다시 아래로 흘러 가는 곳. 혼탁할 리가 없다. 천연대의 먼저 이름이 창랑대였다는 기록도 있다. 창랑, 탁영 모두 중국 고대 비운의 시인 굴원屈原의 노래에 나오는 문자이다. 굴원처럼 안타까운 처지는 아니었으나, 풍진을 멀리하여 자신의 몸과 마음을 고결히 하고자 하는 의지가 물 이름으로 드러났다고 보아도 되지 않을런지 생각해 본다. 이러한 정경은 계절마다 다른 즐거움을 준다. 이황은 "봄에는 산새가 지저귀고, 여름에는 초목이 무성하며, 가을에는 바람과 서리가 서늘하고, 겨울에는 눈과 달이 얼어 빛나니, 철마다 다른 경치에 흥취 또한 끝이 없다"고 하였다. 이곳에서 책을 읽다가 뜨락에 내려서면, 연못의 정우가 맑은 눈웃음으로 맞이한다.

도랑을 건너 절우사를 찾아가 매형과 시를 주고받기도 하였다. 좀더 멀리 걷고 싶으면 천연대와 천운대에 올라 큰 세상을 보면서, 온 세상 사물의 근원을 응시하여 그 깊은 이치를 꿰뚫어 보고자 하였던 것이다.

역락서재를 놓칠 뻔하였다. 이황에게는 40~50세의 원숙한 선비도 배움을 청하였는가 하면 10여 세의 소년도 문하에 들어왔다. 정사성이라는 제자가 있었다. 어린 나이에 입문하여 오래도록 배운 이였다. 어린 아들을 이황에게 맡긴 그 부친이 농운정사의 아래에 지은 건물이다. 역락서재라는 이 건물의 이름도 이황이 지은 것이고 현판의 글씨도 그의 필적이다. 역락이란 서재명은 『논어』 첫머리 둘째 구절 "벗이 멀리서 찾아오니, 즐겁지 아니한가"(有朋自遠方來 不亦樂乎)에서 따온 것이다. 농운정사의 시습재를 이어서 붙인 이름이리라. 이곳은 정사성이 주로 지냈을 터인데, 그와 연배가 비슷한 동문들도 함께 사용하였을 것이다. 1970년 도산서원이 정비되기 이전에는 정사성의 후손들이 관리했다고 한다.

6. 도산서당에서 이룬 이황의 학문

이황은 이곳 도산서당에서 칠십 평생의 마지막을 지냈다. 그가 후인들에게 기억이 되는 이유는 200여 권이 넘는 방대한 저술 속에 담긴 사상이 주는 교훈에도 있지만, 그의 삶을 통하여 이룩한 높은 정신적 절조와 그것의 지속적 실천에 있었다. 그의 삶은 끝없는 성찰을 통한 자기 반성과 실천의 연속이었다. 그가 평생 탐구한 철학적 주제를 간단히 설명하자면, 그것은 마음에 관한 학문이라고 요약할 수 있다. 그 자신도 '심학心學'이라는 말을 자주 사용하였다. 그는 마음의 복합적인 여러 가지 인소들 가운데, 지고한 덕성을 마음의 실체로서 읽어 내었다. 나아가 그것을 한결같이 하는 길을 찾았다. 일상 생활 속에서의 마음은 갈래가 많아 한 마디로 정리하기는 매우 어려운 일이다. 그 가운데 변하지 않는 것만이 마음의 본질이라고 그는 단언하였다. 변하지 않는 마음의 본질은 주자학에서 말한 바 세계의 근원적 본질인 리理와 동일한 것이라고 규정한 것이다. 본질(리)에 근거하여 모든 현상(기)이 우리 눈앞에 펼쳐지듯, 마음도 그 본질인 덕성에 근거하여 드러날 때, 도덕적 실행이 된다는 것이다. 그러므로 도덕적 존재 근거로서 본질적인 마음을 자각하는 것이 그가 했던 공부였다. 그가 살고자 하였던 인생은 이러한 자각을 현실 세계에서 지속적으로 실천하는 것이었다. 그 실천 방법으로 그가 제시한 것이 마음속에서 경敬을 자각하고 몸으로 체득하는 것이었다. 이같은 그의 사상을 요즈음의 학자들은 마음의 학문, 심학이라고 규정하기도 하고, 경의 철학이라고 부르기도 한다. 그가 벼슬을 버리고, 이곳 고향으로 돌아와 자연 속에서 은거 생활을 한 것도 자연의 본모습인 리와 함께 마음의 덕성을 확인하고, 그것을 삶 속에서 확인하기 위한 것이라고 이해하여도 큰 무리는 없을 것이다.

7. 도산서원과 이황의 충실한 제자 조목

이제야 도산서원으로 간다. 위치상 서당 뒤에 자리하고 있기도 하고, 또 이황의 사후에 지어졌다는 사실도 늦게 찾을 수밖에 없는 이유이기도 하다. 도산서원과 관련하여 조목趙穆(1524~1606, 호는 月川)을 주목하지 않을 수 없다. 이황의 문하에서 우뚝한 유명 인사가 많이 배출되었던 것은 널리 알려진 사실이다. 그런데 이황의 곁을 가장 오래 머물렀던 제자는 조목이다. 그는 도산서당 앞을 지나 흐르는 물을 따라 조금 더 내려간 곳에 있는 낙동강변의 마을 다래(월천)에서 태어나 그곳에서 세상을 떠났다. 그는 15세에 이황의 제자가 된 이래, 47세에 스승 이황이 세상을 떠날 때까지 거의 대부분의 세월을 이황의 문하에서 지냈다. 그의 문집은 이황과 주고받은 시문과 이황에게 질의한 학구적 주제들로 가득차 있다. 조목의 일생과 학문을 연구하다 보면 이황과의 관련을 빼고는 불가능하다고 말할 정도로 스승과 밀착하여 있었던 것이다.

　1570년 11월, 이황이 병환으로 자리에 눕자, 조목은 스승 곁에 항시 머물며 정성을 다하여 간병하였다. 그 해 12월 이황이 세상을 떠나자, 그는 그 후 1년 동안이나 옷의 허리띠를 풀지 않았고, 3년간 경사스러운 잔치 자리에 참석하지 않았음은 물론 자기 집의 안방에도 출입하지 않았다고 한다. 이른바 심상心喪의 복복을 입은 것이다. 그만큼 조목은 이황에게 정성을 다하였다. 1572년, 조정에서 동몽교관이라는 관직을 주면서 불렀으나, 그는 사절하고 가지 않았다. 아직 스승의 상중이고, 스승을 위해 할 일이 남아 있었기 때문이다. 그가 벼슬길에 나가기는 이로부터 4년 뒤인 1576년의 일이다. 스승의 상기를 마친 다음해에, 그 부친도 세상을 떠나 3년상을 치르는 바람에 관직이 내려와도 출사할 수가 없었다.

　1572년 4월, 조목은 동문들과 도산에 모였다. 그 자리에서 그는 상덕사를 세우자고 건의하였다. 사림들은 이에 동의하였고, 그는 이를 추진하였다. 그 다음달에는 이황의 언행을 수집하여 『퇴계선생언행총록』의 초고를 편찬하였고, 이어서 여러 동문들과 함께 이황의 연보를 정리하는 일을 시작하였다. 2년 뒤인 1574년 상덕사가 완공되자, 그는 이황의 위패를 봉안하는 제문을 기초하였다. 그 이후에는 도산서원의 봄·가을 향사에 거의 빠짐없이 참례하였다. 또 문도들을 거느리고 자주 서원을 방문하여, 원생들과 함께 강론하기도 하였다. 이황의 문집을 편집, 교정하여 간행을 주도한 이가 조목이고, 이황의 저술 『이학통록』을 정리한 뒤에 발문을 붙여 간행한 것도 조목의 공로였다.

　1576년 스승을 위한 사업의 하나로서 도산서원의 건립이 일차 마무리되자, 조목은 때마침 제수받은 봉화현감에 취임하였다. 이것이 그가 행공하였던 첫 관직이었다. 스승의 유적이 있는 자신의 고향 예안과 경계를 접한 고을이기에 기꺼이 취임하였을 것이다. 봉화에서 그가 주력한 일은 향교를 중수하여 선비들의 문풍을 진작시킨 것이었다. 봉화현감으로 재직 중이던 해의 가을에는 도산서원의 제향에 참석한 적도 있다. 57세인 1580년은 이황이 세상을 떠난 지 10년이 지난 해이다. 이 때 그는 예안에 거주하는 동문들과 함께 매월 두 차례 삭망마다 도산서원에 모여 상덕사에 모신 이황의 신위에 절한 뒤에, 원생들과 함께 강학하기로 정하였다. 이것은 뒷날 서원의 규정이 되었다고 한다. 합천 군수로 재직 중이던 65세에는 사문수간을 장첩하여 8권의 책으로 엮었다. 이 책은 생전의 이황에게 받은 편지들을 정리한 것이다. 그는 이 책을 항상 서탁에 펴 두고서 자주 읽었다고 한다. 거리가 멀어 도산서원에 자주 들를 수 없었기 때문에 스승의 수고手稿를 보며 그 교훈을 되새겼던 것이다. 80세 되던 해인 1604년 정월에는 뜻을 같이하는 제자들을 거느리고 도산서원과 역동서원의 사당에 참배하였다. 고령이라 얼마나 더 스승의 사당에 참배할 수 있을지 자신도 몰랐다. 정월 5일로 날을 정하여 매년 참배하기로 작정하였다. 이후 83세로 세상을 떠나기까지 매년 정월이면 번번이 서원을 찾았다고 한다. 도산서원의 건립은 조목이 발의한 것이니 말할 것도 없지만, 초기 이 서원의 운영에 기울인 조목의 정성은 이루 말할 수 없는 것이었다. 이황의 생전에는 물론 사후에도 스승을 위하는 조목의 성심은 끝이 없었던 것이다.

조목이 세상을 떠난 지 9년 뒤인 1615년, 그의 위패가 도산서원에 종향되었다. 지금도 상덕사에는 이황의 위패가 중앙에, 조목의 위패는 동편에 봉안되어 있다. 이황이 평생 가르친 문도는 300여 명에 달하지만, 도산서원에 위패가 봉안되기는 조목 한 사람뿐이다. 최근 몇 년 사이에 조목의 학문과 삶에 대한 연구 논문 몇 편이 발표되었다. 만년의 조목이 이황 문하의 동문이면서 당시 남인의 영수였던 유성룡과 반목하였던 반면, 광해군 때 산림으로 국정에 간여하였던 정인홍과 절친하였다는 사실이 여러 자료를 통하여 확인되었다. 당시 이황 제자들간의 분열의 중심지에 조목이 있었던 정황이 학자들에 의해 주목되었다. 조목의 위패가 도산서원에 배향된 것은 광해군 치세중이었다. 북인 정권 하에 유성룡柳成龍을 비롯하여 주로 남인에 속하였던 안동 출신 선비들이 대부분 조정에서 멀어졌던 반면, 조목에게 배운 예안 출신 후진들 다수가 조정에 참여하였다. 여러 가지 정황에 따라 조목의 상덕사 종향은 대북 정권의 비호를 받은 것이라는 해석도 나왔다. 그렇다고 하더라도 이상에 소개한 바와 같은 이황에게 바친 성심을 보면, 조목의 위패가 상덕사에 종향된 것은 조금도 이상할 것이 없다고 본다.

    도산서당의 건립은 이황과 그 제자들의 기록이 소략하나마 남아 있지만, 도산서원의 건립 관련 기록은 아직 찾아보지 못하였다. 당시 제자들이 기록을 남겼을 터이고, 서원의 문서도 반드시 있었을 것이다. 그러나 이황의 제자들은 대부분 임진왜란을 겪은 세대이고 또 도산서원의 초기 기록은 오랜 세월이 지남에 따라 상당 부분이 훼손된 모양이다. 상덕사가 가장 먼저 지어진 것은 위패 봉안 기록으로 보아도 분명하지만, 많은 건물들이 지어진 경위와 취지를 서당의 예처럼 해설하는 것은 현재로서는 유보할 수밖에 없겠다.

8. 남은 이야기들

    도산서원은 이후 퇴계학통에 속하는 영남 유학자들에게는 일종의 정신적 고향으로서 기능하였다. 이황의 유적을 따라 도산에서 청량산에 이르는 길을 답심하고 그 기행시문을 남긴 이가 적지 않았다. 이미 이황 생전에도 명종 임금은 도화서 화원을 비밀히 보내 도산서당과 그 주변 정경을 그림으로 그려 오도록 한 뒤에 도산기와 도산잡영을 써넣게 하여 병풍으로 만들어 두고 보았다는 기록이 있다. 조선 후기에도 다수의 문인화가들이 도산의 정경을 화폭에 담았다. 예컨대 진경산수로 유명한 정선鄭敾의 화첩에 담겨 있는 '도산도'가 대표적인 그림이다.

    도산서원과 관련하여 마지막 살필 곳이 시사단이다. 18세기말 학문을 숭상하여 문예를 부흥시킨 것으로 유명한 군왕 정조가 있었다. 정조 임금은 유신을 파견하여 도산서원에서 치제하고 그를 기념하는 과거를 실시하였다. 1792년 3월의 일이다. 조선 후기로 접어들면서 정권에서 멀어졌던 영남으로서는 일찍이 없었던 성사였다. 응시한 선비가 3,632명이고 참관한 이들이 7,000여 명에 달했다고 한다. 서원 안팎이 구름같이 몰려드는 인파에 덮였을 것이다. 이 일을 기념하여 1796년 채제공蔡濟恭의 비문을 받아 과거장으로 사용하였던 송림에 세운 것이 시사단이라는 비각이다. 이것은 본래 낙동강 건너편 강가에 세워졌는데, 안동댐의 건설로 수위가 높아지자, 그 자리에 축대를 높이 쌓아 위로 올려 두었다. 지금도 안동에서는 매년 도산서원에서 도산별시라는 이름으로 백일장을 열고 있다. 도산서원은 1871년 대원군의 서원 철폐 이후에도 존속되었고, 1970년 정부의 문화유산 보존정책에 따라 대대적으로 보수, 정비되어 오늘에 이르렀다.

앞에 말한 바와 같이 지금도 매년 음력 2월과 3월의 중정일에 헌관들이 모여 제향을 치룬다. 선비들이 둘러앉아 글을 읽고 진리를 강론하던 강학 기능은 사라진 지 이미 오래되었다. 근 100년 역사의 소용돌이 속에 그나마 건물과 의식이라도 보존된 것도 다행이 아닐 수 없다. 1970년 당시 권력

시사단

자의 지시에 의하여 주변이 단장된 이래 관리인들이 항시 청결을 유지하기에, 외형적인 관리는 나무랄 데가 없다. 최근에는 관광객도 수없이 찾아와 주말에는 북적대기까지 한다. 그럼에도 불구하고 정결한 도산서원이 허허롭게 느껴지는 이유는 무엇일까? 도산서원이 영남 유학자들의 정신적 지주가 되었던 이유는 이황의 유적지였기 때문이기도 하지만, 그보다는 각 시대마다 실천하는 선비들이 모여 있던, 살아 있는 지성의 공간이었기 때문이다. 지금 그들은 어디에 가야 만날 수 있을까? 천연대에 올라 자문해 본다.

필암서원 김낙진

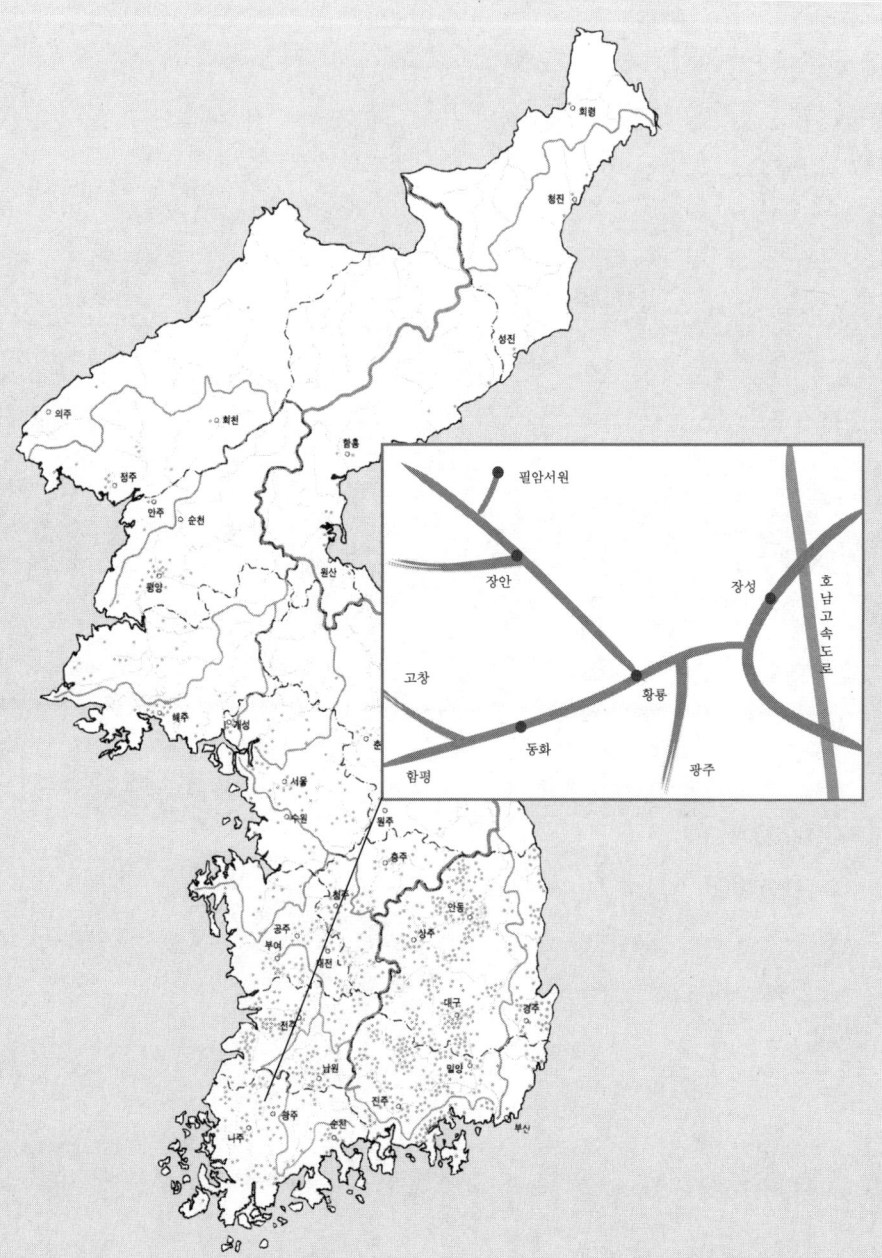

1. 필암서원과 배향 인물

1. 서원의 위치와 시설

전라남도 장성은 광주·나주·창평과 함께 호남을 대표하는 유향儒鄕이다. 이 중 장성에는 '문불여장성文不如長城'이라는 말이 있다. "호남에서 학문 문장으로는 장성만한 곳이 없다"는 뜻이다.

이 장성에서 배출된 인물 중 주목할 만한 이들이 조선 중기의 김인후金麟厚(1478~1543, 호는 河西 또는 湛齋)와 조선 말기의 기정진奇正鎭(1798~1879, 호는 蘆沙)이다. 이들은 조선 유학사에 한 획을 긋는 업적을 남겼을 뿐만 아니라, 그 정신 세계가 후학들에게 깊은 영향을 주었으므로 후인들은 기념물을 조성하여 그들을 기리게 되었다.

황룡면 필암리에는 김인후를 모신 필암서원筆巖書院이 있다. 필암서원은 성균관의 문묘에 모셔진 18명의 선현 중 장성 사람인 김인후를 주향하고, 그의 사위이며 문인이었던 양자징梁子徵(1523~1594, 호는 鼓巖)을 배향한 곳이다. 대개의 서원이 산 속 깊은 곳, 은둔하여 수학하기에 좋은 곳에 건립된 것과는 달리 필암서원은 평야 지대에 자리하고 있다. 남도의 산천이 대체로 그렇듯이 필암서원 주위에는 야트막한 야산이 병풍처럼 둘러쳐 있고, 앞쪽으로는 그리 크지 않은 내(문필천)가 흐르고 있다.

호남 고속도로로 광주를 향해 가다가 장성 톨게이트에 들어서면 곧바로 황룡면이다. 이곳에서 허균許筠이 쓴 소설의 주인공이자 의적의 대명사였던 홍길동洪吉童의 이름을 딴 도로를 따라 10여 분을 더 달리다 보면 오른편 평야 지대에 고풍스러운 16동의 건물이 나타난다. 그 건물의 정면에서 약간 오른편으로 치우친 곳에 홍살문이 있는데, 이 홍살문은 이곳이 신성한 장소임을 알리는 동시에 잡인의 왕래와 훤화를 금할 수 있었던 서원의 옛 영화와 권세를 느낄 수 있게 한다. 바로 그 뒤에 서 있는 건물이 서원의 정문이자 누각인 확연루廓然樓이다. 다른 서원의 누각과는 달리 여닫이 판

확연루와 홍살문

장문까지 갖추어진 독특한 양식의 이 건축물은 비록 단청이 제 색을 잃었으나, 옛 시절의 웅장한 건축 양식을 잘 보여 준다. 한편 그 처마 밑에 걸린 편액에는 송시열宋時烈(1607~1689, 호는 尤庵)의 친필 글씨로 '확연루'라고 씌어 있다.

누각 위에 올라 보면, 필암서원이 교육 공간과 제향 공간으로 크게 구분되어 있음을 쉽게 알 수 있다. 우선 누각으로부터 약 20여 미터 뒤에 있는 건물이 강당인 청절당淸節堂이다. 이곳에서 가장 규모가 큰 건물로, 그 옛날 선비들이 모여 학문을 하던 곳이다. 건물 정면에는 윤봉구尹鳳九(1681~1767, 호는 屛溪)의 친필로 씌어진 '필암서원'이라는 현판이 걸려 있으며, 건물 안으로 들어서면 '청절당'이라

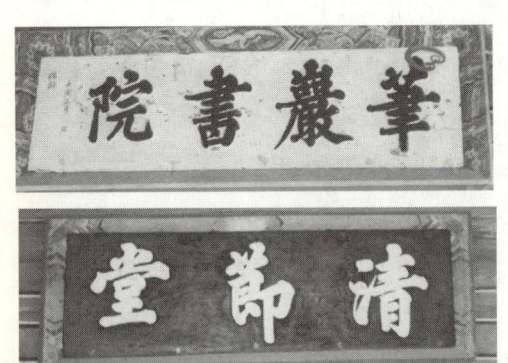

필암서원(위)·청절당(아래) 편액

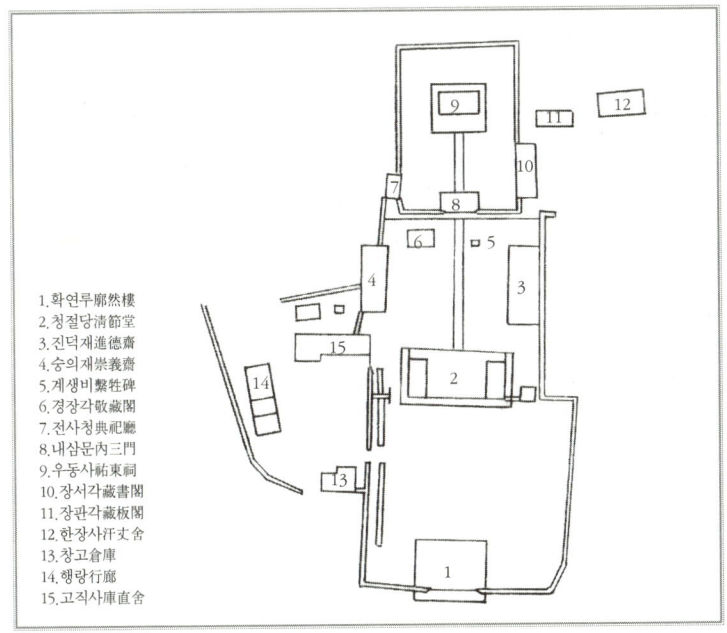

1. 확연루廓然樓
2. 청절당淸節堂
3. 진덕재進德齋
4. 숭의재崇義齋
5. 계생비繫牲碑
6. 경장각敬藏閣
7. 전사청典祀廳
8. 내삼문內三門
9. 우동사祐東祠
10. 장서각藏書閣
11. 장판각藏板閣
12. 한장사汗丈舍
13. 창고倉庫
14. 행랑行廊
15. 고직사庫直舍

는 송준길宋浚吉(1606~1672, 호는 同春堂)의 글씨가 있다. 이것들은 누각의 편액과 더불어 이곳이 조선 후기 붕당기에 노론老論의 세력권 안에 들어 있었음을 상징적으로 암시해 준다. 이 외에 눈길을 끄는 것이 청절당과 마주하여 서 있는 경장각敬藏閣이다. 인종이 세자 시절 김인후에게 내려 준 '어제묵죽도御製墨竹圖'와 김인후의 문집을 찍기 위해 각인한 목판이 소장되어 있는 곳이 이곳이다. 왕가 조상의 유묵을 공경하여 소장하라는 의미가 담겼다는 편액은 정조 임금의 친필이다.

한편 경장각의 뒤편과 장판각을 횡으로 잇는 선상에는 담장이 가로놓여 있는데, 담장 안에는 제향의 공간이 마련되어 있다. 그러므로 이 담장은 교육 공간과 제향 공간을 나누는 경계선이다. 내삼문이 이 두 공간을 연결시켜 주는 유일한 통로이다. 평상시에는 굳게 닫혀 있는 이 문을 통해 안으로 들어가면 확연루와 강당을 종축으로 한 선의 맨 끝, 즉 서원의 맨 뒤편에

경장각

해당하는 곳에 김인후와 양자징의 위패를 모신 사당인 우동사祐東詞가 있다. 이 우동사는 교육 공간과 분리되어 있을 뿐만 아니라, 사방으로 둘러쳐진 담장에 의해 세속과 격리됨으로써 신성한 느낌이 들도록 설계되어 있다.

그러나 현존하는 건축물은 본래의 필암서원이 아니다. 본래의 필암서원은 1590년(선조 23) 김인후의 문인들인 변성온卞成溫, 기효간奇孝諫, 변이중邊以中 등의 발의로 장성읍 기산리에 건립되었는데, 이것이 정유재란 중에 소실되자 1624년(인조 2) 장소를 옮겨 김인후의 태생지인 황룡면 증산리에 다시 건립되었다. 1662년(현종 3)은 서원의 위상이 한층 더 높아진 해였다. 조선 정부로부터 '필암' 이라는 액호가 내려지면서 사액서원의 영광과 함께 물질적, 재정적 지원도 주어졌다. 그러나 이곳은 지형이 낮아 침수의 우려가 있었으므로, 1672년 송시수宋時壽의 후원으로 다시 현재의 위치로 이전하였다.

필암서원도 시대의 유전에 따라 그 위상과 영향력에 부침을 피할 수는 없었다. 그러나 조선 말기 흥선대원군 이하응李昰應이 난립한 서원들을 정리할 때에 다행히 필암서원은 훼철되지 않은 47개의 서원 중 하나로 남을 수 있었다. 무엇보다도 문묘 종사자를 모신 서원이라는 점이 고려되었을 것이다. 그리하여 다른 서원들이 불타거나 훼철되는 불행과 수모를 당하는 와중에서도 필암서원은 비록 개보수의 과정을 거치기는 했지만, 현재까지 원형이 잘 보존된 얼마 안 되는 서원 중의 하나로 남게 되었다. 현재 필암서원은 사적 제242호로 지정되어 있다.

ㄹ. 김인후와 양자징

서원은 유교식의 학교이며, 독특한 특성을 지닌 교육기관이다. 서원에는 반드시 제향받는 인물이 있는데, 그 인물은 특정 지역과 연고가 있는 선비 학자인 경우가 대부분이다.

서원의 설립은 조선 왕조의 새로운 정치 세력인 사림파가 정계에 진출하면서부터이다. 관학파에 비해 보다 자유롭고, 근본주의적인 입장에서 학문을 한 사림파들은 조선 중기 이후 점차 중앙정계로 진출하면서 관학인 향교를 대신하여 향촌 사회의 교육을 담당하고, 또 사림 인물의 학문과 정신을 받들어 모시기 위해 서원을 세웠다.

서원에서 특정 지역의 연고 있는 인사를 모셔 제사를 지낸다는 것은 그에 대한 흠모를 표시하는 행위이다. 그러므로 서원에서는 지역의 이름난 유현 중에서도 후인들이 긍식할 만한 이를 받들어 모셨다. 따라서 서원은 다음 두 가지의 기능을 갖는다고 할 수 있다. 즉 하나는 사묘를 세워 선현의 덕을 숭상하는 것이며, 다른 하나는 원을 세워 후학들을 교육하는 것이다. 이와 함께 간과할 수 없는 것이 바로 향촌 사회를 유교의 강상綱常으로 교화하는 기능이다. 그러므로 필암서원 역시 김인후를 제사하면서 그의 학덕을 기리고, 후학을 양성하며, 지역 사회를 교화하던 기관이었다.

김인후는 어린 시절, 전라감사로 와 있던 김안국金安國(1478~1543, 호는 慕齋), 대문학가인 송순宋純(1493~1592, 호는 俛仰亭), 조광조趙光祖의 문인이었던 최산두崔山斗(호는 新齋) 등의 명류를 스승으로 섬겼다. 그리고 그의 나이 22세 때에 그는 성운成運, 서경덕徐敬德, 백인걸白仁傑, 정유길鄭惟吉 등의 이름난 선비들과 함께 사마시에 합격하여 진사가 된다. 경자년에 그는 문과에 합격하고, 이듬해에는 휴가를 얻어 호당에 들어가 독서에 열중한다. 경상도 안동에서 올라온 청년 학사 이황李滉(1501~1570, 호는 退溪)과 만나 도우로서 깊이 사귄 것은 이 때의 일이다.

김인후가 홍문관 정자를 거쳐 박사로 있을 때에 세자 시강원 설서를 겸직하였는데, 이 때 그는 후일 인종이 되는 세자를 교육하였다. 그러나 그는 곧 대소윤의 갈등이 불러올 화를 예감하고 스스로 옥과현감을 자청하여 낙향한다. 그러나 낙향하던 해의 7월에 인종의 훙서라는 마른 하늘의 날벼락 같은 소식을 듣고 영원히 벼슬을 버리고 만다. 이후에도 여러 차례 벼슬이 제수되었으나 그는 한 번도 취임하지 않는다. 향리에 은거하면서 주자학을 연구하고 후학을 양성하는 것이 그의 후반생의 일이었다.

김인후가 활동하던 시기를 전후하여 호남에는 뛰어난 시인들이 많이 배출되었다. 송순宋純, 박상朴祥, 임억령林億齡, 임형수林亨秀, 양응정梁應鼎, 박순朴淳 등이 우선 손꼽을 수 있는 사람들이다. 이런 분위기 때문인지 어린 시절부터 문명이 높았던 그는 일생 동안 친우와 제자들을 시우로 삼아 꾸준한 시작 활동을 펼쳤다. 현재 전하는 그의 시가 1,600여 수에 달하니 가히 다작이라 하겠는데, 스승이었던 송순을 비롯하여 사돈간이었던 유희춘柳希春, 양산보梁山甫와 사위들인 조희문趙希文, 양자징 등이 그와 자주 시정을 나눈 사람들이다.

이 가운데에 양산보라는 이는 조광조의 문인이었다. 기묘사화가 일어나자 양산보는 사환의 꿈을 접고 고향인 담양에 소쇄원瀟灑園이라 이름한 정원을 축조하여 일생을 산림에 숨어 지낸다. 지금도 한국의 전형적인 선비가의 정원으로 꼽히는 이곳을 김인후가 출입한 것은 약관의 나이 때부터인 듯하다. 기묘사화로 화순에 귀양살이 와 있던 최산두를 스승으로 섬겨 왕래할 때, 그는 이 정원에 들러 양산보와의 우의를 다지곤 하였다. 이곳을 배경으로 한 김인후의 작품은 80수가 넘는데, 그 중 유명한 것이 「소쇄원48영瀟灑園四十八詠」이다.

양산보의 아들이 바로 양자징이었다. 김인후는 이 절친한 친구의 아들을 문생으로 받아들였을 뿐 아니라, 둘째 딸을 시집보내 그를 사위로 맞는다. 후인(黃胤錫)에 의하여 시비거리가 되기도 하였지만, 그가 이 서원에 배향된 것은 다음과 같은 이유 때문으로 추정된다. 양자징은 어려서 모친상을 당하니 집상執喪을 성인과 같이 하였다. 홀로 계신 부친을 극진히 봉양했음은 물론, 부친이 돌아가시자 아우와 함께 여묘살이를 하며 바람이 불고 비가 와도 곡을 그치지 않았다고 한다. 이렇듯 양자징은 효행이 매우 뛰어난 인물이었는데, 조정에서도 그 사실을 인정하여 사관祠官 벼슬을 주었다. 후에 양자징은 거창과 석성에서 현감 벼슬을 살기도 하였으며, 1786년(정조 10) 장성 유림의 주청으로 장인이자 스승이었던 김인후의 곁에 배향되었다.

2. 김인후의 절의 정신

1. 어제묵죽도

김인후는 어려서부터 신동으로 이름이 높았는데, 당시 전라감사 조원기趙元紀(1457~1533)는 김인후를 일컬어 "장성기재長城奇才 천하문장天下文章"이라 칭찬하였다. 당대의 이름 있는 이들이 일부러 김인후를 방문하거나 초치하여 만나 볼 정도로 그의 천재성은 널리 알려져 있었다. 그 가운데 기묘명현의 한 사람인 기준奇遵(1492~1521, 호는 服齋)이라는 이는 김인후를 보고 나서 '후일 세자의 신하가 될 사람'으로 예언하였는데, 그의 말대로 환로에 나선 김인후는 아직 세자로 있던 인종과 운명적인 만남을 갖게 된다. 세자 시강원 설서로 있던 김인후의 학문과 도덕을 흠모한 세자는 자주 그를 찾았다. 그가 숙직하는 밤이면 조용히 찾아와 학문을 토론하면서 훗날의 신하에 대한 기대감을 감추지 않았다. 예술에 깊은 소양을 지니고 있던 세자는 특례로 김인후에게 자작 묵죽도를 그려 주면서 그에게 화제畵題를 지어 쓰도록 하였다. 이들의 만남은 비록 인종의 요절로 그 결실이 맺어지지는 못했지만 군신간의 돈독했던 존경심과 믿음은 묵죽도에 담겨 오늘날까지 전해 내려온다. 인종이 김인후에게 그려 준 그림은 암석 사이로 솟아난 대나무였는데, 바로 변치 않고 꺾이지 않는 선비의 지조를 상징한다. 김인후의 일생을 대변하는 것이 절의 정신이고 보면, 현재 서원의 경장각에 소장되어 있는 묵죽도는 서원의 정신을 집약하여 담고 있다고 해도 무리는 아니다.

이 그림에는 다음과 같은 이야기도 함께 전해진다. 어느 날 현종顯宗이 예술적 소양으로 후세에까지 명성이 자자한 인종의 묵죽도를 보고자 하였다. 그래서 현종은 묵죽도를 가져오라고 명령하였고, 이에 김인후의 후손은 그림이 대궐에 소장될 것을 걱정하였다. 그러나 현종의 명령은 곧 신하들의 반대에 부딪쳐 무산되고 말았다. 그림을 그린 사람의 지위로 볼 때 작품의 가치를 매기기조차 곤란한 이것을 한양으로까지 운반하려면 관리와 군사의 호위가 필수적인데, 이는 곧 연도의 백성들에게 큰 피해가 될 것이라는 신하들의 반대가 있었기 때문이었다. 그래서 할 수 없이 현종은 그 모사품을 만들어 올리라는 명령을 내렸고 묵죽도의 모사품을 관상하는 것에 만족하고는 그것을 인종의 재실齋室에 보관하였다. 국왕의 절대 권력으로도 진품을 감상하고 소유하지 못한 것이니, 군주의 부당한 행위와 명령에 항거하려는 저항 정신을 여기서 또한 볼 수 있다.

2. 김인후의 절의 정신

계모 문정대비와 척족들에게 시달리다 인종이 재위 8개월 만에 의문의 죽음을 당하자 김인후는 실성할 정도로 통곡하고는 관직을 버린다. 고향으로 돌아온 그는 새로 즉위한 명종으로부터 여러 차례 부름을 받았으나 이에 응하지 않은 채 인종에 대한 절의를 굳게 지켰다. 그는 항상 6월 그믐 전으로부터 7월 그믐까지 고향 맥동 앞산인 묘산에 들어가 술에 취하여 통곡하면서 죽은 인종을 그리워하였다.

> 임금의 연세 겨우 서른을 향하고
> 내 나이는 서른여섯이 되려 한다.
> 새 즐거움 아직 반도 못 누렸는데
> 이별함이 시위를 떠난 화살 같구나.
> 내 마음은 돌아서지 않았는데
> 세상 일은 동편으로 흘러가는 물.
> 젊은 나이에 해로할 짝을 잃어버리고
> 눈은 어둡고 머리털과 이빨도 빠졌네.
> 헛되이 살기 몇 해이런가
> 지금토록 아직 죽지 못했구나.
> 백주栢舟는 강물에 떠 있고
> 남산 고사리 돋아나길 그만두니
> 도리어 부러워라 주나라 왕비여
> 생이별로 권이장卷耳章을 노래한 것이.

서원의 중심이 되는 건물은 선비들이 모여서 학문을 토론하던 강당으로, 서원에서 규모가 제일 큰 곳이기도 하다. 일반적으로 강당 건물 중앙에는 현판이 걸려 있는데, 현판 글씨는 해당 서원이 모시는 선현의 정신을 압축하여 표현하는 경우가 많다. 이언적李彦迪(1491~1553, 호는 晦齋)을 모신 옥산서원의 '구인당求仁堂'이라는 현판은 어진 사람이 되고자, 어진 사람이 가득한 사회를 만들고자 한 그의 염원을 압축하여 담고 있다. 조식曺植(1501~1572, 호는 南冥)의 정신이 깃든 덕천서원에는 '경의당敬義堂'이 있어 조식이 평생 경의의 실천으로 일관하였음을 알려 준다. 필암서원의 경우는 '청절당淸節堂'이라 씌어진 현판이 걸려 있는데, 청절이야말로 필암서원의 주인공 김인후의 삶을 단적으로 상징하는 언어이며, 이곳에서 학습한 후학들이 긍식하고자 한 것도 이것이었다.

김인후는 평생 인종에 대한 절의로 일관하였다. 그것에 얼마나 충실하였던지 이이李珥(1536~1584, 호는 栗谷)가 출처의 의리에 밝은 사람은 해동에서 하서와 비길 만한 사람이 없다고 칭송할 정도였다. 김인후의 문인이자 대시인이었던 정철鄭澈(1536~1593, 호는 松江)도 "동방에 출처의 의리에 밝은 사람이 없었으나 오로지 담재만이 있었다"고 하였다. 이는 조정에 나아가 벼슬하고, 물러나 거함에 모두 의義를 기준으로 하여 거기서 조금도 벗어나지 않았다는 말이다.

김인후는 죽은 왕을 추모한 시에서 인종에 대한 절의를 죽은 남편에 대한 부인의 절의에 비유하였다. 그러나 그의 절의 정신은 단순히 옛 아녀자의 절개와 같은 것은 아니었다. 김인후의 절의 정신은 그가 사환한 시기의 정국 변화, 즉 기묘사화 이후 을사사화에 이르는 정쟁을 염두에 두고 이해하여야 한다.

1392년 개국한 조선은 세종과 세조 그리고 성종대의 번영기를 구가하였지만, 연산군의 폭정과 전반적인 안정 속에서의 기강 해이를 거치며 쇠퇴기를 맞이한다. 그 중 하나가 왕실과 인척 관계를 맺은 척신 세력들의 발호였다. 척신 정치는 유교 정치에서 금기시하는 것이자, 조선 왕조의 암적인 존재이기도 하였다. 중종의 아들들로서, 이복 형제인 인종과 명종을 둘러싼 대윤과 소윤의 갈등이 그 한 예이다.

중종의 맏아들 인종은 호학하는 군주의 자질을 지니고 있었다. 때문에 그가 전설적인 이상 군주인 요순 임금과 같은 성군이 되기를 바라는 선비들의 기대는 매우 컸다. 그러나 그는 중종의 뒤를 이어 왕위에 오른 후 불과 8개월 만에 의문의 죽음을 맞는다. 그의 죽음을 둘러싸고 그의 계모이자, 인종의 배다른 형제인 명종의 생모이기도 한 문정왕후와 그 추종자들이 명종을 왕위에 올리고자 그를 죽음으로 몰아넣었다는 설이 나돌았다. 이 때 인종의 외삼촌으로 그를 비호한 윤임과 그 무리는 대윤으로, 명종을 비호한 윤원형과 그 무리는 소윤으로 불리웠는데, 인종의 죽음이 곧 소윤의 음모와 사주에 의한 것으로 인식되었던 것이다. 소윤의 권력 장악 노력은 을사사화로 비화되었으며, 당시의 지조 있고 이름 있는 선비들이 대거 희생되었다.

김인후는 인종 즉위 때부터 큰 화가 일어날 것을 미리 예측하였다. 자청하여 옥과현감으로 좌천되어 내려간 속뜻도 이에 있었다. 이후 그의 일생은 죽은 인종에 대한 추모로 일관한다. 그러나 이것은 단순히 선왕에 대한 추모라는 의미만을 지닌 일은 아니었다. 그것은 의롭지 못한 방법으로 왕을 살해하고 신왕이 등극한 것에 대한 저항과 사화를 통해 선비들을 몰사한 정의롭지 못한 정치 행위에 대한 비판을 담고 있었다. 그가 죽음을 앞에 두고 자손들에게 "을사 이후에 주어진 관직명을 쓰지 말라"고 유언한 것도 을사사화와 명종 정권에 대한 그의 부정적 시각에서 비롯되었다.

나주 출신의 선비로 김인후와 같이 호당에서 독서하였던 임형수林亨秀(1504~1547, 호는 錦湖)라는 문무 겸비의 인재가 있었다. 소윤의 영수 윤원형에게 미움을 사던 그는 을사사화에 좌천되어 제주목사가 되었다가, 양재역 벽서 사건에 연루되어 죽임을 당하게 된다. 이 때 '임사수士遂(임형수의 자)의 억울한 죽음을 슬퍼하여' 지은 김인후의 시조가 바로 아래의 시조이다.

엊그제 버힌 솔이 낙랑장송 아니런가.
적은덧 두던들 동량재 되리러니
이후에 명당이 기울면 어느 남기 받치리.

이 시조에는 척족으로 정권을 장악한 소윤들이 나라의 동량들을 무고히 죽임으로써 국가 장래가 암울하다는 비판의 소리를 담고 있다. 선비의 도덕 정신에 비추어 당시의 부정한 정치를 비판하는 것이 그의 절의 정신이었음은 이를 통해서도 확인된다.

그러므로 명종 정권에 대한 외면은 비도와 타협하지 않고 대의와 도덕에 충실하려는 선비 정신의 실천이며, 비명에 죽은 선왕에 대한 추모는 인종에게 기대했던 요순 정치, 즉 도덕 정치가 실현되지 못함에 대한 애도라고 해야겠다. 의·불의를 따지지 않고 권력의 향배나 이해에 따라 부침하는 행태가 너무나 자연스러운 이 시대에 그의 절의 정신을 결코 과소 평가할 수 없는 이유가 여기에 있다.

3. 김인후 후학들의 절의 정신

김인후의 절의 정신은 그의 형제와 제자들도 나누어 가진 정신이었다. 왜적의 침입으로 임진왜란이 발생하였을 때 그의 문인들은 의병을 일으켜 활동하였다. 장성 남문창의南門倡義의 수창자首倡者는 김인후의 삼종형인 좌랑 벼슬을 지낸 김경수金景壽이며, 기효간을 위시하여 김인후의 문인들 대부분이 의병에 참여하였다.

1592년 7월 18일 금산 칠백의사의 전몰 소식을 접한 김인후와 그의 문인들이 장성현 남문에 의병청義兵廳을 세우고 충의로운 군사를 모은다. 8월 24일 기준으로 의병은 239명이었으나, 더 많은 인원과 군량을 모으기 위해 일시 해산한다. 그 후, 11월 24일 순창현감 김제민金齊閔까지 합세하여 의병 1651명, 군량미 496석을 갖추고 장성을 떠나 전장으로 향한다. 김경수가 맹주盟主, 김제민이 의병장이었다. 12월 19일에는 이여송李如松에게 패하여 남하하던 왜병을 직산에서, 이듬해 정월 10일에는 소서행장小西行長의 군대를 용인에서 대파한다. 1593년 김경수와 장성의 의병은 진주성으로 이동하였는데, 이들은 6월 21일부터 29일에 이르기까지 진주성에서 혈전을 치르다가 진주성의 함락과 함께 장성의 의병은 모두 순절하고 만다.

임진란의 극복은 관병의 힘이나 조정의 정치력에 있었던 것이 아니었다. 재야에서 활동하면서 도덕과 절의의 실천으로 백성들의 신망을 얻은 선비들과 그들에 호응한 민병들이 벌인 의병 활동이 국난 극복의 주된 힘이었다. 이를 상기한다면, 김인후의 절의 정신은 그의 후학들을 통해 결국 국난 극복의 힘으로까지 나타난 셈이다.

4. 학문 연원

훗날 송시열은 김인후의 「신도비명神道碑銘」을 지었다. 그가 보기에 우리 나라의 인물 중 도학과 절의 그리고 문장을 모두 겸비한 사람이 많지 않으나, 김인후가 이에 꼭 맞는 인물이었다. 인품, 학식, 재능을 겸비한 김인후는 무엇보다도 뛰어난 천품의 소유자였다. 또한 그에게는 당대를 대표하는 훌륭한 스승들이 있었다. 10세 때 『소학小學』을 배운 김안국, 17~18세 때에 수학한 송순과 최산두 등은 한 시대의 철학과 문학을 대표하던 인물들이다.

특히 스승이었던 김안국과 최산두는 그의 학문적 연원을 이해하는 데 중요한 인물이다. 김안국은 조광조趙光祖(1482~1519, 호는 靜庵)와 마찬가지로 김굉필金宏弼(1454~1504, 호는 寒暄堂)의 문하로서 중종 재위시 개혁 정치를 주도한 사림파의 학자이며, 김인후에게 『소학』을 가르침으로써 사림 정신을 전수한 장본인이기도 하다.

사림파의 연원은 여말 선초의 절의파, 즉 조선 건국을 불의로 단죄하고 고려에의 절의를 표방한 일군의 인물들에서 시작된다. 훗날 태종이 되는 이방원의 사주로 선죽교에서 타살된 정몽주鄭夢周(1337~1392, 호는 圃隱)가 정신과 이념을 상징하는 인물이라면, 길재吉再(1353~1419, 호는 冶隱)는 금오산에 은거하면서 후학을 양성하고 절의 정신을 전수한 사람이었다. 그러기에 이 학통을 계승한 유학자들은 불의와 타협하지 않으려는 절의 정신이 투철하다는 뚜렷한 특징을 갖는다.

그러나 시간이 흐르면서 조선 왕조에 대한 선배들의 거부감은 희석되고, 왕조에 출사까지 하는 인물들이 생겨나게 된다. 그렇다고 하여 의로움을 지향하며 불의를 거부하는 절의 정신이 약화된 것은 아니다. 절의 정신을 내세우는 이들은 오히려 개인의 수신을 강화해 갔다. 의로움으로 충만한 세상을 만들기 위해서는 개개인부터 도덕적으로 투철해야 하며, 가정과 향리에서부터 도덕을 철저히 준수해야 한다고 생각했다. 『소학』이 중시된 것도 이 때문이다.

『소학』은 주자朱子의 문인 유청지劉淸之의 저술로, 아동들에게 가정과 향촌에서 지켜야 할 예절을 가르치기 위해 편찬된 교과서이다. 조선 초기의 대학자 권근權近(1352~1409, 호는 陽村)도 그 중요성을 강조하기는 했으나 특히 이를 중시한 사람들은 사림파들이며, 그 중에서도 김굉필이 그러하였다. 김굉필은 스스로를 소학 동자라고 말하고 평생 이를 준수하기를 게을리 하지 않은 인물이다. 그는 『소학』이 비록 아동용 서적이지만, 성인들의 수신과 도덕 실천 능력을 배양하는 것에 있어 결코 부족함이 없다고 여겼다. 가정과 향촌에서 의로운 자기 역할에 충실하도록 수련된 사람은 그보다 더 큰 사회에 나아가 생활하더라도 결코 불의와 타협하지 않고 본분을 지키리라는 것이 이들의 신념이었다.

이처럼 도덕 정신에 충만한 인물들이었던 만큼, 이들은 세상의 불의를 용납하지 않았다. 세조의 왕위 찬탈, 연산군의 폭정, 훈구파의 부패, 척신 정치의 발호 등은 이들이 생명을 버려서까지도 비판하고 극복하고자 했던 것들이었다. 그러므로 이들은 권력층인 훈구파와는 서로 물과 불처럼 화해할 수 없는 대척 세력이 되지 않을 수 없었는데, 그 결과가 네 번에 걸친 사화로 나타나게 되었다.

이 네 번의 사화 가운데 후대에 이념적으로 가장 큰 영향력을 행사한 것이 기묘사화(1519년)였다. 기묘사화는 김굉필의 제자 조광조를 필두로, 사림들이 훈구파를 상대로 개혁 정치를 시도하다 큰 피해를 입은 사건이었다. 그러나 비록 그 피해가 대단하고 그 여진이 심각하였다고 하더라도 사림들의 정신은 약화되지 않았다. 때리면 때릴수록 단단해지는 쇠처럼 이들의 절의 정신은 한층 강화되어 후학들에게 전수되었다.

김인후가 김안국으로부터 『소학』을 배웠다는 것은 단순히 『소학』이라는 책을 강론받았음을 뜻하지 않는다. 그보다는 그가 김안국 등의 정신 세계를 이어받았다는 점에 더욱 주목해야 한다. 또한 그의 스승 가운데 한 사람인 최산두는 조광조의 제자로서 역시 기묘사화에 연루되었던 인물이다. 그러므로 김인후가 기묘사림의 정신을 자연스럽게 흡수할 수 있었던 이유는 바로 스승들의 면모에서 드러난다. 김인후가 길지 않은 벼슬살이를 하면서 기묘사림들의 신원을 국왕에게 누차 주청한 것도 기묘사림의 정신에 공감했기 때문이다. 이처럼 김인후의 일생을 지배한 절의 정신은 기묘사림의 절의 정신과 도학 정신에 연원한다.

도덕 사회에 대한 신념은 김인후가 활동한 시기에 이르러 철학적인 탐구 양상으로까지 발전하고 있었다. 즉 도덕 실천이 어떻게 가능한가를 인간 내면에서부터 탐구하고자 하는 노력이 나타난다. 그리하여 정신(마음)의 정체를 밝히고, 그 마음을 다스리는 법에 대한 탐구가 활발히 일어나게 되었다. 즉 한국 성리학의 학문적 깊이를 더하고, 마침내는 영남학파와 기호학파 또는 주리파와 주기파로 불리는 학파의 분열을 야기한 사단칠정四端七情에 관한 논쟁이 그것이다.

이 논쟁은 경상도 안동의 이황과 전라도 광주 출신의 기대승奇大升(1527~1572, 호는 高峰)이라는 젊은 학자를 중심으로 시작되었다. 이황과 기대승은 약 7년간 편지를 주고받으며 이 문제를 토론하였는데, 이것이 약 300년간 지속된 사단칠정 논쟁의 발단이었다. 흔히 이황의 이론을 리기호발설理氣互發說, 기대승을 거쳐 이이에 의해 확립된 이론을 기발리승일도설氣發

理乘一途說이라고 부르며, 전자를 주리론, 후자를 주기론이라 한다.

　기대승은 이황과 논쟁을 벌이면서 가까운 곳에 살고 있던 김인후에게 자문을 구하였다. 구체적인 자료가 전해지지 않기에 김인후의 이론이 실제로 어떠했는지는 알 수 없다. 그러나 기대승이 가지고 있던 입장이 김인후의 조언을 받은 것이라는 후인들의 주장에 따른다면 김인후는 후에 주기론이라 불리는 입장의 선구자라 할 수 있다. 훗날 이이에 의하여 계승되는 그의 학문의 입장과 절의 정신을 근거로 호남 출신의 유학자 황윤석黃胤錫(1729~1791, 호는 頤齋)은 김인후를 결코 영남의 이황에 뒤지지 않는 성리학자로 평가하였다. 그들의 학문연원을 이이에게 두고 있는 서인들이 김인후의 학문에 보낸 존경심의 이면에는 이러한 철학적 입장의 동일성도 중요한 역할을 했던 것이다.

　김인후가 후에 조선 중·후기 유학사의 300여 년을 지배한 이 토론에 깊이 관여했던 것은 사실로 보인다. 따라서 김인후는 나말 여초의 절의 정신이 소학 수신과 도학 정치의 정신으로 승화되었다가, 결국은 사단칠정론이라는 이론 탐구로 활짝 개화하는 조선 유학 발전사의 중심부에서 활약한 철학자라 할 수 있다. 그러기에 김인후를 모신 필암서원은 당시의 절의 정신과 철학이 응축된 장소인 것이다.

3. 조선 후기의 필암서원

1. 필암서원과 당쟁

　조선 후기에 들어서 서원의 역할은 변질된다. 이 시기의 서원은 예송 이후 격화된 당쟁의 후방 기지와 같았다. 이에 대해 박제형朴齊炯은 "처음엔 도의를 강론하다, 정치를 평론함에 이르러선 한 사람이 먼저 선창하면 여러 사람이 부화하여 전국에 격문을 전달하니 열흘이 지나면 모든 곳에 퍼져 나간다"며 서원이 자파에 유리하게 여론을 조성하고 분위기를 만들어 가던 곳임을 증언하였다.

  남인과 서인의 당쟁이 격화된 이후 필암서원은 서인들의 세력권 안에 들게 된다. 필암서원에 남아 있는 서인의 영수 송시열의 '확연루'라는 편액을 위시하여 각 건물의 편액으로 남은 송준길과 윤봉구의 친필 유묵들은 이 서원이 지닌 당파적 의미를 단적으로 드러낸다. 이들 외에도 김인후를 숭상하고 표창한 대부분의 사람들은 서인 명유들이었다. 그러나 김인후는 아직 당쟁이 격화되지 않았던 시기에 살았던 인물이었고, 또 당쟁에 가담한 것도 아니었으므로, 후대에 나타난 이 서원의 당파적 색채에 어떠한 영향을 끼쳤다고는 볼 수 없다.

  필암서원을 서인당과 연계시킨 인물은 김인후의 문인들이었는데, 이들 대부분이 서인 정치가들과 관련을 맺은 것으로 추정된다. 김인후의 문인이었고 후에 이이의 문하에도 드나들었으며 성혼成渾(1535~1598, 호는 牛溪)과도 교분이 있었던 변성온이 그 한 예라면, 이들 중 가장 영향력이 있던 사람은 다름아닌 정치가이자 문학자로 유명한 정철이었다. 정철은 김인후의 문인이면서 그의 스승이 갖지 않았던 당색을 갖고 있었다. 그는 서인의 중심 인물들이던 이이, 송익필宋翼弼(1534~1599, 호는 龜峰), 성혼 등과 인격적·정치적으로 깊은 교분을 나누었으며, 이이의 수제자 김장생金長生(1548~1631, 호는 沙溪)과는 사돈 관계를 맺었다. 또한 기축옥사 때에 그는 동인들에게 무자비한 탄압을 감행할 만큼 그 누구보다도 동인들에게 적대적이었다. 김장생의 제자가 송시열이고 송시열은 서인의 영수였으니, 필암서원과 서인당의 연계는 정철과 송시열을 떠나서 생각할 수 없다.

  기축옥己丑獄의 전개 과정을 살펴볼 때 호남 지역도 이미 동서 분당의 소용돌이에 휘말리고 있었다. 호남은 동인과 서인의 갈등이 살육전으로 비화될 정도로 심각한 양상을 보이고 있었다. 기축년(1589년, 선조 22)에 전주 사람 정여립鄭汝立(?~1589)이 모역을 꾀하였다는 참소로 시작된 이 사건은, 죽음을 당한 자만 수백 명에 이를 정도로 참혹한 옥사였다. 그 중에서도 호남이 입은 피해는 아주 혹심했다. 옥사가 진행되던 중 호남 유생 정암수丁岩壽를 비롯한 50여 인이 연명한 상소가 올라오자, 동인에 소속된 저명 인사는 물론 정개청鄭介淸(1529~1590, 호는 困齋) 등 다수의 호남 사류들이 연좌되었다. 호남 지역 유림간의 다툼으로까지 비추어질 수 있는 이 사건에서 피해자는 동인들이었고, 정암수 등의 고발자들은 이항李恒(1499~1576, 호는 一齋), 기대승, 이이, 성혼, 김장생에 학문적 연원을 두는 서인 유생들이었다. 특히 정철은 이 옥사에서 최고의 탄압자였으며, 후에는 사건의 사주자로까지 의심받는다.

기축옥을 통해 정체를 노골적으로 드러낸 호남 지역의 동서 대립은, 이후에도 호남 지역에 당파의 세력을 넓히기 위한 각축전으로 나타난다. 그리하여 서원의 건립과 그에 대한 지배력을 확보하는 것이 세력 부식의 한 방법으로 이용되어 호남에 서원이 난립되는 결과를 불러오게 된다. 즉 나주를 경계선으로 하여 광주 · 장성 · 태인 · 남원 등에는 주로 서인들이 추종하는 인물들을 모신 서원이 건립된 반면, 나주 · 무안 · 무장 · 강진 등지에는 남인 계열의 인물들이 모셔진 서원들이 건립되었다.

이와 같은 상황에서 김인후와 사액서원인 필암서원은 결코 경시해서는 안 될 장소였기에 서인들은 필암서원에 대한 지속적인 관심을 갖게 된다. 일례로 현재 위치로 옮겨진 것은 장성부사로 와 있던 송시수에 힘입은 바 큰데, 잘 알려진 바와 같이 그는 송시열의 동생이었다. 또한 필암서원의 원장은 김천일金千鎰, 유척기兪拓基, 송준길宋俊吉, 김원행金元行, 김이안金履安, 김종수金鍾秀, 심환지沈煥之, 홍직필洪直弼, 송병선宋秉璿, 민병승閔丙承 등의 서인 명사들이 대부분이었다. 특히 서인 중에서도 노론계의 인물들이 대부분인 서원 원장 명단을 통해 필암서원이 노론들의 세력권에 있었음을 알 수 있다.

2. 필암서원의 퇴락

17~18세기 이후 서원은 그 본래의 건립 취지에서 크게 벗어나 각 당파의 세력 부식과 향촌 지배의 수단으로 전락하고 있었다. 서원의 무분별한 남설도 이에 기인한 바 크니, 1864년(고종 원년) 서원 철폐령을 내릴 때 서원의 총수는 680개소, 사액서원만도 278개소에 이른다. 이에 따라 서원의 폐단도 커져, 숙종 때의 학자인 김만중金萬重(1637~1692, 호는 西浦)은 "집의 아름다움과 담장이 성묘聖廟보다 나은 곳이 있고, 전장을 넓게 차지하고 일없는 사람을 많이 모아 떼를 지어 놀고 지껄이며 먹고 마시기만 일삼는다"라고 고발하였다.

서원이 유락의 장소가 되었다는 사실은 서원의 건립 취지인 교육 기능이 약화되었음을 의미한다. 그대신 강화된 것이 사당으로서의 기능이었다. 원래 특정 인물을 배향하는 서원의 설립 목적은 선현의 인품과 학문, 정신을 계승하고 추모하면서 후학을 교육함에 있었다. 그러나 훗날에는 전국적으로든, 국지적으로든 명망 있는 인사를 제향하기 위한 사우祠宇의 건립이 많아지게 되었고 서원 역시 이 기능이 강화되었다. 죽은 명망가의 권위를 빌어 가문과 당파의 권위를 높이기 위해서였다.

필암서원은 장성을 중심으로 한 지역 사회에 김인후의 절의 정신을 후세들에 교훈하면서 유교적 도덕 생활을 부식하는 역할을 했던 곳이다. 그러므로 이 서원이 향촌 사회에 끼친 교화의 기능을 무시할 수는 없으나, 당쟁의 소용돌이 속에서 서원 고유의 목적이 일관성 있게 추구되기에는 역부족이었다. 그리하여 서인 명사들의 지대한 관심에도 불구하고, 조선 후기에 들어 필암서원의 실정은 주목할 만한 것이 되지 못하였다.

따지고 보면 원래 필암서원의 인재 배출 능력에는 한계가 있었다. 유교의 교육 목적이란 이른바 수기치인修己治人으로 압축되듯이 개인의 덕성을 양성하고, 세상을 다스리는 인재를 양성함에 있었다. 그러나 후자의 측면에서 김인후의 문인이나 필암서원에 소속되었던 원생들을 살펴보면 이들의 관직 진출 성과는 매우 미미했음을 알 수 있다. 김인후의 문인 중 정철만이 중앙정계에서 독보적인 활동을 보일 뿐, 그 외 원생들의 관계 진출은 눈에 띄지 않는다.

실제로 필암서원의 경우 그 정원을 채우기에도 힘들었던 것으로 보인다. 당시 필암서원은 다른 서원에 비해 입학 규정이 까다롭지 않았다. 즉 유림의 경우에는 장유를 논하지 않고 학문과 수행이 있으면 누구나 입학할 수 있었는데, 동재는 정원이 없었고 서재는 30명이 정원이었다. 사마시 합격자에게 입학 우선권을 주던 다른 서원들에 비교하면 훨씬 누그러진 자격이 요구되었다는 사실은 입학생을 모으는 일이 그만큼 어려웠던 당시의 사정을 알려 준다. 즉 필암서원은 사액서원이었음에도 불구하고 교육적 기능이 미약하였던 것이다.

이렇게 된 데에는 몇 가지 이유가 있다. 무엇보다도 호남은 성리학의 착근이 늦은 곳이다. 김인후, 이항, 기대승, 정개청 등 뛰어난 유학자가 배출되기는 했으나 타지역에 비해 수적으로 현저히 뒤진다. 근거지 자체가 유학적 기반이 약하다는 사실은 필암서원의 발전에 치명적인 약점이 될 수밖에 없었다. 그러므로 김인후의 문묘 종사에 열심이었던 황윤석이 영남에서 이황이 존중받는 만큼 호남에서 김인후가 존중받지 못함을 한탄한 사실은, 영남 유림에 대한 경쟁 심리와 함께 호남 유학이 김인후와 같은 선배들의 전통을 제대로 계승하지 못하였다는 것을 반증하는 것이라 하겠다.

또 호남 지역의 당파적 색채가 도리어 서원의 발전을 저해했다. 필암서원에 출입하던 원생들은 당색으로 보면 서인이었거나 서인과 반연을 갖고자 한 사람들이었음을 추측하기란 어렵지 않다. 그러나 이러한 원생의 성격 자체가 필암서원에는 매우 불리한 여건이 될 수밖에 없었다. 조선 후기 서인들의 주근거지는 충청도였다. 장성과 비교적 가까운 충청도의 논산·회덕·청주 등지에는 김장생 이래 이름 있는 서인 출신 학자와 정치가들이 계속 출현하였다. 그들은 한때 정계의 실력자 또는 배후 조종자로서, 그리고 조선 성리학의 대표자로서 명성을 떨쳤다. 그러므로 장성 부근의 학사들이 학문의 목적에서든, 권력의 목적에서든 충청도 유학길을 택하게 되었을 가능성은 얼마든지 있다.

마지막으로는 조선 후기에 서원들이 공통적으로 지녔던 문제를 들 수 있다. 당파의 입김이 강한 서원은 관직을 희망하고자 하는 원생들이 권세가들과 반연을 가질 수 있는 기회를 얻을 수 있는 곳이었다. 아울러 서원생들에게 주어지던 국역 면제의 특혜를 누릴 수 있는 곳이기도 하였다. 그러므로 국가 기강이 전반적으로 해이해진 가운데 권력과 면역을 좇는 학생들의 얄팍한 계산이 서원의 교육적 기능을 현저히 약화시키게 되었다. 양민들 역시 서원에 의탁, 노비를 자처함으로써 국역에서 도피하고자 하였으니, 인륜을 권장하고 교육하여야 할 서원이 도리어 국가 질서를 붕괴시키는 소굴로 전락한 것이다.

한때 필암서원은 수용 원생의 수가 폭발적으로 늘어나기도 하였다. 숙종과 영조 때 원적에 등재된 원생 수는 200여 명에서 300여 명을 웃돌았다. 이 시기의 시대 정신이었던 복수대의의 주창자로서 당대의 재상이며 학자였던 송시열을 중심으로, 집권 세력이던 노론학자들이 이 서원에 기울인 관심이 유생들을 자극하였을 것이다. 이 때를 기점으로 김인후가 새롭게 조명되어 그의 추모 사업과 문묘 종사가 이루어지고 필암서원은 한때 번창하게 된다.

그러나 그것은 일시적인 현상이었다. 원생의 수적 증가는 서원의 번성을 뜻하는 것이어야 했는데, 실은 그렇지 못하였다. 원생의 수가 폭증한 지 얼마 지나지 않은 1776년(정조 원년)에 이기경李基敬은 「강수청기講需廳記」에서 필암서원이 춘추 2회의 제향을 제외하고는 거의 빈집과 같은 존재로서 제구실을 하지 못하고 있음을 한탄하였다. 이러한 사정은 그 후에도 달라지지 않아 1887년(고종 24) 장성부사로 부임하여 필암서원의 중수와 경제적 기반 조성에 진력하였던 김승집金升集이 "처마는 무너지고 황량하기 짝이 없어, 혀를 차며 고개를 떨구고 맴돌다가 발길을 돌리지 못할" 지경이었다.

　문묘 배향자를 모신 사액사원이었던 필암서원이 이와 같이 퇴락의 운명을 맞게 되었다는 사실은 조선 후기 성리학이 역사적 기능을 상실하고 있었음과 맥을 같이한다. 성리학이 가르치는 도학과 절의의 정신을 체득하여 실천하기보다는 학문과 학통이 이록의 수단으로 전락함으로써 서원은 사회적·정치적 역할을 스스로 포기하고 있었다. 필암서원이 그 악명 높던 화양서원처럼 한 시대를 살아가는 사람들에게 차마 하지 못할 짓을 자행한 악폐를 저질렀다고는 생각되지 않지만, 김인후의 학문과 인생에 담겨 전해 오는 정신이 괄목할 만큼 계승자를 만나지 못한 것도 사실이다.

　오늘날 비일비재하게 목도되듯이 학문하는 학자가 지나칠 정도로 세속적 가치와 밀착하면, 자기 정체성조차도 상실한다는 사실을 필암서원은 말없이 증명하고 있다. 필암서원은 오늘날 본래의 사명은 잊은 채 단지 역사의 유물로 호남의 들녘에 고즈넉이 서 있다.

병산서원 유권종

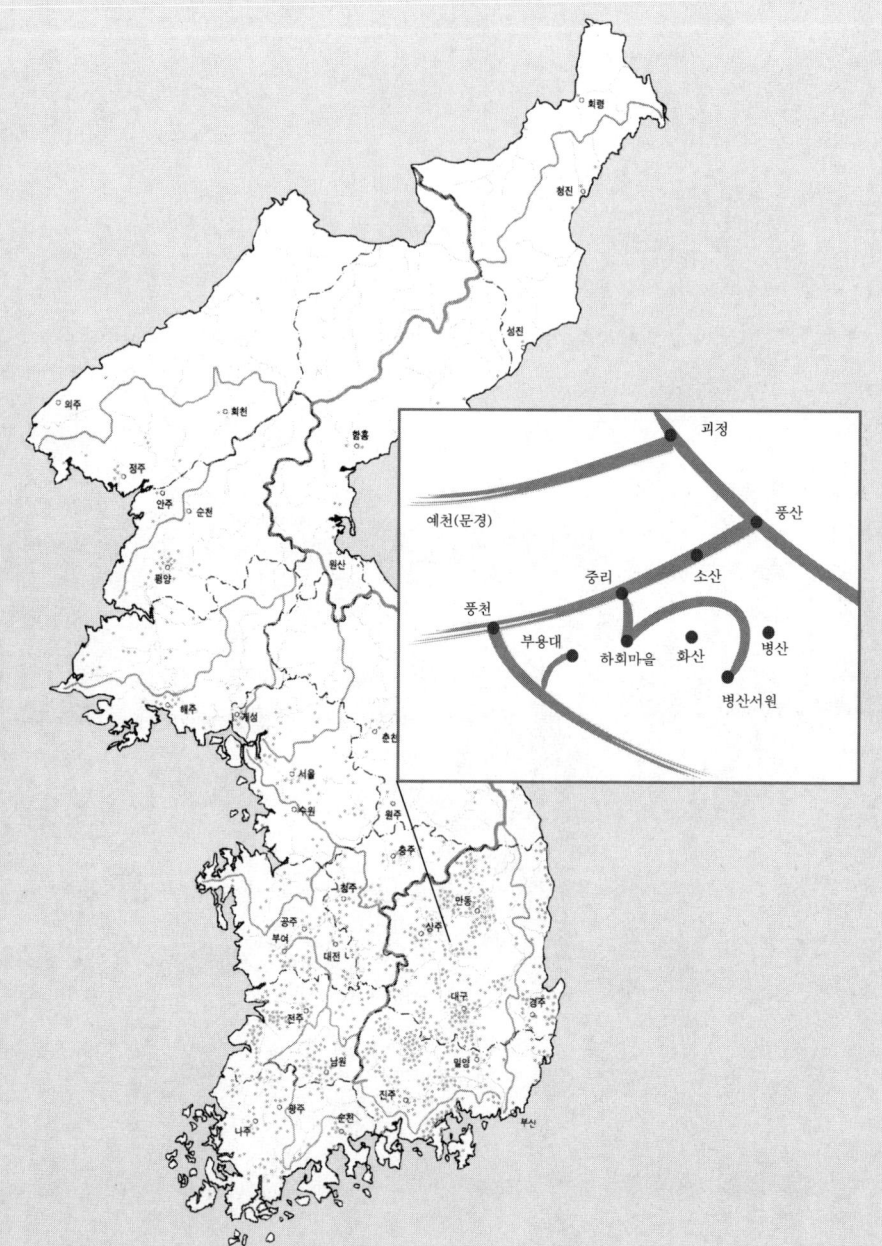

1. 영국 여왕과 안동 문화

기묘己卯년 봄 영국 여왕이 안동의 하회 마을을 다녀갔다. 여왕의 안동 방문 계획이 발표되었을 때부터 언론과 국민의 관심은 하회 마을에 집중되기 시작하였다. 영국 여왕이 보고 싶어했던 것은 한국적인 문화였다고 한다. 이러한 면에서 신라 천년의 고도로 국내외에 유명한 경주 대신 안동이 선택된 것은 자못 의미가 깊은 일이라 할 수 있다.

안동을 아는 사람이라면, 경주와 비교하여 이에 뒤지지 않는 안동의 자랑거리를 대강이나마 말할 수 있다. 즉 안동에는 경주보다 등록된 문화재 수가 많다는 것이며, 또한 경주의 문화재가 대체로 현재의 삶과는 거리가 먼 과거 시대를 보여 주는 골동품 위주인데 비해 안동의 문화재는 지금도 생활 속에 살아 숨쉬는 것이 많다는 것이다. 그러므로 영국 여왕이 안동을 방문하게 된 것은 오늘날 살아 숨쉬는 한국의 옛 문화를 느껴 보려는 마음이 있었기 때문일 것이다. 이러한 면에서 볼 때 여왕의 선택은 적절했다.

그러나 여왕이 가는 길에 병산서원屛山書院은 비껴나 있었다. 아마도 이것이 현재와 미래에 처하는 병산서원의 운명인지도 모른다. 여왕이 안동을 다녀간 뒤, 필자가 몸담고 있는 중앙대학교 철학과에서는 병산서원을 답사했다. 필자로서는 세 번째 답사였다. 필자는 병산서원을 방문할 때마다 항상 하룻밤 이상을 머물렀다. 과거 석사 과정 시절에 여러 날을 묵었고, 1993년 여름 한국동양철학회가 열린 까닭에 또 그곳에서 2박을 했으며, 이제 다시 1박을 예정으로 답사를 하게 된 것이다. 필자는 서원에서 밤을 지내 본 경험이 많지 않은데, 병산서원을 제외하면 전라남도 장성의 필암서원이 유일하다. 충청남도 연산에 있는 둔암서원에 갔을 때는 사실 그 고을의 여관에서 머물렀기 때문에 서원에서 밤을 지냈다고 할 수 없다. 이러한 경험은 한국동양철학회의 덕이 크다. 학회에서는 전통적으로 여름에는 서원, 겨울에는 절을 탐방하여 1박 내지는 2박을 하면서 학술수련회와 정기

총회를 가져왔기 때문이다. 이러한 전통이 90년대 중반까지는 이어졌는데 지금은 그렇지 못해 아쉽게 여겨진다.

필암서원에서 열렸던 한국동양철학회에 대한 기억이 지금도 새롭다. 여러 사람들의 발표가 있었고, 한밤중에도 논문의 내용을 두고 대화가 이어졌다. 그러나 이보다 더 인상적인 것은 전주에서 알아주는 판소리꾼으로서 동편제의 자존심을 지키고 있는 소천운 씨의 적벽가를 들은 일이다. 이 때는 임권택 감독의 '서편제'라는 영화를 많은 사람들이 감상하고 난 뒤였다. 과거 조선 시대의 서원에서 선비들이 판소리를 들었다면 과연 그들이 어떠한 생각과 어떠한 태도로 판소리를 감상했는지는 상상할 길이 없다. 그러나 한밤중에, 그것도 서원의 강당 마루에서 술잔을 앞에 놓고 과연 판소리를 들을 수 있었을지는 의문이다. 왜냐하면 놀이패들이 와서 놀더라도 서원 담장 안으로는 절대 들어올 수 없었고, 그래서 서원의 학생들은 만대루에 올라서 밖을 내다보며 놀이패의 공연을 즐겼다는 기록이 있기 때문이다.

그러나 이제는 세상이 많이 바뀌었다. 옛날과 같이 서원에서는 사서 삼

옆에서 본 병산서원 전경

만대루 내부

경만 읽는 것이 아니다. 유성룡柳成龍(호는 西厓)과 그 제자들이 가르치고 배웠던 유교 경전 공부와 가장 가까운 학문이라 할 수 있는 동양철학을 연구하는 이들은 오늘날 서원에서 가끔씩 모여 글을 함께 읽거나 토론회를 여는 것은 물론이고, 때로는 건축학회 회원들이 서원에 모여 건축학에 관한 발표와 토론을 하기도 한다.

병산서원은 우리 나라 서원 건축 양식의 아름다움을 간직하고 있으면서 건축사적으로도 중요한 의미를 지니고 있는 서원이다. 때때로 안동 근방이나 우리와 같이 타지에서 오는 답사객들이 이 병산서원에서 머무르기도 한다. 그리하여 오늘날 병산서원은 유유히 흐르는 낙동강 물줄기와 수려하면서도 한적한 풍광에 감탄한 여행객들이 여기저기 둘러보며 사진까지 찍는 명소가 되었다.

과거에는 서울과 멀리 떨어져 있는 지방 사립학교였으면서도 국가의 동량을 키웠던 병산서원. 이러한 병산서원에 들르는 사람들은 만대루에 올라서 무엇을 감탄하고 가는 것일까? 하회 마을에 비해 진입로가 불편하기 짝이 없는 병산서원을 찾아오면서 과연 사람들은 무엇을 얻고 가는 것일까?

또 오늘날 우리에게 서원이 말해 주는 것은 무엇일까? 그저 아름답고 아담한 기와집 몇 채에 불과한 이 서원의 의미는 무엇인가?

2. 철학 답사와 만대루

병산서원에 오는 길은 너른 풍천 들을 건너온다. 이 들판의 남서쪽 끝에 솟은 화산의 남사면에 병산서원이 자리한다. 안동을 사랑하는 마음에 이곳을 깊이 살펴보신 분들이 화산의 자락에 펼쳐진 하회 마을과 병산서원의 풍수에 대한 많은 설명을 했었다. 하회 마을은 연화수국형, 다리미형, 또는 산태극 물태극이 조화를 이룬 곳이다. 한편 병산서원은 물이 밀고 내려가는 듯한 형국이라서 밀개형이라고 말한다. 서원 앞에 낙동강 물줄기를 호위하듯이 서 있는 절벽은 낙동강 푸른 물에 비추었는가. 푸른빛을 띤 병풍이다. 그리고 절벽에 이어진 산은 병풍 같이 솟은 산이라 해서 '병산' 이라 불린다.

이번 답사는 첫날 서울을 출발하여 소수서원, 부석사를 거쳐 도산서원

만대루

근방 이황李滉(호는 退溪)의 출생지인 온혜리에서 잠을 자고, 둘째날에는 도산서원, 오천 문화재단지, 부용대, 하회 마을을 차례로 방문한 다음 병산서원에서 잠을 자게 되었다. 하회 마을에 들어가기에 앞서 부용대를 오르자고 한 것은 하회 마을의 풍수적 입지를 한눈에 볼 수 있을 뿐 아니라 경치도 아름다울 것으로 생각되었기 때문이다.

안동 시청 방문을 마치고 바로 향한 부용대는 안동 출신 관광버스 기사들에게도 낯선 곳이었다. 물어 물어 입구를 찾았지만, 버스가 들어갈 수 없는 길이라 우리는 20여 분을 걸어서 가게 되었다. 그곳은 필자도 처음 오는 길로, 하회 마을 분위기는 전혀 느껴지지 않는 평범한 농촌이었다. 부용대로 오르는 길목 여기저기에는 과수원과 농지가 있었으며, 그 사이로 뜨문뜨문 집들이 보였다. 하회 마을에서 강을 건너야 닿는 이곳에 원지정사, 화천서원이 자리한 것은 아마도 하회 마을을 일구어서 자리잡은 풍산 유씨 집안의 여력이 이곳까지 미쳤기 때문일 것이다.

부용대 오르는 길목, 강의 드넓은 백사장을 바라보는 자리에 선 화천서원은 얼핏 보기에 입지와 형태가 병산서원과 닮아 있었다. 그러나 병산서원 앞의 직류하는 물살에 비한다면 화천서원 앞 저 멀리 보이는 물살은 백사장을 옆에 끼고 커다란 반원을 그리면서 굽어 돌아나가느라 숨을 한 번 고르는 듯하였다. 또 물줄기도 서원이 있는 위치에서 너무 멀리 떨어져 있기 때문에, 병산서원처럼 서원을 마주 대하여 공간을 압축함으로써 긴장을 가져오는 품새는 아니었다. 그래도 유성룡을 제향하는 병산서원과 그 형인 유운룡柳雲龍(1539~1601, 호는 謙菴)을 제향하는 화천서원이 하나의 강줄기를 두고서 이웃하고 있다는 것은 이 두 집안의 우애를 무언중에 말해 주는 것 같았다.

학생들과 동네 뒷산 오르듯이 가볍게 오른 부용대. 부용대에서 훤하게 터진 하회 마을의 전경은 그야말로 장관이었다. 우리 학생들이 답사 뒤에 가장 뚜렷한 기억으로 감명 깊게 남아 있다고 꼽는 부분이 바로 이 부용대의 경치이다. 부용대는 하회 마을과는 어떤 인연으로 그곳에 솟아 있는 것일까? 과연 이 절벽은 언제, 어떻게 생겨난 것이고 다른 모양으로 변한다면 어떠한 모양이 될까? 하회 마을과 건너편 지역, 즉 강줄기를 마주하고 있는 양쪽 지역의 지질 구조는 그 강도에 있어서 차이가 난다. 특히 하회 마을 건너편 지형은 앞으로도 계속 강물에 깎여 들어갈 것이다. 우리가 지금 맺은 소중한 인연으로 그 언젠가 다시 만날 때 이 부용대와 강줄기는 어떠한 모습으로 우리를 맞이할까?

　연꽃을 의미하는 부용芙蓉. 부용대는 연꽃처럼 솟은 하회 마을과 그 아름다움을 더욱 소중하게 보호하는 집이리라. 마치 병풍처럼 솟아서 연꽃의 정결함을 함부로 오염되지 않도록 보호하는 듯한 부용대. 우리는 부용대가 그 안에 고이 간직하려는 정결함을 감히 넘겨다본 것 같은 느낌을 받았다.

　청명한 날씨에 해를 등지고 바라보는 하회 마을의 전경. 하늘과 물과 산과 마을이 저마다 중용을 지키면서 함께 잘 어울려 있다. 그것 자체가 한 폭의 그림일 수밖에 없었다. 그날 따라 바람이 세게 불었다. 우리는 부용대에서 사진을 찍으면서 혹시 낙화처럼 날리지 않을까, 한 걱정을 하면서 저 멀리 화산 등성이 너머 있을 병산서원의 모습을 찾았다. 그러나 서원은 숨어서 그 모습을 나타내지 않았다.

　부용대를 내려와서 다시 버스를 타고 하회 마을로 가는 길에 들어섰다. 하회 마을에서는 젊은 안내원들을 따라 돌다가, 그들과 헤어져 걷게 된 둑방길이 좋았다. 그리고 하얀 백사장과 절벽으로 솟은 부용대와 그 사이의 푸른 강물, 군데군데 솟은 송림이 마음을 너그럽게 해주었다. 안내원을 따라 시간에 쫓기면서 돌던 남촌·북촌댁, 양진당, 충효당 등을 오가던 복잡한 골목길에서 해방되었기 때문일까? 그러나 생각해 보면 하회 마을의 골목길은 도시의 빌딩 사이로 난 골목길처럼 음산하거나 지저분하지 않다. 그래서 사람을 음습하게 만들지 않는다. 다만 10년 전만 해도 마을 입구에 나 있었던 음식점과 상점들이 이제는 무질서하게 이 집 저 집 마구 들어선 것이 염려된다. 이대로 놔두어도 전통 한옥 마을이 보전될 수 있을까? 또 이곳에 사는 사람들의 그 옛날 정취는 계속될 수 있을까?

하회 마을을 뒤로 하고 풍산 들판을 바라보는 화산 자락의 좁고 포장이 안 된 길을 따라 버스가 천천히 그러나 힘있게 달려간다. 한참을 산자락 따라 나무 그늘 밑을 달리다 보니 저 멀리 풍산 들판을 가로질러 오는 둑방길과 만난다. 그리고 이제는 외길. 트럭이 아니라 승용차라도 마주 오면 뒤로 물러나 길을 비켜 주어야 한다. 그러나 좁은 비포장 도로이기는 해도 버스 한 대가 지나가기에 부족함은 없다. 여기에 오면서 하회 마을처럼 사람들이 편하게 다닐 수 있도록 길을 넓히고 포장하면 안 된다고 몇 번이나 생각했다.

사람들이 서원을 많이 찾는 것이 문제가 되는 것은 아니다. 오히려 이러한 자랑스러운 유산을 더 많은 사람들이 구경하고 감동을 받는 것은 좋은 일이다. 그러나 길이 훤하게 뚫리면 서원 앞의 풍경 좋은 백사장과 솔밭은 앞으로 어떤 모양을 할 것인가? 하회 마을의 부용대가 바라보이는 강변과 하얀 모래밭. 그곳은 여름방학 때마다 하회 탈춤을 배우기 위해 전국에서 몰려온 대학생들과 물놀이 겸 피서로 찾아오는 사람들로 인해 붐비는 곳이 되지 않았는가? 이제는 갈수록 자가용 승용차의 행렬이 늘어나고, 그 때마다 도시에서 묻혀 오고 날아온 때가 수북이 쌓인다. 사람들이 쏟아 놓고 가는 감정과 욕구의 배설물들이 하회를 오염시키는 것을 보지 않았던가. 그러므로 이 도로를 확장하고 포장한다면 병산서원의 미래의 운명은 눈에 선할 뿐 아니라 자못 우려가 되기까지 한다.

그래서 병산서원으로 가는 도로는 지금 이대로가 좋은 것이다. 그곳의 문화를 적극적으로 개발하여 현대와 전통이 잘 어울리도록 만드는 사업도 필요하겠지만, 그보다는 지금 이대로 보존하는 것이 더 중요할 것이다. 그렇게 한다 해도 도산서원처럼 유교의 정신 문화를 전해 주는 문화 유적으로서 많은 국내외 사람들이 찾아오고 답사하는 곳이 병산서원이다. 특히 병산서원은 유교 서원 건축의 백미로 꼽을 만한 아름다움을 지니고 있지 않은가? 병산서원을 찾는 모든 사람들은 주변의 자연이 망가지면 서원의 아름다움도 반감하리라는 것을 반드시 염두에 두어야 할 것이다.

    몇 해 만에 다시 보는 병산서원. 앞에 솟은 병산屛山과 그것을 마주한 만대루晩對樓가 있기에 병산서원은 저녁 무렵에 그 진가를 발휘한다. 저녁 노을이 지기 전 우리는 병산 앞에 도착하였다. 지는 해가 열어 놓은 거대한 스크린 위로 병산서원의 지붕들이 그리는 선들이 옛스러웠다. 그것은 낯익은 모습이었다. 그 선들로부터 각각의 건물의 모습을 그려내는 것은 어렵지 않았다.

    10여 년 전이나 지금이나 서원 마을은 변함이 없는 듯했다. 다만 찾아오는 학생들과 답사객들을 위한 약간 커다란 민박집이 들어선 것 외에, 주민들의 가구 수는 커다란 변동이 없다고 한다.

    복례문復禮門으로 들어가서 만대루를 지나서 입교당立敎堂에 오른다. 학생들은 하회 마을 구경 때문에 바쁘게 품을 팔았던 다리를 쉬이고 저마다 편안한 자세로 마루에 앉는다. 그리고 점잖은 마음가짐으로 만대루를 향하여 눈길을 보낸다. 학생들은 병산서원 건축의 미학이 어느 곳에서 드러나는가를 느끼는 듯했다. 입교당에 앉아서 만대루를 통해서 보는 건너편의 자연은 적절한 비례를 이루며 한눈에 들어온다. 하늘, 병산 그리고 낙동강의 푸른 물이 만대루와 하나가 되어 우리 마음속에 들어온다. 우리들은 그대로 보고만 있지 못했다. 자연 속에 들어가고자 만대루로 경쟁하듯이 올랐다. 저녁놀에 비추이는 병산을 마주 대하며 앉은 만대루는 자연과의 합일을 느끼게 하는 무위의 공간이 아니던가.

3. 병산서원의 건축과 유교

    경상북도 안동시 풍천면 병산동에 위치한 병산서원. 서원의 구조는 크게

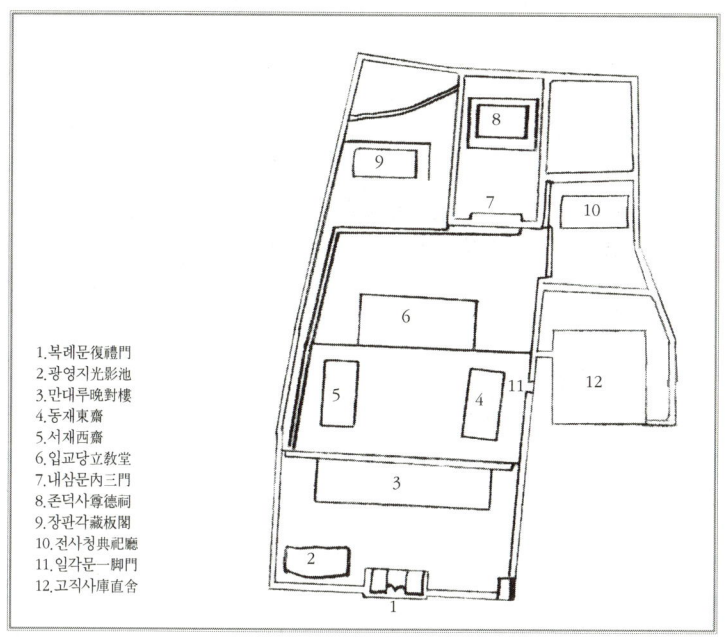

1. 복례문復禮門
2. 광영지光影池
3. 만대루晩對樓
4. 동재東齋
5. 서재西齋
6. 입교당立敎堂
7. 내삼문內三門
8. 존덕사尊德祠
9. 장판각藏板閣
10. 전사청典祀廳
11. 일각문一脚門
12. 고직사庫直舍

　강학의 공간인 입교당과 동재東齋, 서재西齋 그리고 만대루로 구성되는 영역과 제향 공간인 존덕사尊德祠와 부속 건물의 영역이 묘한 결합을 이룬 형태이다. 도산서원과 마찬가지로 강당이 전방에 있고 사당이 후방에 있는 전당후묘前堂後廟의 형태이다. 사당인 존덕사에는 유성룡을 주벽으로 모셔 제향하고 있으며, 또 그의 삼남 유진柳袗을 종향하고 있다. 그 밖에도 서원 건축의 구성 요소로서 전사청典祀廳, 장판각藏板閣, 주소廚所 등이 있지만, 이들은 앞의 두 공간에 부속된 것이다.
　이 서원의 전신은 풍악서당豊岳書堂으로, 명종 때에 설립되었다. 풍악서당은 권경전權景銓과 유성룡 등의 활동에 힘입어 당시로는 드물게 임금으로부터 학전學田과 노비를 하사받았다. 그러나 풍악서당은 사람들의 내왕이 잦은 길거리에 세워졌기 때문에 강학講學과 수덕修德하는 데에 도움이 될 만한 지금의 자리에 다시 세워지게 되었다. 처음에는 강당을 중심으로

입교당

한 강학 공간만 있던 것이 유성룡의 서거 뒤에 뒤편 산자락을 깎아 존덕사를 지어 오늘날과 같은 형태가 되었다.

존덕사는 1613년 유성룡의 고제인 정경세鄭經世(호는 愚伏) 등 지방 사림들에 의해 건립되었다. 병산서원이 서원으로서 본격적인 발전을 하게 된 것은 바로 이 때부터이다. 당시에는 사액을 받지 못했지만 서당에서 서원으로 승격되면서 풍산지방뿐만 아니라 안동의 대표적 사학私學으로 발전하였던 것이다. 유성룡을 모신 존덕사의 이름도 이황을 모신 도산서원의 상덕사尙德祠와 여강서원의 존도사尊道祠를 염두에 두고 지은 것으로 추측된다. 그리하여 이황의 도통이 유성룡에게 계승되었음을 사당의 당호로써 상징하고자 한 것으로 여겨진다. 1629년에는 사림의 공론으로 유성룡의 삼자인 유진이 종향되었다. 유진이 종향된 이유는 산림山林으로 징소되어 사헌부지평을 역임하는 등 정치·사회·학문의 여러 분야에서의 활약이 두드러졌으며, 유성룡의 「연보」를 짓는 등 돌아가신 부친을 선양하는 위선爲先 사업을 적극적으로 추진했던 사실 등으로 추정된다.

병산이라는 이름을 사액받은 것은 1863년(철종 14)이었다. 원래 풍악서당

병산서원 편액

이었던 이곳은 절
승으로 소문난 곳
이었나 보다. 그러
나 만일 서원이 마
주 보고 있는 병산
이 없었다면 절승
이 될 수 있었을까? 푸른 병풍 같은 절벽을 의미하는 병산은 두보杜甫의 '백제성루白帝城樓'라는 시에서도 이미 사용되었던 시재詩材이다.* 그러한 병산이라는 이름에 대한 조선 사람들의 매혹은 이 풍악서당에서 그 이름의 어울림을 찾은 듯하다. 그러한 어울림을 실감나게 하는 공간, 즉 서원과 병산을 하나로 화합케 하는 공간이 바로 만대루이다. 그러한 까닭에 만대루라는 이름은 병산이 있기에 존재한다고 말할 수 있는 것이다. 김봉렬 교수(건축학)는 병산서원의 절정을 만대루에서 찾는다.

경쟁 관계에 있던 호계서원에 비해 병산서원이 사액서원이 된 것은 매우 늦은 시기였다. 그러나 오히려 대원군의 서원 철폐령에서 제외되어 오늘날에도 안동 지방의 대표적 서원으로 건재하고 있다. 특히 병산서원은 서원 문화가 발전기에 접어들면서 등장하는 전형적인 서원 건축 형태를 간직하고 있는데, 유교 교육 및 유현을 숭상하는 기능이 정상적으로 이루어지던 시기를 대표하는 서원이기도 하다. 그러므로 조선 후기에 들어와 무분별하게 난립했던 서원들과는 사뭇 다른 의의가 병산서원에 존재한다.

16세기 후반부터 본격적으로 건립되었던 서원은 성리학으로 대표되는

---

* '백제성루白帝城樓'라는 시의 내용은 다음과 같다.

강은 차가운 산 전각을 지나고 성은 아득한 변방 누각에 높다.	江度寒山閣 城高絶塞樓
비취빛 병풍(절벽) 저녁 무렵 마주하기 좋으니 흰 골을 깊이 노닐어야겠다.	翠屛宜晚對 白谷會深遊
울 줄 아는 기러기 빠르디빠르고 내려오지 않는 갈매기 가볍디가볍다.	急急能鳴雁 輕輕不下鷗
이릉에 봄빛이 일어나니 점점 작은 배를 띄우려 한다.	夷陵春色起 漸擬放扁舟

조선 시대 유교 문화의 산실이었다. 신라 시대나 고려 시대의 사찰, 석불, 석탑, 부도 등이 불교가 당시 문화의 주역이었음을 보여 주듯이, 서원은 배불정책을 폈던 조선 시대에 유교가 문화의 주역이었음을 나타내 주고 있다. 서원 건축을 구성하는 두 개의 커다란 영역은 강학 공간과 제향祭享 공간이다. 이 두 가지 공간이 어우러진 서원에서 조선 시대 유교 문화가 꽃을 피웠던 것이다.

서원은 제사와 강학이 하나의 장소에서 이루어진다는 점에서 오늘날의 교육 공간인 학교와 많은 차이가 난다. 물론 강학의 방법에서도 차이가 있는데, 유교의 경전과 학문 방법에 의존하는 점이 커다란 차이라 할 수 있다. 그러나 서원에서도 스스로의 인격 도야를 위한 수신 공부 이외에 세속적인 출세를 위한 과거 시험 공부를 하였다. 이 점은 오늘날 대학생들이 졸업 후의 진로를 생각해서 취업 공부나 고시 공부를 하는 것과 유사하다. 한편 서원은 오늘날의 학교에는 없는 기능을 갖고 있었는데, 제향이 바로 그것이다. 물론 학교에서도 현충일과 같은 기념일에 잠시 추모 의식을 거행하는 경우가 있었지만 서원처럼 그 자체가 제향의 중심 장소가 되는 것은 아니다.

제향이란 유현으로 추앙하는 인물을 사당에 모시고 정기적으로 제사를 올려서 그 덕을 기리는 행사이다. 그래서 서원에 제향되는 인물은 그 서원을 건립할 때에 처음부터 사당을 지어 모시거나, 또는 유성룡처럼 강학을 하다가 별세한 뒤에 그를 제향하기 위하여 사당을 짓는 경우가 있다. 이처럼 한 인물이 사당에서 제향이 되면, 강당에서 이루어지는 강학 또한 그 인물의 흠모할 만한 학덕이나 정신의 범주 안에서 이루어지는 것이 자연스러운 현상이었다. 그러므로 역사적으로 볼 때 서원에서 제향하는 인물은 서원의 존재를 현시하는 가장 중요한 상징이 되었다. 따라서 서원에서 제향하는 인물을 중심으로 서원 건립의 의의와 그 역사적 기능을 살펴보는 방법도 적절할 것이다.

4. 유성룡의 학문과 행적

 병산서원하면 떠오르는 인물은 바로 유성룡이다. 우리는 그의 이름과 역사적 공헌을 너무나도 잘 알고 있다. 그의 유물을 보관한 하회 마을의 영모각永慕閣에는 유성룡의 문집을 비롯한 수많은 교지와 문헌들이 있다. 그 중에는 과거의 잘못을 다스리고 후환을 예방하기 위해 지은 『징비록懲毖錄』이 있다. 『징비록』으로 잘 알려진 유성룡은 임진왜란을 맞이하여 훌륭한 외교와 대책으로 전란을 종식시켰던 인물이다. 특히 임진왜란 때에 이순신과 권율을 등용한 것이 그의 공이라는 것은 누구나 다 아는 역사적 사실이다. 그 때의 암담함과 끔찍함을 우리는 감히 상상하지 못한다. 그러나 유성룡과 같은 명재상이 있었기 때문에 국난을 극복할 수 있었다는 사실만은 잊지 않는다.

 유성룡은 재상이기 이전에 이황의 의리義理 정신을 철저히 계승했던 탁월한 선비였다. 1542년(중종 37)에 태어나서 1607년(선조 40)에 세상을 떠난 그의 생애는, 조선이 국가 멸망의 위기까지 경험했던 시대와 겹쳐 있다. 그는 이황의 문하에서 김성일金誠一(호는 鶴峯)과 동문 수학하였으며, 서로 두터운 친분 관계를 맺었다. 그의 나이 23세 때에 생원 진사가 되었는데, 이듬해 성균관에 들어가 수학하였으며, 25세 때에는 별시 문과에 급제하고 승문원承文院 권지부정자權知副正字가 되었다. 그후 그는 수많은 관직을 역임하면서 조정에서 없어서는 안 될 유능한 관리이자 곧은 소신을 지닌 유신儒臣으로서 선조 임금을 보좌하였다. 그가 부제학에 두 번째로 임명되었을 때 그는 우리 나라의 국방과 관련된 대책을 담은 「비변오책備邊五策」을 지어 올렸다. 또 그는 고려말 충신인 정몽주의 문집인 『포은집圃隱集』을 교정하기도 하였다. 한편 정여립의 모반 사건으로 기축옥사가 있게 되자 그는 여러 차례 벼슬을 사직하였는데, 왕이 허락하지 않자 소疏를 올려 스스로 탄핵하였다. 이러한 면모들은 그가 단순히 관직에 만족하거나 그것을 통해 입신 영달을 꾀하는 선비가 아니었음을 보여 주는 것이다. 즉 그는 국가의 대사를 처리하는 일에서나, 관직에 나아가고 물러나는 일에 있어서 항상 의리에 합당하게 하고자 하였다.

또 그는 현실 문제에 있어 미연에 대비하는 안목을 가지고 있었을 뿐 아니라, 실제로 일에 당면해서는 그것을 풀어 가는 능력과 지혜가 비범한 인물이었다. 그러한 인물이 있었기 때문에 조선의 국운이 사그라지지 않았던 것은 아닐까. 그는 왜군이 침략하기 두 해 전에 우의정에 승진하였다가 다시 정여립의 모반 사건에 연루되어서 고초를 겪기도 하지만, 임진왜란이 발발하자 조선의 명운을 붙잡고 암흑 속을 헤쳐 나가게 된다.

임진왜란과 관련하여 기억되어야 할 그의 행적은 대단히 많다.

임진왜란이 발발하기 한 해 전 그의 나이 50세 때에, 일본에서 돌아온 통신사 황윤길이 받아 온 풍신수길의 답서에 "군사를 이끌고 명나라로 쳐들어가겠다"는 문구가 있었는데, 조정에서는 이를 명나라에 통보하느냐 마느냐로 의론이 분분하였다. 영의정 이산해는 이를 숨기자고 하였으나 좌의정 겸 이조판서인 유성룡은 "마땅히 사실대로 통보해야 한다"고 하였다. 그 이유는 첫째, 과거에도 일본이 우리 나라를 통해서 중국에 공물을 바치도록 주선해 달라고 했을 때 사실대로 명나라에 통보함으로써 명나라가 칙서를 보내 와 일본의 뜻을 받아들인 사례가 있었으며, 둘째, 과거에 그런 일이 있었는데 오늘날 수길의 답서를 받고도 숨겨 두고 알리지 않는다면 대의에 어긋나는 일이며, 셋째, 명나라가 만약 일본의 침범 의도를 다른 경로를 통해서 알게 된다면 명나라는 우리가 일본과 결탁하여 일부러 알리지 않았다고 의심하게 될 것이니, 더욱 할말이 없게 된다는 것이었다. 이러한 그의 설명과 주장이 받아들여져 결국 통보하게 되었고, 훗날 명나라로부터 불필요한 의심을 사지 않게 되었다. 이런 사실은 그의 제자인 이준李埈(호는 蒼石)이 지은 「행장」에 자세하게 기록되어 있다.

또 왜란을 당해서 선조가 의주로 몽진할 것인가를 결정할 때, 도승지 이

항복은 만일의 경우 팔도가 모두 적의 수중에 떨어졌을 때는 임금이 직접 강을 건너가서 명나라 조정에 호소하는 것이 옳다고 건의하였다. 즉 임금으로 하여금 국토를 떠나 외국으로 가서 그 나라에 직접 구원을 요청하라는 건의였던 것이다. 그러나 유성룡의 입장에서 볼 때 이것은 자칫 엄청난 재앙을 자초하는 결과를 가져올 수 있는 매우 위험한 건의였다. 그래서 유성룡은 "임금께서 이 땅에서 한 발자국이라도 벗어난다면 조선을 되찾기란 불가능할 것입니다"라고 반대하였다. 그 이유는 임금이 명나라로 떠난다는 사실이 알려지게 되면 인심은 다 흩어져 버리게 될 것이니, 이 때에는 어느 누구도 나라를 다시 일으켜 세울 수 있는 책임을 질 수 없다는 것이었다. 당시에 임금은 온 백성들에게 절대 군주이자 정신적 지주였고, 국권의 상징이었다. 그러므로 유성룡은 임금이 나라를 버렸다는 소문이 나게 되면, 의병이 되어 왜군에 대항하는 조선의 백성들이 곧 자포자기의 심정으로 흩어져 버릴 것이라고 생각하였던 것이다. 이러한 그의 안목과 예측은 사실로 입증되었다. 임금이 영변에 다다라서 양궁兩宮이 가는 곳을 달리하자 순식간에 유언비어가 퍼지면서 민심은 걷잡을 수 없는 지경에까지 이르게 되었다. 상황이 이러하자 이항복은 유성룡의 선견지명에 탄복하였다고 한다.

　이러한 행적들은 유성룡이 대단히 사려 깊은 인물이며, 아울러 앞날을 내다보는 지혜를 갖고 있었음을 보여 주는 예라 할 수 있다.

　그 밖에도 유성룡은 글만 읽는 나약한 선비상과는 거리가 멀었다. 그는 대단히 훌륭한 경세가이자 전란을 극복하는 데 있어서 뛰어난 전략가였으며, 또 탁월한 외교관이기도 했다. 특히 그가 전시에 훈련도감을 설치하여 민심을 안정시키도록 건의하고, 선조의 명으로 훈련도감제조에 임명되어 도감 설치의 일을 맡았으며, 왜적에 대항하는 새로운 병법으로 중국의 절강 병법을 들여와 우리 군사에게 훈련시켰을 뿐 아니라, 「전수기의십조戰守機宜十條」와 「산성설山城說」 등을 지어 우리 지형에 맞는 전략과 병법을 제시했던 사실 등은 그가 원리와 실정에 두루 밝은 학자였음을 보여 준다.

이처럼 그는 학자이자 경세가이며 군사 전략가였는데, 이렇게 다양하면서도 훌륭한 면모를 보여 주는 그의 능력은 어디에서 오는 것일까? 그것을 그저 타고난 성품과 자질 때문이라고만 말할 수 있을까? 타고난 성품과 자질을 완전히 부인하기는 어렵지만, 후천적으로 훌륭한 스승을 만나서 계도되고 또 스스로가 성실하게 노력하지 않았다면 그 능력이 발휘되기는 쉽지 않았을 것이다. 이 때문에 우리는 그의 스승인 이황의 교육과 그 내용에 주목하지 않을 수 없는 것이다.

5. 진지眞知와 실천實踐

유성룡은 21세에 이황의 문인으로서 예를 갖추어 입문한다. 비교적 늦은 시기라고 할 수 있지만 그는 이황으로부터 평생의 교훈이 될 가르침을 얻었던 것으로 보인다. 이황은 유성룡에게 보낸 글에서 다음과 같이 말하였다.

어느 때, 어느 장소에서건 자신의 힘을 헤아려 노력하고 항상 의리로써 물 주고 재배하듯이 하여 없어지지 않게 하면, 연평延平의 이른바 "도리가 항상 심목心目 속에 있다"고 하는 말처럼 자기 몸에서 직접 그것을 보게 될 것이다. 생각건대 인仁을 행하는 것은 자신에게 달려 있는 것이지 남과는 무관한 것이다. 만약 이러한 근본의 자리(根本田地)가 마련되지 않는다면, 비록 매일 스승과 제자가 상종하더라도 또한 끝내 무익할 뿐이다.

이황이 전하려고 했던 의미는 의리, 즉 올바른 도리로써 앎과 행동의 근본을 다져야 한다는 것이다. 특히 '자신의 힘(능력)을 헤아려 노력하고 의리로써 물 주고 재배하듯이' 하라는 충고는 오늘날 우리에게도 유용한 충고가 될 것이다. 이러한 이황의 충고가 유성룡의 생각과 행동 전반에 기초가 되었다고 할 수 있으며, 때문에 유성룡의 정치적·학문적 여정은 이러한 올바른 도리를 구현해 가는 일관된 과정으로 나타났다고 볼 수 있다. 그러한 유성룡의 면모는 그가 동문 수학한 조목趙穆(호는 月川)에게 보내는 다음과 같은 편지글에서 간접적이나마 확인할 수 있다.

생각건대 옛사람의 학문이 특별한 묘법이 있는 것은 아닙니다. 그 근본은 오직 마음을 잘 보존하고 함양하는 것과 흩어진 마음을 수습하는 것입니다. 만약 여기에서 힘을 얻지 못하여 근본의 자리가 흔들려 근거할 곳이 없게 되면, 학문과 사변은 다시 펼 수 없게 되고 듣고 말하는 사이의 온갖 말들도 모두 허사가 되고 말 것입니다.

유성룡이 강조한 것은 마음을 잘 보존하고 함양하는 것이었다. 그렇게 해야만 근본의 자리가 마련되어 학문과 사변이 제대로 펼쳐지게 되기 때문이었다. 한편 근본의 자리를 마련한다는 것은 인격의 올바른 기초를 확립한다는 의미와 통하며, 그것은 올바른 도리가 마음과 몸에 골고루 자리잡아서 어떠한 생각이나 행위가 그것으로부터 나오게 되는 것을 뜻한다. 그런데 이렇게 되려면 어떻게 해야 하는가?

그 방도가 곧 진지眞知와 실천實踐이다. 진실한 앎 또는 진실한 지혜를 의미하는 진지는 비록 독서를 한다 해도 언어 문자의 피상적인 의미에 국한된 지식만을 추구하면 그것을 얻기 어렵다. 다시 말하면 독서에서 얻는 지식을 자신의 행동과 마음의 여러 현상들에 골고루 적용하면서 옳고 그름을 직접 느껴 보고 따져 보아야 한다는 것이다. 그리고 그것을 직접 실행해 보아야 하는데, 이처럼 실행이 가능한가의 여부까지도 살펴보는 과정이 있어야만 비로소 얻게 되는 것이 진지이다. 그 때문에 유성룡은 「조명설釣名說」에서 "사람을 만드는 도구는 책에만 달려 있는 것이 아니다"고 하였다. 그리하여 그는 경전에 대한 독서를 하면서도 단순히 그것을 암송하는 데 그치지 않았다. 그는 경전의 문구를 마음과 몸에서 직접 징험하고자 노력을 하였으며, 그 결과가 나타났을 때 그것을 붕우와 토의하면서 자신의 체험이 과연 적절한 것인가를 따져 보았다. 이것이 바로 그가 모색했던 성현의 교훈을 올바르게 체득하고 실천하는 길인 것이다.

이와 관련하여 오늘날 우리 학생들이 알아두어야 할 독서법이 있다. 일찍이 유성룡은 「독서법讀書法」이라는 글에서 경전을 읽을 때는 주해부터 보지 말며, 몇 번이라도 반복하여 경전의 문구를 읽으면서 그 뜻을 자세히 음미해야 하며, 그렇게 하여 자신만의 새로운 의미(新意)를 얻을 때까지 기다려야 한다는 것 등을 제시하였다. 이러한 독서법은 그의 문인들에게 끼친 영향이 컸던 것으로 짐작된다. 이는 그의 학문과 교육의 태도가 전통의 고수에 있다기보다는 그것을 창조적으로 발전시켜 나갈 수 있도록 하는 데 초점을 두고 있음을 보여 주는 것이다.

유성룡은 학문하면서 이황 생존시 학계의 관심을 모았던 성리학의 이기론이나 심성론에 대한 논쟁적 분위기에 빠져들지 않았다. 그는 스스로 그러한 논의를 지양했던 것 같다. 그리고 그보다는 경전의 도리에 대한 체득과 실천을 지향하는 학문 태도를 보였다. 그러나 그것이 이황을 부정하는 것은 아니었다. 그의 이러한 학문 태도는 이황으로부터 무실務實의 태도를 이어받은 것이었으며, 그의 진지와 실천 중시의 태도도 사실은 무실의 방법을 벗어나는 것이 아니었다. 무실이란 진실을 자신의 몸과 마음에 확보하고, 나아가서 그러한 진실이 곧 자신의 몸과 마음이 되도록 스스로를 닦고 기르는 과정 또는 그러한 태도를 의미한다. 그렇게 되면 항상 올바른 도리가 자신의 생각이 되고 올바른 도리가 자신의 행동이 되는데, 유성룡은 이러한 경지를 성취하는 것을 곧 실학實學이라 생각하였다. 즉 아무리 성현의 격언이 책 속에 많이 있고 책을 통해 그 지식을 많이 습득한다 해도, 그러한 지식이 자신의 몸과 마음을 움직이지 못하면, 자신에게 있어서 그것은 진실이 아니라는 의미인 것이다.

유성룡이 선조에게 올린 건의문 가운데서도 현실의 폐단을 구제하기 위해 무실을 강조한 것을 발견할 수 있다. 이처럼 그는 무실의 태도를 통해 나라가 부강하게 될 수 있는 근본적인 원리와 실질적인 효과를 겸하는 방법을 강구하였던 것이다. 이 점은 오늘날 우리의 학문과 삶에 대해 시사하는 바가 대단히 크다. 특히 그의 다음과 같은 언급은 오늘날 정치하는 사람들이 반드시 깊이 사려하고 늘 염두에 두어야 할 바이다.

제왕의 학문은 경륜을 귀하게 여기는데 반드시 본말本末을 함께 거행하고, 체용體用을 두루 갖춥니다. 안으로는 심신心身과 성정性情의 미세함으로부터 바깥으로는 정사를 베풀기까지 차례를 따르고 조목마다 통하여 고운 것과 거친 것, 큰 것과 작은 것을 어느 하나도 폐지 않는 것이 없습니다. 큰 것으로 말하면 천지 사방(六合)을 경륜하고 작은 것으로 말하면 추호같이 세밀한 일에도 힘씁니다. 그런 다음에 비로소 본체에 밝고 쓰임에 적절한 학문이 되는 것이어서, 본체는 있으나 쓰임은 없는 문제로 빠지지 않게 되는 것입니다.

본말을 함께 거행하고 체용을 두루 갖춘다는 것이 매우 중요한 일임을 언급한 글이다. 오늘날 학문하는 사람들도 말은 많이 하나 실천에 들어갔을 경우 효과를 보기 어려울 때가 있다. 또 정치하는 사람들 대부분이 자신의 언행에 대한 일관된 원리나 도리를 갖고 있지 않다. 그래서 앞에 한 말과 뒤에 하는 행동이 서로 어긋나고, 심지어 표리부동한 인간형으로 낙착되기도 하는 것이다. 참으로 서글픈 일이 아닐 수 없다. 그러므로 유성룡의 글을 읽으면서 반성이 없어서는 아니 될 것이다.

유성룡의 문인인 정경세는 다음과 같이 「행장」에 기록하였다.

공은…… 항상 경제經濟의 일에 유의하였고 예악에 의한 교화 외에 군사를 다스리고 관리하는 일과 이재理財 등의 일을 자세하게 강구하지 않은 것이 없었다. 재주는 사무에 대응하기에 족하며, 학식은 쓰임을 다하기에 족하다.

제자의 평이기 때문에 당연히 이렇게 쓸 것이라 생각하는 것은 오산일 것이다. 정경세를 비롯하여 이준李埈과 같은 학자들은 유성룡이 상주목사 시절에 인연을 맺어 평생토록 국난 극복과 정치 일선에서 스승과 진퇴를 함께했던 인물이다.

  정경세 같은 이는 당시의 관료들이 임금 앞에서 비굴하게 처신하여 올바른 의리를 정치에 제대로 펴지 못하는 것을 염려하여, 신하된 사람은 임금 앞에서도 굳건히 자신의 소신을 펴는 것이 중요함을 누차 강조하였다. 이같은 정신과 태도는 다름아닌 유성룡의 진지와 실천의 교육에서 비롯된 것이며, 이것이 바로 실학을 스스로 구현하는 길이라 하겠다. 이러한 그들의 태도로 볼 때 근거 없이 스승을 미화한다는 것은 있을 수 없는 일이다. 그리고 정경세가 중심이 되고 사림이 호응하여 유성룡을 모시는 존덕사를 건립할 때에도, 유성룡의 훌륭한 덕이 없었다면 이러한 일은 성립되기 어려웠을 것이다.

  유성룡과 그의 문인들의 정신과 기백이 깃들어 있는 곳이 바로 병산서원이다. 그러므로 이황의 훌륭한 교육, 즉 무실을 강조하는 교육이 실로 국난 극복과 국가 경영의 실효로 나타날 수 있었던 것은 병산서원에 기인하는 바가 크다.

6. 학행일치의 선비 정신

  이러한 무실의 정신과 더불어 또 하나 우리가 중요하게 새겨야 할 것이 있다. 그것은 이들의 선비 의식이다. 선비 의식이란 국가와 백성을 위하여 자신의 삶을 살아가려고 하였던 의식을 말한다. 바꿔 말하면 국가와 백성에 대한 충忠으로 일관하는 삶이 곧 그것에서 연유한다. 그러한 선비 의식은 곧 자신의 분分을 자각하고 그것을 완수하려고 하는 정신과 통한다. 여기서 말하는 '분'이란 타고나는 자신의 역할과 그 몫을 의미한다. 사람이 태어나서 이것을 자각하고 그것에 충실한 삶을 살고 간다면, 그것 자체가 하나의 절대적인 보람이요 만족이 아닐 수 없다. 유성룡의 선비 정신은 그가 교정한 『포은집圃隱集』의 발문 속에 나타나 있는데, 이 글에서 그는 정몽주의 충절과 의리를 다음과 같이 평하였다.

> 커다란 집이 기울어지려 하는데 한 그루 나무가 그것을 부지하고, 너른 바다가 가로 흐르는데 한 줄기 갈대풀이 저항하는구나. 그것이 불가함을 알면서도 오히려 다시 그것을 하는 것은 분分이 정해져 있기 때문이다.

유성룡은 분分을 '하늘이 사물에 명령한 바이면서 사물이 법으로 삼는 바'라고 규정하고, 위에서 말한 나무가 쓰러지는 집을 버티는 것이나 갈대풀이 바닷물에 저항하는 것은 모두 '분'이듯이 "신자臣子가 임금과 어버이에게 충과 효를 하여 정성을 다하고 절의를 다함으로써 몸을 버리고 목숨을 잃는 데 이르는 것 역시 '분'"이라고 설명하였다. 그래서 그는 배우는 것, 아는 것, 행하는 것의 대상은 바로 '분'일 뿐이라고 강조하였다. 즉 선비로서, 관료로서 유성룡이 스스로 힘쓰고 동시에 문인들에게 전하려 한 것은 '분'에 관한 지知와 행行이었다고 할 수 있다. 그러므로 유성룡과 그의 문인들의 학문과 사상의 근본을 찾는다면 바로 이러한 하늘로부터 정해진 자신의 '분'에 대한 지·행으로 귀결된다고 할 수 있다.

특히 왜란과 호란 사이에 위급했던 조선 왕조의 운명과 부침을 함께했던 이들의 선비로서의 생애는 조선의 왕정 체제를 유지하기 위한 왕조의 신하로서 조정과 재야에서 충성을 다하였다는 점에서 공통점을 지닌다. 즉 그들의 이러한 입장은 사실 군주 개인에 대한 충성이라기보다는 일종의 대의大義를 지향한 충성이었던 것이다. 그리하여 그들의 애국적 충정은 백성을 사랑하는 성의로 이어지게 되었다. 그들의 충성이 천추에 길이 빛나는 것은 바로 그러한 점 때문이다.

유학자들에게 관통하는 관념 가운데 오늘날 우리의 관념과 사뭇 다른 것이 있다. 그것은 사람의 생명 또는 존재에 관한 의식이다. 그들에게 있어서 생명이란 개인의 전유물이 아니라 공동의 것이었다. 그러므로 그것은 같은 할아버지의 자손들이 서로 지켜 가고 번식해 나가는 종족의 생명이라 할 수 있다. 또한 하나의 공동체에 속하는 사람들이 상호 복잡한 관계 속에서 공동의 생명을 이어 나가는 것을 의미하기도 한다. 이러한 까닭에 생명은 개인의 전유물이 될 수 없으며, 하물며 다른 것 역시 온전히 개인의 것이라 할 수 없다. 이러한 관점에서 유성룡과 그 문인들은 의리義理란 국가와 백성이라는 공동체가 바로 자신의 삶이라는 것을 근본적으로 자각하는 데에서 비롯되는 관념이라고 강조하였다. 즉 의리(올바른 도리)는 다름아닌 공동의 삶에서 우선적으로 중시되는 가치의 총칭인 것이다. 그리고 의리를 지키고 실행하는 방법은 충忠과 효孝로 나타나게 되었다. 그러나 그것은 단지 임금 한 사람만을 향한 것이거나, 부모에게만 국한된 것은 아니었다. 그것은 바로 공동의 생명, 그로 인해서 개인의 생명도 존재하게 되는 것에 대한 고마움의 표현이자 모든 공동체의 가치를 창출해 내는 실천의 단서라 할 수 있다.

오늘날 병산서원은 유학자들의 의리를 중심으로 한 학행일치學行一致, 지행병진知行竝進의 학풍이 일으킨 역사와 그 의미를 깊이 간직한 채 아무런 말이 없다. 병산은 다만 저녁 노을 앞에서도 그 푸른빛을 잃지 않을 뿐이다. 그 옛날 만대루 위에서 그들은 무엇을 생각하고 무엇을 토론했을까? 혹시 그 위에서 천지의 기상을 나의 기상으로 합일시켜 나갔던 것은 아니었을까? 그리하여 그 기상이 몸에 배어 자연스러울 때 비로소 백성을 동포로 삼고 내 한 몸과 같이 대하도록 하는 인생의 태도가 저절로 나오게 되는 것은 아닐까?

답사의 마지막 밤을 보내게 된 병산서원의 정취는 아마도 우리 철학과 식구들에게 영원히 간직될 것이다. 우리 일행이 부용대와 하회 마을을 돌아보는 시간에 돼지를 잡고 그것을 삶는 고초를 아끼지 않으신 학과장님과 그 일행들 덕분에 만대루에서의 저녁은 더욱 풍성했다. 과거 화랑이 그러했듯이, 그리고 조선 시대 선비들 역시 그랬듯이 그날 우리 일행은 풍광 좋은 곳에서 자연의 기상에 흠뻑 취하며 도의를 연마하였다. 병산서원 앞 백사장에서 보는 별빛이 유난히도 밝은 밤이었다.

자운서원　김홍경

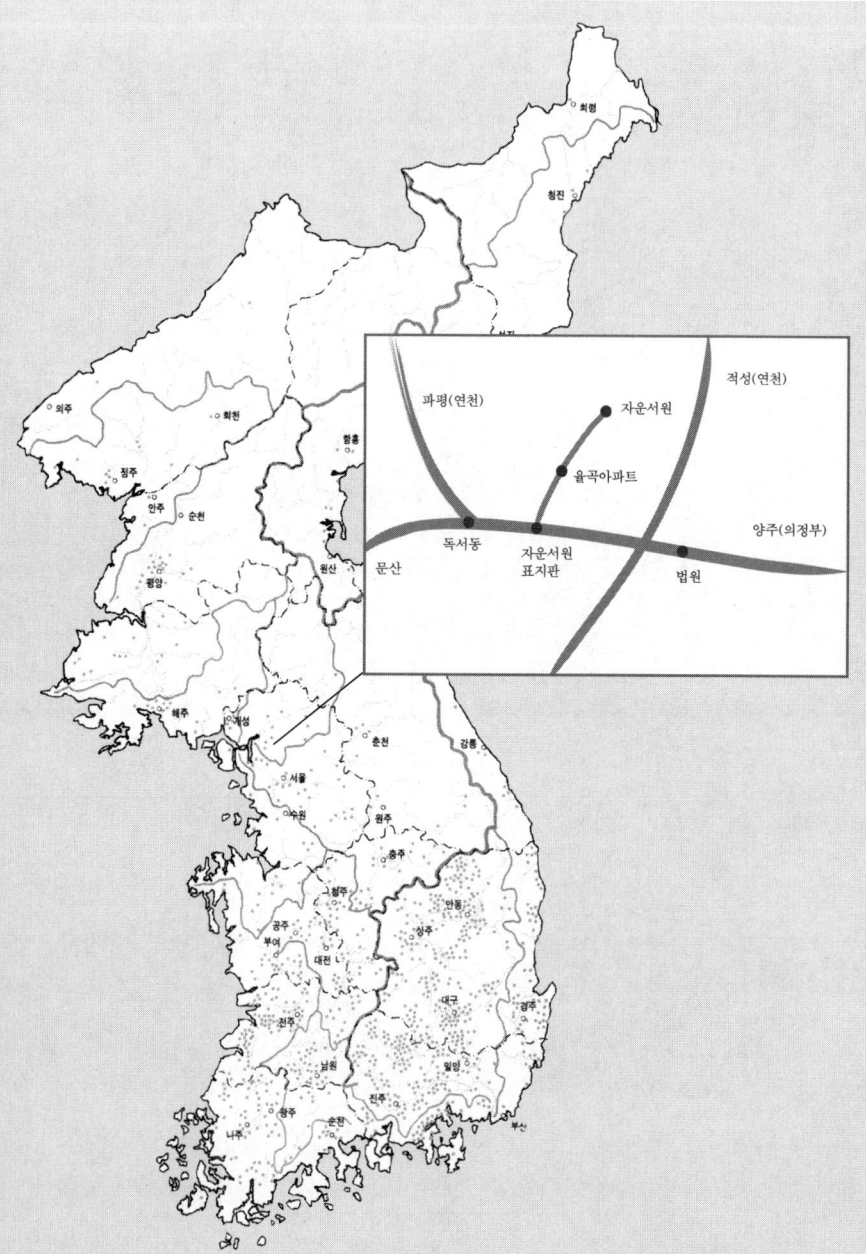

1. 자운산 자락에 깃든 율곡 혼

경기도 법원 읍내 사거리에서 문산 쪽으로 100미터쯤 가다가 오른쪽으로 돌아 잘 포장된 도로를 자동차로 2, 3분 달리면 자운산을 뒤로 한 넓다란 터에 들어선 반듯한 건물들이 눈에 들어온다. 슬레이트 양식에 기와를 얹은 꽤 커다란 건물도 있고, 벽돌로 쌓은 듯한 3, 4층짜리 건물도 하나 있고, 팔각의 조형미를 한껏 부린 건물도 하나 있다. 이것들이 다 뭔가 하면서 푯말을 보니 '율곡교원연수원'이라고 씌어 있다. 그러니까 연수원 본관 건물과 연수원생 숙소 그리고 율곡기념관이다. 이것들에 가려 자운서원은 얼른 눈에 들어오지 않는다. 교원연수원 머리에 율곡栗谷 두 자를 단 거야 뭐라 할 것 없겠지만 자운서원의 내력을 빌어 세운 건물이 서원을 압도하는 듯한 느낌이어서 우습기도 하다. 서원으로 들어가는 입구는 연수원 건물을 지나 밑으로 내려와 있는데, 연수원 때문인지 서원 일대를 주민들의 휴식 공간으로 꾸미려고 해서인지 여느 서원과는 달리 넓은 주차장도 있고, 주변도 깨끗하게 정리되어 있다.

서원을 들어서면 제일 먼저 눈에 띄는 것이 넓은 경내와 연못 그리고 예의 율곡기념관이다. 공원에 온 듯한 느낌이다. 정문에서 바라보면 왼쪽으로 나지막한 언덕배기에 이항복李恒福(호는 白沙)이 썼다는 율곡 선생 신도비각神道碑閣이 있고, 오른쪽으로는 율곡기념관이 있고, 기념관을 마주하듯이 연못이 있고, 연못 뒤편으로 율곡 선생과 그의 부모친 등이 묻혀 있는 산중으로 오르

신도비각

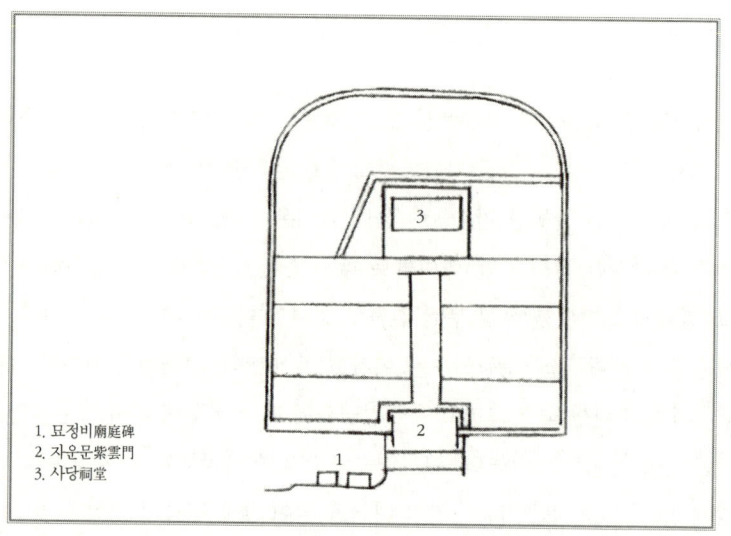

1. 묘정비廟庭碑
2. 자운문紫雲門
3. 사당祠堂

는 문성문文成門이 있다. 자운서원은 이런 것들과 좀 떨어진 곳, 정문의 서북쪽 자운산 자락에 고즈넉이 묻혀 있다.

   서원에 다가가면 우선 새로 지은 듯한 강당과 동·서재가 보인다. 지은 지 얼마 안 되는 것 같아 물어 보니 한두 해 전 서원을 보수하면서 새로 들어앉혔다고 한다. 보통 서원은 기릴 만한 언행을 남긴 인물들을 제사하고 그 정신을 이어 후학을 가르치는 곳이므로 제사를 드리는 사당과 강학을 하는 강당이 같이 있게 마련인데, 한동안 사당만 있었던 것이 멋쩍었던 것 같다.

   사당으로 가려면 깨끗하게 단청한 삼문을 지나 꽤 가파른 계단을 올라간다. 자운문紫雲門이라고 이름 붙은 삼문은 양측면을 박공으로 마감한 솟을대문 모양인데, 그 옆에는 송시열이 쓴 자운서원 묘정비廟庭碑가 있다. 1970년 서원이 재건되기 전까지는 이 묘정비가 자운서원을 알려 주는 유일한 표지였다. 사당은 높은 대지 위에 앉아 있다. 사당 주위에는 사괴석 담장이 둘러져 있고, 사당 건물의 구조는 익공계翼工系 형식으로 되어 있으

문성문

며 지붕은 합각이다. 사당 안에는 다른 서원의 사당과 마찬가지로 위패가 아니라 영정이 모셔져 있는데, 10월에 제사를 드릴 때만 문을 열고 평소에는 걸어 두는 것 같다. 사당 앞에 서서 경내를 바라보면 전체의 모습이 눈에 들어온다. 이곳이 경기도 파주군 법원읍 동문리, 이이李珥(1536~1584, 호는 栗谷)와 김장생金長生(호는 沙溪), 박세채朴世采(호는 玄石) 세 선생을 모신 자운서원이다.

  이곳 파주는 이이의 고향이자 그가 관직에서 물러나 있을 때 혹은 관직에 몸담고 있었더라도 잠시 여가가 있을 때 동학이나 제자들과 학문을 연찬하고 몸과 마음을 쉬었던 곳이다. 이이의 본관은 덕수이지만 5대조인 이명신李明晨이 덕수현에서 이곳으로 이주한 이후 그 집안이 여기에 뿌리를 내렸다. 이명신은 이곳으로 이주하여 임진강변에 화석정花石亭을 지은 것으로도 유명하다. 화석정은 자운서원에서 북쪽으로 더 올라가 장단을 바라보는 임진강가의 깎아지른 듯한 봉우리 위에 서 있다. 이이는 잘 알려진 대로 강릉 외가에서 출생하였지만 6세에 서울로 이주하여 어릴 때부터 할아버지가 계신 이 고을에 자주 머물었다. 그와 막역했던 평생의 지기 성혼成

자운문

渾(호는 牛溪)의 연고지도 이곳이다. 그의 호인 율곡도 이곳에서 멀지 않은 율곡 생전의 거주지 파평면 율곡리에서 온 것이다. 이름이 율곡리이니 밤나무골인 셈인데, 이곳에 밤나무가 많은 데에는 이이와 관련된 전설이 있다.

이이의 아버지인 이원수李元秀가 부인 사임당師任堂 신씨와 10년 약속을 하고 서울로 공부하러 갔다 기한이 다 되어 부인이 있던 강릉으로 돌아오는 길에 강원도 평창의 주막거리에서 하룻밤을 유숙하게 되었다. 마침 소복을 한 여인네가 자기 주막으로 청하는지라 그곳에서 묵게 된 이원수는 이슥한 밤에 방으로 들어온 그 여인네의 청을 마다하고 지조를 지키게 되었다. 다음날 길을 떠난 이원수는 부인 신씨와 회포를 풀게 되었고, 그러던 중 신씨는 커다란 흑룡이 어린아이를 품에 떨구어 주는 태몽을 꾸게 되었다. 이이의 태몽이었다. 얼마 안 있어 이원수는 과거를 보러 다시 서울로 가게 되었고, 곡절 끝에 예의 주막을 다시 찾게 되었다. 그곳에서 이원수는 주막집 여인네에게 귀하디귀한 아드님이 부인 몸 속에 잉태되어 있다는 얘기와 인시寅時에 출생하게 될 이 아기가 7세를 못 넘기고 죽을 것이라는 이야기를 듣게 되었다. 놀란 이원수가 액을 면할 방법을 묻자 여인네는 천 명의 목숨을 살리는 선행을 쌓는 것이 유일한 방법인데, 천 명의 사람 목숨을 살리는 것은 어려우니 사람 대신 한 집안의 신주가 되어 대대로 집안을 지키는 밤나무 천 그루를 키우라는 말을 듣게 되었다. 이원수는 그 때부터 고향인 파주에 밤나무를 심었다. 과연 이이는 인시에 태어났고, 7세가 되던 해 한 노승이 이원수의 집을 찾았다. 이원수가 밤나무를 심은 것을 말하자 노승이 이원수와 함께 밤나무밭을 찾아 한 그루씩 헤아리게 되었다. 그런데 밤나무는 천 그루에서 한 그루가 모자랐다. 노승이 대노하여 이원수를 책망하려는데, 마침 저쪽에 서 있던 나무 하나가 "나도 밤나무!"라고 말을 했다고 한다. 노승은 호랑이로 변해서 멀리 도망갔고, 이이는 무사했으며, 그로부터 이 고을에 밤나무가 많아졌다는 이야기이다. 비슷한 전설이 다른 고장에도 있지만 어쨌든 큰 인물에는 이런 자잘구레한 이야기가 많이 따라다니는 모양이다.

　이이가 경륜을 채 맘껏 펴 보지 못한 채 49세를 일기로 세상을 하직하자 이이의 유해는 선영이 있는 파주에 안장되었다. 자운서원은 1615년(광해군 7) 김장생을 비롯한 다수 유림의 건의로 율곡서원으로 창건되었다. 율곡서원이 있던 자리는 지금의 자운산 밑이 아니고 천현면 대릉리 호명산虎鳴山 아래였다고 하는데, 이름 그대로 호랑이가 많아 제사를 드리는 데 애로가 많았기 때문에 이이의 묘소가 있는 지금의 자운산 밑으로 이전하였다고 한다. 1650년(효종 원년) 백인걸白仁傑(호는 休菴)의 증손인 백홍우白弘佑가 상소하여 자운서원으로 사액을 받았고, 1696년(숙종 22) 박세채, 1715년(숙종 41) 김장생을 차례로 배향하게 되었다. 원래는 백인걸도 이곳에 배향하였다고 하는데, 나중에 백인걸의 사판祀版은 근처의 파산서원坡山書院으로 이봉移奉하고 세 선생만 봉안하게 되었다고 한다.

　조선 후기에 들어서서 서원이 남설되고 서원을 근거지로 하여 양반들이 작폐하는 등의 폐단이 심해지자 대원군은 1907년(고종 44) 한 명의 선현은 하나의 서원에서만 배향한다는 이른바 일현일원一賢一院 원칙을 세우고 각지의 서원을 혁파하게 되었는데, 이곳 자운서원도 거기에 해당되어 훼철되고 원토院土는 역驛으로 편입되었다. 당시 이이를 배향하는 서원으로 훼철되지 않고 남아 있었던 곳은 황해도 백천의 문회서원文會書院이었다. 지금의 사당 건물은 1970년 다시 세운 것이고, 앞에서도 밝힌 것처럼 그 뒤에도 강당과 동·서재를 다시 짓는 등 서원의 제 모습을 찾기 위한 공사가 계속되었다. 지금과 같은 서원의 경내가 만들어진 것은 1986년 율곡교원연수원을 지으면서부터이고, 원래는 매년 음력 8월 중정일中丁日에 제사를 드렸으나 1996년부터는 이곳에서 열리는 율곡문화제 기간(10월)에 향사한다고 한다.

이곳에 서원을 건립하게 된 결정적 계기가 된 이이의 묘소는 서원 경내에서 문성문을 통해 오르는 자운산 자락에 있다. 여기에는 이이 이외에도 부친인 이원수, 모친인 사임당 신씨, 부인 노씨盧氏를 비롯한 13기의 가족묘가 함께 있다. 특이한 것은 이이의 묘 앞에 부인 노씨의 묘가 있다는 것인데, 여기에도 전해지는 사연이 있다.

이이가 죽은 뒤 8년이 지나 임진왜란이 일어나자 부인 노씨는 이이의 신주를 받들고 파주로 옮겨 와 지아비의 묘 앞에 신주를 묻고 나라의 명운을 걱정하고 있었는데, 마침 몰아닥친 왜적들이 노씨를 욕보이려고 하자 "어찌 남의 나라에 무단히 침입하여 아녀자에게 행패를 하려느냐"고 크게 꾸짖고는 이이의 묘 앞에서 비수로 자결하였다고 한다. 이 일은 마을에 물을 뜨러 갔다오는 길에 전말을 목격한 시비의 입을 통해 나라에 전해졌고, 의주에서 환궁한 선조가 이 일을 듣고는 열녀문을 하사하고 노씨가 죽은 그 자리에 봉분하라 해서 이이의 묘 앞에 부인 노씨의 묘가 놓여지게 되었다는 것이다. 지아비의 묘 앞에 지어미의 묘가 놓여 있으니 이만한 이야기가 전해질 만하다는 생각이 든다. 한 세상을 크게 살아간 대석학의 유혼이 깃든 산자락에 서니 일상의 삶이 반성되기도 하고 절로 숙연해진다.

2. 율곡의 생애와 사상

이이는 덕수 이씨로 이름은 이珥이고, 자는 숙헌叔憲, 시호는 문성文成이다. 아버지 이원수와 어머니 사임당 신씨 사이에서 1536년(중종 3) 12월 26일에 출생하였다. 출생한 곳은 강릉 북평촌北坪村이다. 전해지는 이야기로는 3세에 글을 깨쳤으며, 5세 때 어머니가 병들자 사당에서 모친의 쾌유를 빌어 주위를 놀라게 하였다고 한다. 8세에 쓴 화석정시花石亭詩를 보면 그의 천재성을 발견할 수 있다.

> 숲속 정자에 가을이 이미 깊으니
> 시인의 생각이 한이 없어라.
> 머언 물은 하늘에 닿아 푸르고
> 서리 맞은 단풍은 햇빛 받아 붉구나.
> 산은 외로운 달을 토하고
> 강은 만리 바람을 머금는다.
> 변방 기러기는 어디로 가는고
> 저녁 구름 속으로 사라지는 기러기 소리.

16세에 어머니가 돌아가시자 3년을 묘 곁에서 지냈는데, 이이를 특별히 총애하던 어머니의 죽음은 청년 이이에게 삶과 죽음의 근원에 대해서 회의하게 하였다. 그러던 중 한강변 봉은사에 산책을 갔다가 불교에 생사윤회의 설이 있는 것을 알고서 좀더 깊은 공부를 위해 19세에 금강산으로 출가하였다. 하지만 부모를 버리고 산으로 들어와 공부하는 것이 무슨 인간다운 삶일까 하는 생각이 들어 1년 만에 다시 집으로 돌아왔고, 그 후로는 성현의 말씀을 배우고 익히는 데 전력하였다. 이 일로 인해 나중에 이이는 한때 불교를 숭신한 것을 들어 스스로를 탄핵하고, 명종의 사면을 받았다. 22세에는 성주목사 노경린盧慶麟의 딸과 결혼하였고, 23세에는 이황李滉(호는 退溪)을 배알하였다. 같은 해 별시에 응시하여 장원급제하였는데, 당시 제출한 책문이 「천도책天道策」이었다. 1564년(명종 19) 사마시와 명경과에 잇달아 장원으로 뽑혀 구도장원공九度壯元公의 영예로운 이름을 얻게 되었다. 이 해 호조좌랑에 제수된 것을 시작으로 환로에 발을 내디뎠다. 34세에 『동호문답東湖問答』을 지어 시무를 상소하였고, 39세에는 「만언봉사萬言封事」를 지어 임금을 경계하였다. 40세에는 『성학집요聖學輯要』를 저술하였고, 41세에는 『격몽요결擊蒙要訣』과 「고산구곡가高山九曲歌」를 지었다.

뛰어난 견식과 품덕으로 순탄한 사환仕宦의 길을 걸었던 이이의 생애에 있어 최대 곤경은 병조판서로 있을 때 북변에 소요가 일어났던 것을 빌미로 당시 대사간 송응개宋應漑, 도승지 박근원朴謹元, 전한 허봉許篈 등에게 탄핵을 당한 것인데, 이 일로 이이는 상당한 충격을 받은 것 같다. 선조는 탄핵한 사람들을 죄 주고 이이의 죄 없음을 두둔하였으나 이이는 언관의 비판을 받은 사람이 조정에 남아 있을 수 없다고 하여 사직하고 황해도로 돌아갔다. 얼마 되지 않아 조정에서 이조판서를 제수하자 극구 사양하다가 서울에 입성하여 선조를 알현하고, 자신을 탄핵하여 죄를 받은 사람들을 방면해 줄 것을 청하였다. 그 때 이이는 이미 병이 들어 있었고, 병세를 돌리지 못한 채 49세를 일기로 세상을 하직하였다. 이이가 죽을 때 가인들이 집안에서 무슨 소리가 들려 밖으로 나와 보니 황룡이 하늘로 올라가고 있었다고 한다. 한 시대의 거인이 이승을 하직하는 데 대한 은유이다.

이이가 활약하던 시대는 문풍이 크게 진작되고 사대부가 중앙 정계에 진출하여 사기士氣가 드높았던 시기이다. 당시의 신료들은 이 시대를 태평세라고 평가하였다. 이이에 앞서 이황이 사림파의 철학 사상을 정비하여 학문적으로도 조선 성리학이 난숙기에 이르렀을 때였다. 젊은 이이가 이황을 예방하였을 때 이황은 이이를 두고 "바른길에 발을 내디디어 옛날 학문에 마음을 두니 훗날 성취할 바를 어찌 헤아릴 수 있겠는가"라고 했다고 하며, "뒤에 난 사람을 가히 두려워할 만하다"(後生可畏)는 말도 했다고 한다. 그

말 그대로 이이는 학문에 정진하여 이황과 쌍벽을 이루는 일가의 학문을 완성하였다.

이이는 그 스스로가 원하든 원하지 않았든 간에 이황의 비판자였다. 이이는 인격적으로는 이황을 존경하였지만 학문적으로는 이황의 잘못을 지적하는 데 주저함이 없었다. 어떻게 보면 이이는 이황에 의해서 한국적 특색을 강하게 가지게 된 조선 주자학이 본래의 주자학에서 너무 멀리 떨어지는 것을 염려하였을 수도 있다.

사실 퇴계학은 주자학보다도 더 주자학적이다. 주자학의 정신이라면 도덕 질서를 확립하여 세상의 평화와 안정을 찾으려는 것이고, 그를 위해서 도덕 주체의 인격 함양을 강조하는 것이며, 인격 함양을 위해서 사람들의 마음을 불변하는 도덕적 지표인 리理 혹은 성性으로 수렴하려는 것이므로 결국 요체는 리와 성 범주를 강조하는 데 있다. 이황은 그의 형이상학, 인간론을 통해 리와 성을 극단적으로 절대화하고 원래 체용론적인 구조를 가지고 있던 리와 기, 성과 정을 이분화하여 리·기와 성·정을 가치론적으로 서열화한다. 이러한 퇴계 사상의 목적은 선의 세계에 조그마한 티끌도 앉지 않도록 하는 것이었지만 그러한 목적 의식이 강하다 보니 리발理發이나 리도理到를 인정하는 등 이론적인 문제점을 갖게 된다. 주자가 이론적 모순에 주의하면서 섣불리 단언하지 못한 문제를 이황은 주자학의 정신과 목적에 의거하여 과감하게 발언한 것이다.

이이도 주자학의 정신에 동의하지만 이황의 이론은 지나친 점이 있다고 보았다. 그는 주자와 마찬가지로 균형 감각을 가지고 있었던 사람이다. 가령 이황은 불교나 양명학을 벌레 보듯 배척하지만 이이는 반드시 그렇지만은 않다. 게다가 이황은 이른바 '무실務實'의 주제에 대해서는 별로 언급하지 않았지만 이이는 잘 알려진 대로 사상가이면서도 경세가였다. 그래서 이이는 이황의 학문을 존중하면서도 그 학설의 문제점에 대해서 조목조목 수정을 가하였다. 그래서 나온 이론이 기발리승일도설氣發理乘一途說이

나 리통기국설理通氣局說 등이다. 기발리승일도설은 이황의 리기호발설
理氣互發說에 대한 것으로 리의 작용성과 운동성을 거부하고 모든 운동이
기의 발동을 통해서 일어남을 강조한 이론이다. 이를테면 자연계의 운동
메커니즘이나 인간의 심리 메커니즘은 모두 하나의 경로만을 갖는다고 본
것이다. 리통기국설은 무형적인 리는 막힘이 없이 어느 곳에나 존재하지만
유형적인 기는 그 유형성 때문에 존재에 제약을 받는다는 이론이다.

이이가 말하는 리기론의 요체는 그가 강조한 '리기지묘理氣之妙' 한 구
절에 있다고 본다. 이이는 본체계와 현상계의 뗄래야 뗄 수 없는 관계, 그
러면서도 인식론적으로 구분하지 않을 수 없는 관계를 이 말 한 마디로 표
현하려고 하였다. 묘하다는 것은 무엇이 묘하다는 것인가. 리기의 '하나이
면서도 둘이고, 둘이면서도 하나인', 논리적 모순을 포용하는 함축적 관계
가 묘하다고 이해하는 것이 보통이겠지만 자세히 들여다보면 그것만이 묘
한 것이 아니다.

리는 기 속에 있고, 기는 리의 주재를 받는 것이므로 인식론적으로는 기
로부터 서술이 시작되고, 존재론적으로는 리로부터 서술이 시작된다. 기는
자기운동을 통해 상승하여 본체계로 인식 주체를 안내하고, 리는 초월성에
근거한 연역을 통하여 모든 존재를 근거지운다. 기의 운동을 추적해 들어
가는 인식 주체가 궁극에 가서 만나게 되는 리의 세계는 언어나 논리에 의
해서 통각되는 대상이 아니다. 구태여 말로 표현하자면 우주의 위대한 생
명력, 그 생명력의 선의善意쯤 될지 모르겠다. 하지만 그렇게 표현한다고
하더라도 그 세계의 표상이 우리 의식에 떠오르는 것은 아니다. 뭐라 할 것
인가. 하나의 표상으로 개괄하는 것은 어렵다. 특정한 표상으로는 개괄되
지 않으나 마음을 통해 통찰되는 본원의 세계, 그것도 묘하다. 기의 자기
운동은 또 어떤가. 인식 과정에서 기의 운동은 끊임없이 상승한다. 처음에
는 단순히 불어 가는 바람이었지만 불어 가는 바람에 출렁이는 물도 있고,
물빛에 떠다니는 햇빛도 있고, 햇빛을 받은 나뭇잎도 있고. 그래서 인식의

지평이 점점 확대되어 결국에는 오성으로는 직관할 수 없는 거대하고 무한한 세계가 드러나게 된다. 이러한 상승도 묘하다. 그리고 그 무한한 세계가 불어 가는 바람결에 실려 날리고 있다는 것을 알게 되는 급격한 응축. 이것도 묘하다. 그래서 리기지묘는 리지묘理之妙이기도 하고, 기지묘氣之妙이기도 하다. 묘한 말이다.

그런데 이황은 기의 묘함에 대해서는 관심을 두지 않는다. 그는 도덕 본체로서의 리에 치중한다. 본체와 현상을 일원적으로 파악하는 동양 사상 중에서는 주자학에 이런 면모가 가장 강하게 드러나지만 본래의 주자학도 이황만큼은 아니었다. 이이는 그건 좀 지나친 것은 아닌가 하는 생각을 가졌을 것이다. 학문의 체계화 과정을 추적해 보면 이황은 인간에 대한 이해를 자연·우주로 확대시켰고, 이이는 자연·우주에 대한 이해를 인간에 대한 이해에 적용시켰다고도 할 수 있다. 이황은 인간 행위에 대한 심리학적, 윤리학적 판단을 가지고 사실을 설명하려고 하였고, 이이는 사실에 대한 분석을 통해서 인간의 행위 구조를 판단하려고 한 셈이다. 그런 이이의 입장에서 이황의 사상은 사실과 부합하지 않는 이론이었다.

이이의 무실 사상은 우선 이러한 균형 감각의 소산이었다. 도덕만이 현실은 아닌 것이다. 이런 면에서 이이는 십만의 군사를 기를 것을 주장하였다는 것으로 상징화되는데, 그것이 사실인지는 의심스러운 면이 없지 않다. 어느 날 경연에서 십만 군사를 길러 국난에 대비할 것을 이이가 주청하였는데, 유성룡柳成龍(호는 西涯)이 '태평한 시절에 대군을 기르는 것은 오히려 나라의 어려움을 자초하는 일'이라고 하면서 반대하였고, 이이가 퇴조하는 유성룡을 "당신도 세속 유자처럼 시의를 알지 못하시오"라고 꾸짖었는데, 후에 임진왜란이 발발한 뒤 유성룡이 이이를 회상하며 참으로 성인이라고 하였다는 것이 이와 관련된 이야기이다. 『소대기년昭代記年』에도 나오고, 이항복도 율곡 선생 신도비에 이를 기록하였으므로 근거 없는 이야기는 아닐 것이다. 하지만 이 이야기가 기록되어야 할 다른 곳, 가령 율곡 문집이나 실록 같은 곳에는 이와 관련된 기사가 나오지 않는다. 옛날 일은 자세히 알 수 없기 때문에 사실일 수도 있고, 뒤에 꾸며낸 이야기일 수도 있겠지만 어쨌든 이이가 '십만양병설의 이이'로 상징화되는 것은 별 무리가 없다고 본다. 그만큼 그는 경세 문제에 관심이 많았다.

이이가 경세 문제에 관심을 두었던 것은 특유의 균형 감각 때문이기도 하겠지만 그보다 단순한 이유는 그가 고급 관료였기 때문이다. 구도장원공 혹은 삼장장원三場壯元으로 20대부터 이름을 날렸던 이이는 호조좌랑을 시작으로 홍문관교리, 대사간, 황해도관찰사, 대사헌, 호조판서, 이조판서, 병조판서 등 조정의 요직을 두루 역임하였다. 물론 이이는 관직에만 몸을 담고 있었던 일반 신료와는 달리 자주 은거하여 학문을 도야하였고, 조정의 부름에도 쉽게 응하지 않고 수신양성修身養性에 몰두하기도 하였지만 기본적으로는 관료 학자로서의 자기동일성을 가지고 있었다. 관료가 나라 일에 무심할 수는 없었을 것이다.

이이의 사상을 이황과 비교할 때 주기론主氣論이라고 하고 많이들 이런 말을 사용하는데, 이황이 워낙 리를 강조하니까 이황과 비교할 때는 고식적으로 받아들일 수 있겠지만 이 말이 이이의 사상을 적절히 개괄하는 것은 아니다. 원래 이 말은 영남의 성리학자인 이현일李玄逸(호는 葛菴)이 이이를 따르는 기호학파 사상의 불순함을 힐난하기 위해서 쓴 말이었고, 뒤에 일인학자 다카하시(高橋亨)가 「조선 유학사에 있어서 주리파 주기파의 발달」이라는 논문을 통해 조선 성리학을 주리파와 주기파로 나눈 것이다. 그렇지만 정통 주자학자였던 이이가 어떻게 주기론을 전개할 수 있었겠는가. 그는 결코 기를 강조하거나 리보다 우위에 놓았던 사람이 아니고, 기를 위주로 하였던 사람도 아니다. 오히려 그는 리의 무형성과 기의 유형성을 염두에 두면서 리는 공간의 한계를 받지 않지만 기는 공간에 의해 제약된다는 리통기국설을 말하였고, 서경덕徐敬德(호는 花潭)의 기불멸론을 비판하면서 기멸설氣滅說을 주장하였다.

리통기국설을 염두에 두면 형이상학적 차원에서는 기가 존재하지 않는 상태도 있다고 생각할 수 있다. 그러면 리기의 밀접한 상호 연관성, 이른바 불리성不離性을 강조하는 율곡 사상의 전 체계와 아귀가 맞지 않는 것처럼 보이기도 한다. 하지만 기국이라는 말은 기 일반을 한정하는 것이 아니라 음기나 양기, 혹은 수기水氣나 화기火氣처럼 특정한 기를 가리키는 것으로 보아야 한다. 리는 일자一者이고 보편이기 때문에 없는 곳, 없는 시간이 없겠지만 기는 다양이고 개별이기 때문에 특정한 기는 특정한 시공간에 존재하지 않을 수도 있고, 사라질 수도 있다. 여하튼 율곡 사상을 주기론이라고 하는 것은 이황을 염두에 둘 때만 가능하다. 그러므로 율곡 사상을 주기론이라고 하면서 그의 학문을 계승한 후학들을 모두 주기론자로 묶는 것은 좋은 방법은 아니다.

율곡 사상의 특성을 계승한 후대의 학자들을 기호학파라고도 하는데, 이것은 그들의 근거지가 주로 기호, 좁은 의미에서는 경기와 호서(충청), 넓은 의미에서는 경기와 호서·호남 지역이기 때문이다. 기호학파는 퇴계학의 전통을 잇는 영남학파와 양립하면서 정치적으로나 사상적으로 조선 시대를 이끌어 왔다. 당파로는 이들이 주로 서인계를 이룬다. 이이의 경우 학문적 본거지는 황해도이지만 기호학파의 영수라는 점을 감안하면 그의 혈연적 연고지인 파주가 강조되어야 할 것이다. 기호학파의 인물들은 이이와 마찬가지로 자신의 사상 체계 안에 리와 기를 균형 있게 배치한다. 이들 대부분도 관료였다. 관료라면 도덕적 지표만을 부여잡고 있을 수는 없고, 현실 문제를 다루어야 한다. 그러므로 그들이 리와 기를 균형 있게 다루는 것은 자연스러운 일이다. 또 기호학파는 영남학파와 달리 학파 내부에서도 약간의 다른 견해가 발견되는 등 학문의 유연성을 가지고 있다. 이것도 원리 원칙을 강조하기보다는 현실을 탄력적으로 조정할 필요성이 있는 기호학인의 신분적 특성에 기인하는 것이라 하겠다.

북한 지역을 통틀어서 전국에 이이를 배향하는 서원이 모두 21개 있지만 경기 지역에 있는 것은 2개뿐이다. 그렇게 보면 이이의 연고지에 있는 자운서원이 기호학파의 대표적인 서원이라고 할 수 있다. 그래서 서인계가 집권하던 조선 후기에는 이곳을 찾는 양반 사대부의 발길이 끊어지지 않았다고 한다. 넓은 경내가 한적하다 못해 쓸쓸해 보이기까지 하는 지금과는 사뭇 달랐을 것이다.

3. 사계 김장생과 현석 박세채

이이와 함께 자운서원에 배향된 김장생은 이이의 적통을 이은 서인 성리학자이다. 그는 1548년(명종 3) 서울 정릉동에서 김계휘金繼輝의 아들로 태어났으며, 자는 희원希元, 호는 사계沙溪이다. 김계휘는 이이나 성혼과 교우를 나누었던 사람으로서 동서 분당 때 서인의 중심 인물이었고, 예학에도 능했다. 김장생은 12세에 먼저 송익필宋翼弼(호는 龜峰)에게 학문을 배웠으며, 20세에 이이에게서 배우고, 나중에는 성혼을 찾아가 배우기도 하였는데, 이들은 모두 기호 서인의 핵심 인물이다. 사실 이이는 생전에 동서 분당의 파벌 싸움을 극히 염려하였다. 김효원金孝元과 심의겸沈義謙이 서로 부딪칠 때에도 이이는 양인을 모두 지방으로 좌천케 하자고 주장하여 그 뜻을 관철시키기도 하였다. 하지만 그의 학문이 서인 학풍의 발원처가 된 것은 어쩔 수 없다. 출생과 학문적 성장 배경이 이러하므로 김장생도 서인으로서의 자기동일성을 강하게 가지고 있었다. 당연히 성리설에서는 이이의 학설을 계승하고, 이황의 학설을 배척하였다. 그의 성리설은 리기가 원래 섞여 있다는 리기혼융설理氣混融說로 대표되는데, 이이와 마찬가지로 리기의 불리성不離性을 강조한 것이라 하겠다. 또한 그는 이황의 이기설이나 격물설을 반대하면서 정경세鄭經世(호는 愚伏)와 같은 영남 퇴계학파의 적전 인물과 토론을 벌이기도 하였다.

김장생은 대체로 이이의 학설을 계승하였지만 "율곡은 박문博文의 공이 많지만 약례約禮에 있어서는 오히려 지극하지 못하였다"고 자평한 것처럼 예학만큼은 이이를 능가한다. 그래서 그는 무엇보다도 조선 예학의 종장宗匠으로 기억된다. 조선의 예학 시대는 임진왜란을 그 역사적 배경으로 하여 시작되는데, 김장생은 바로 임진왜란의 한가운데를 살아갔던 사람이다. 임진왜란이 일어났을 당시 그는 호조정랑으로서 명나라 군사의 군량미를 조달하는 데 혁혁한 공로를 세우기도 하였다. 임진왜란이 끝나자 조선은 오랫동안의 전란으로 피폐해진 국가의 기강을 바로잡아야 한다는 소명을 안게 되었고, 김장생은 이 문제를 예제의 회복을 통해서 해결하려고 하였다.

사실 임진왜란의 와중에 유교적 예제를 철저히 지키는 것은 거의 불가능한 일이었다. 소수의 사족 중에는 피난을 가면서도 신주만큼은 가지고 가는 경우도 있었지만 대부분의 경우는 그렇지 못하였다. 유교적 예제는 평화로운 시대의 인간 질서를 재생산해 내기 위한 이념적 도구이지 생사존망이 걸린 위급 상황에서 생존을 보장해 주는 실용적인 무기는 아닌 것이다. 그래서 임진왜란이 진행되고 있던 때에는 평민은 물론이고 사족, 심지어는 왕실까지도 유교적 예제를 지킬 여유가 없었다. 이것은 막 뿌리내리기 시작한 조선의 사족 사회에 커다란 충격을 주었고, 임진왜란이 끝나서도 그러한 여운은 계속되어 유교적 예제에 어긋나는 패륜적 행위들이 빈번히 국가에 보고되고 있었다. 더욱이 임진왜란 중에는 다수의 승병이 크게 활약하여 불교도는 국가의 이익을 좀먹는 해악적인 존재라는 인식을 바꾸어 놓았고, 그러한 인식의 전환이 불교 특유의 구복적 성격과 결합하여 그 동안 잠복해 있었던 불교적 의례가 민간을 중심으로 성행하기 시작하였다. 김장생은 이러한 상황을 국가의 위기 상황으로 진단하였다. 그가 생각하기에 그러한 위기를 극복할 수 있는 유일한 타개책은 무너진 예제를 바로잡는 것이었다.

당시 무너진 예제를 회복하기 위해서 해야 할 일은 두 가지였다. 하나는 예제 실천의 당연성을 이론적으로 정당화하는 일이었고, 다른 하나는 전란으로 인해 없어진 구전舊典을 재정비하는 일이었다. 김장생은 일생 동안 이 두 가지 작업에 매진한 인물이었다. 『근사록석의近思錄釋疑』나 『경서변의經書辨疑』로 대표되는 그의 경학 연구가 전자와 관련이 있다면 『상례비요喪禮備要』나 『가례집람家禮輯覽』 등의 저술은 후자와 직접적으로 관련이 있는 것이었다. 특히 『가례집람』은 단순히 가례의 실천에 도움을 주기 위한 실용적인 목적에서 씌어진 것이 아니라 『주자가례』를 주체적으로 이해하기 위한 학문적 목적에서 씌어진 것으로 그의 예학 연구를 대표하는 저술이다. 예학과 관련하여 그는 예를 실천하는 주체로서 개인의 수양을 강조하여 학문은 모름지기 『소학』과 『가례』에 대한 공부를 시작으로 하여 『심경心經』과 『근사록』을 읽은 후에 사서를 학습하여 천리의 공공성을 깨달아야 한다고 주장하였으며, 왕통을 중심으로 예제를 바로잡아야 한다고 주장하여 박지계朴知誡 등과 논쟁하기도 하였다. 김장생이 활약하던 시기에는 조정에서도 예학에 대한 그의 박식함을 인정하여 예를 실천하는 과정에 어려움이 있으면 매양 그에게 질문하였다고 한다.

그의 성리설과 예설은 아들인 김집金集(호는 愼獨齋)과 송시열宋時烈(호는 尤菴), 송준길宋浚吉(호는 同春)에 이어져 기호학파의 주류 이론이 되었다. 생전에 관직은 형조참판에 달했으나 뒤에 영의정에 추증되었으며, 아들 김집과 함께 부자가 문묘에 배향된 것으로도 유명하다. 시호는 문원文元이다. 1631년(인조 9) 졸하였다. 그를 배향한 서원은 전국에 모두 12개가 있는데, 자운서원은 그를 이이, 박세채와 합향合享하고 있고, 연산의 돈암서원遯巖書院은 그를 주향主享으로 모시고 있다.

박세채는 주로 조선 숙종 때에 활약했던 학자로 해동십팔현海東十八賢 중의 한 사람이다. 1631년 김장생이 죽던 해에 서울 현석동에서 박의朴漪의 아들로 태어났으며, 자는 화숙和叔, 호는 현석玄石이다. 박의는 당시 영의정 신흠申欽의 사위였으므로 그는 신흠의 외손이 된다. 또 신흠은 김장생의 제자이다. 18세에 성균관에 들어갔으나 영남 사림들이 이이와 성혼의 문묘 배향을 극력 반대함을 보고 그들을 통박하는 데 앞장섰다가 효종의 질타를 받고 "위에서 선비 대접이 이와 같이 박하시니 차후에 어찌 감히 진취進取할 생각을 하겠는가"하며 과거를 포기, 학문에만 매진하였다. 곧이어 김집과 김상헌金尙憲(호는 淸陰)의 문하에 나아가 성리학을 배웠다. 그의 성리설은 반드시 이이의 학설만을 따르지 않고 이황의 견해에 찬동하는 점도 있었다. 가령 그는 사단 칠정을 일원적으로 파악하는 이이의 견해와는 달리 사단과 칠정의 실마리가 따로이 있다고 하였으며, 사단은 리발理發이고 칠정은 기발氣發이라는 주장을 내세웠다. 이것은 대체로 이황의 성리설에 가까운 것이었다. 그렇지만 그가 말하는 이발은 이황과는 달리 리의 주재성을 강조하기 위한 것이었지 현상계에서 리의 운동성을 인정하는 것은 아니었다.

성리설에서는 철저하게 이이의 학설을 계승하지 않지만 현실 문제에 관해서 박세채는 시종 일관 서인으로서 행동하였다. 그의 시대는 이른바 예송禮訟이 일어나서 온 나라의 시비가 분분하던 때인데, 이 사건을 두고 그는 송시열과 행동을 같이하면서 서인 학자의 주장을 대변하였다.

예송은 효종이 죽은 뒤 인조의 계비繼妃인 자의대비慈懿大妃의 복상 문제가 야기되자 서인과 남인이 각각 기년설朞年說과 장차설長次說을 주장하면서 대립하였던 사건이다. 기년설은 참최斬衰는 두 번 입지 않는다는 『예경禮經』의 말에 따른 것인데, 자의대비는 맏아들인 소현세자가 죽었을 때 이미 참최를 입었으므로 효종에 대해서는 기년상(1년)을 입는 것으로 족하다는 설이고, 장차설은 장자가 죽고 차자가 왕위를 계승하였을 때는 이를 장자로 본다는 한나라 가규賈逵의 『예경소禮經疏』에 근거한 것으로 이를 받아들이면 자의대비는 다시 참최를 입어야 했다. 어떻게 보면 별 대수롭지 않은 문제인 것 같으나 당시는 당파 간의 알력이 첨예화되어 있었고, 예제의 올바른 실천이 엄격하게 강조되고 있었기 때문에 이 문제가 온 나

라를 들끓게 하였다. 이 논쟁의 대표 주자는 송시열과 허목許穆(호는 眉叟)
이었지만 박세채와 송준길, 윤휴尹鑴(호는 白湖) 같은 사람도 이 논쟁에 가
담하였다.

　예송은 이론적 논쟁이기도 했지만 정치 투쟁이기도 하였다. 예송의 추이
에 따라 집권 세력이 바뀌고 당파 간의 명암이 엇갈리는 일이 일어났다. 서
인은 위에서 언급한 1차 예송을 무난히 방어함으로써 권력을 유지하였지
만 곧이어 효종비 인선왕후仁宣王后가 죽고 다시 자의대비의 복상 문제가
야기되면서(2차 예송) 남인에게 밀려 실각하였다. 과거를 보지 않고 은일隱
逸하는 선비로 추천되어 사헌부 장령에 제수되었던 박세채도 이 때 관직을
삭탈당하였다. 후에 경신대출척庚申大黜陟이 일어나 남인이 실각하고 서
인이 다시 집권하자 박세채도 복직되어 성균관 사성司成으로 제수되었다.
뒤에 희빈 장씨의 아들을 세자로 봉할 것이냐를 둘러싸고 당파간의 부침이
있었을 때에도 박세채는 서인의 진퇴와 함께 부침하였다. 박세채 자신은
예송이 일어났을 때나 윤증尹拯(호는 明齋)과 송시열 사이의 알력이 생겨 노
소老少 분당 조짐이 보일 때에 당파간의 대립을 해소하고 화해를 이루기
위해서 얼마간의 노력을 기울이기도 하였다. 그러나 그도 결국은 어느 한
쪽의 편을 들 수밖에 없었다. 당시 세상이 그랬다. 개인의 생각보다도 어느
당파인가가 더 중요했던 시절이었다. 그렇지만 그는 숙종조에만 세 번이나
관직을 사퇴하고 은거하는 등 되도록 정치 투쟁의 와중에서 멀리 떨어지려
고 하였다. 그 때문에 세간 사람들은 그의 출처에 선비다운 면이 있다는 평
을 하기도 하였다.

　박세채가 활약하였던 시대는 또 병자호란의 치욕을 씻고 명나라의 은혜
를 갚기 위한 북벌론이 한창 기세를 올렸던 때이기도 하였다. 박세채도 이
같은 주장에 찬동하여 주상에게 진강할 때에는 항상 복수를 제일의로 하였
다. 1666년(현종 7) 중국인 몇 명이 제주에 표류하였는데 모두 명나라 옷을
입고 명나라 말을 하면서 명나라 황제가 대만에서 거병하여 명조 중흥을

위해 일어섰다고 말을 전한 사건이 일어났다. 조정에서는 청조가 두려워 이들을 구속하여 청나라로 보냈는데, 박세채는 일의 전말을 듣고 눈물을 흘렸다고 하며, 그 뒤 오삼계吳三桂가 반란을 일으켰을 때에도 그 격문이 일본에만 전해지고 조선에 전해지지 않은 것을 씻을 수 없는 수치로 여겼다고 한다. 그가 당시 서인 성리학자의 전형적인 인물임을 잘 보여 주는 사례라고 하겠다.

박세채는 그야말로 많은 저서를 남겼다. 생전에 이미 '주자 이후 다시 없는 저술가'라는 말이 있었고, 저술을 통하여 후학에게 은혜를 베푼 자로 박세채를 능가하는 사람이 없다는 평도 있었다. 저서의 주제도 다양해서 경학, 성리학, 예학, 이단사상 비판, 퇴율 연구 등 미치지 않는 바가 없었다. 저술의 종수가 모두 37종인데, 그 중 주요 저술로『범학전편範學全篇』,『육례의집六禮疑輯』,『남계예설南溪禮說』,『동유사우록東儒師友錄』,『주자대전습유朱子大全拾遺』,『삼례의三禮義』,『퇴계어록退溪語錄』,『율곡속외별집栗谷續外別集』 등이 있다. 1695년(숙종 21) 졸하였다. 1764년(영조 40) 문묘에 배향되었으며, 숙종의 묘정廟廷에도 배향되었다. 시호는 문순文純이다. 전국에 그를 모신 서원은 모두 7개가 있는데, 자운서원에는 이이, 김장생과 함께 합향하였고, 평산 구봉서원九峰書院에서는 독향獨享으로 모셨고, 대원군의 서원 철폐령 때 살아 남은 서원은 장연의 봉양서원鳳陽書院이었다.

4. 자운서원을 나서며

서원은 우리 나라 양반 문화의 중핵이다. 15세기에는 향교, 사부학당, 성균관으로 이어지는 관학이 전통 사회의 지식인 양성을 책임졌지만 관학의 쇠락과 사림파의 득세를 계기로 서원은 최고의 교육 기관으로서 또 양반의 살롱으로서 대원군의 서원 철폐 정책이 시행되기 이전까지 엄청난 지위를 누렸다. 자운서원도 마찬가지이지만 국가가 공인하는 사액서원이 되면 서원의 유지와 행사에 소용되는 비용을 충당하기 위한 전답이 하사되고 노비도 주어졌다. 또 서원에 소속된 전답은 대부분 면세전이었다. 지방 행정 기구는 아니었지만 지방관은 서원에 모인 사대부의 눈치를 봐야 했고, 서원은 또 나름대로 규약을 만들어서 향촌 사회를 장악하였다. 행여 신분이 낮은 사람들이 서원 근처에서 큰소리를 냈다가는 매운 사형私刑을 감내해야 했다. 화양서원의 화양묵패華陽墨牌를 보이면 안 되는 일이 없었다고 하듯이 지체 높은 사대부의 발길이 잦은 서원은 막강한 권력을 휘둘렀다. 조선 후기의 권병을 장악한 서인들의 본거지로서 자운서원도 마찬가지였을 것이다.

하지만 필자가 자운서원을 찾았을 때는 서원을 관리하는 몇 사람만이 관리 사무실에 앉아 담소를 나눌 뿐 아무도 없었다. 넓은 경내가 한적하다 못해 쓸쓸해 보이기까지 했다. 자운서원만이 아니라 과거 쟁쟁하던 서원의 오늘 모습이 대체로 그렇다. 이 땅의 양반 문화, 유교 문화의 현주소이다.

이런 변화에 그저 마음 안타까워하는 것은 또 하릴없는 일인지도 모른다. 세상은 변했고, 세상에서 쓸모없는 것은 사라져 가게 마련이다. 하지만 조락해 가는 것을 보는 심정은 왠지 편치 않다. 자운서원에 관계된 자료를 좀 얻어 보려고 자운서원장을 만나게 되었다. 그 분은 유교가 무언가 변해야 한다고 역설했다. 무엇이 변해야 하는 것일까. 어떻게 변하면 옛 영화를 되찾을 수 있을까. 옛 영화를 되찾는 것까지는 아니더라도 어떻게 변하면 소소한 대접이나마 받을 수 있을까. 그렇게 되는 것은 정말로 좋은 일일까. 서원을 떠나면서 종잡을 수 없는 생각이 얼기설기 떠올라 다시 한번 뒤돌아보니 지는 석양에 물들은 자운산이 참 곱다.

임천서원   주승택

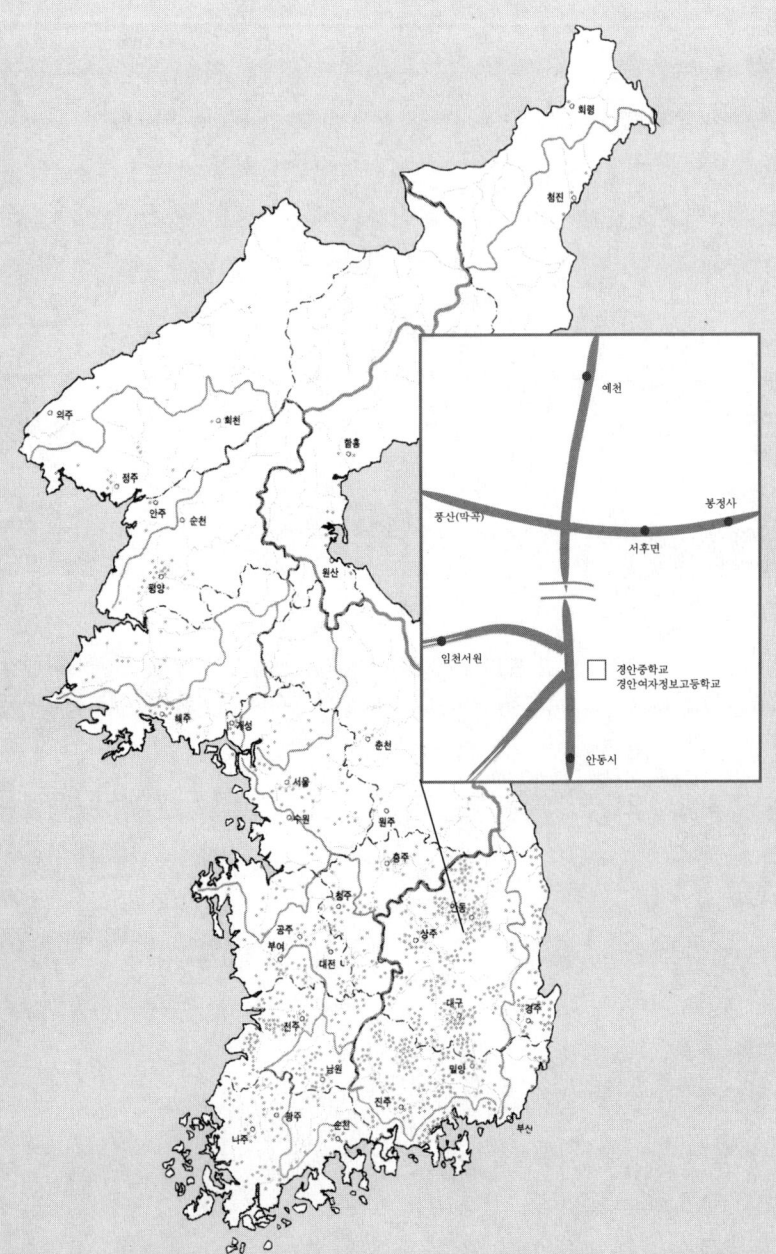

1. 제1차 건립 과정

임천서원臨川書院은 사림士林의 공의公議에 의해 세워진 조선 시대의 마지막 서원으로서 김성일金誠一(1538~1593, 호는 鶴峯)의 위판을 봉안한 독향獨享 서원이다. 조선 시대 중엽, 소수서원紹修書院에서 시작된 한국의 서원 문화는 처음에는 성리학을 진흥시키기 위한 강학講學 기능과 원생들의 정신적 사표가 될 만한 선현을 추모하는 제향祭享 기능이 결합되어 조선 특유의 서원 제도가 정착되었으나 후기에 접어들면서 강학 기능은 점차 약화되고 제향 기능이 서원의 주된 역할로 굳어져 갔다. 임천서원 역시 김성일을 전향專享하는 서원이 없어서는 안 된다는 사림의 공론에 따라 자리를 옮겨 가며 세 번에 걸쳐 건립된 특이한 연혁을 지닌 서원이다.

임천서원의 건립 과정을 알 수 있는 문헌으로는 김성일의 후손인 김헌락金獻洛이 19세기 말엽에 지은 『임천지臨川志』(筆寫本)가 가장 기본 자료이며, 『학봉집鶴峯集』에 수록되어 있는 김성일의 「연보」가 보조 자료로 활용될 수 있다. 두 자료의 기록에 따르면 김성일이 타계한 지 15년째 되는 1607년(선조 34) 김성일의 고향에 그를 제사지내는 사우祠宇가 없어서는 안 된다는 여론에 따라 안동의 사림들이 김성일의 출생지인 천전川前에서 가까운 임하현臨河縣의 서쪽에 있는 고서당古書堂을 개조하여 김성일의 위판位版을 봉안한 것이 임천서원의 출발점이었다. 당시 임천서원은 아직 서원으로서의 규모를 갖추지 못했기 때문에 김성일의 「연보」에서는 임천향사臨川鄕祀라 하였고, 서당 건물 가운데 한 채를 약간 개조한 뒤 사묘祠廟의 편액으로 갈아 붙이고 제향했던 것으로 추정된다. 그후 10여 년에 걸쳐 임천향사는 점차 서원으로 확장되었는데, 서원의 중심이 되는 강당講堂은 기존의 서당 건물을 그대로 쓰면서 편액도 바꿔 달지 않았기 때문에 서원으로는 어울리지 않는 경로당敬老堂이라는 현판이 그대로 붙어 있게 되었고, 서원이 완성되었을 때는 실제로 경로연을 베풀기도 하였다. 1618년(광

임천서원 전경

해군 10)에 서당을 서원으로 확장 개조하는 중건重建 작업이 완료되었고, 마침내 임천향사는 임천서원으로 승격되었다. 그리하여 사묘祠廟는 존현사尊賢祠, 강당의 동익실東翼室은 삼성재三省齋, 서익실은 사물재四勿齋, 정문은 유의문由義門, 문루는 함영루涵泳樓라고 명명되었으며, 이 때 동서재東西齋는 갖추지 못한 것으로 보인다.

임천향사가 임천서원으로 승격하여 개원하기까지의 11년간 이 일을 주도한 사람은 김성일과 동문 수학한 정구鄭逑(호는 寒岡)와 안동과 상주를 중심으로 한 경상좌도(낙동강 동쪽)의 유생들이었다. 조식曹植(호는 南冥)과 이황李滉(호는 退溪)의 문하를 오가며 수학한 정구는 유일遺逸로 천거되어 벼슬길에 나가 대사헌大司憲과 공조참판工曹參判까지 지낸 예학禮學의 대가였다. 그런 정구가 마침 안동부사安東府使로 부임하여 동문의 선배인 김성일의 무덤을 찾아가 제제를 올리면서 안동의 유림들에게 사묘祠廟를 세워 김성일을 제향할 것을 제안했던 것이다. 가묘家廟는 조상의 위패를 모셔 놓고 후손들이 모여서 제사지내는 곳인데 비해, 사묘는 설립이나 제향이 모두 사림의 공의에 따라 이루어진다는 점에서 가묘와 그 성격을 달리

한다. 조선 후기에 문중 중심으로 서원이나 사우祠宇가 남설되면서 가묘와 사묘의 이러한 구분이 모호해지기는 했지만, 한 가지 확실한 사실은 가묘가 사적인 성격의 제향 장소라면 서원이나 사우는 공적인 성격의 제향 장소라는 것이다.

정구가 선배인 김성일을 얼마나 숭모했는가는 그가 지은 김성일의 행장行狀을 통해서도 알 수 있다. 보통 행장은 고인의 일생을 요약하여 전달하기 때문에 그 분량이 한장본韓裝本 고서로 2~3장 내지 4~5장 정도인 것이 일반적이다. 후손들이 기록한 가장家狀의 경우는 행장보다 더 자세하지만 그래도 그 분량이 행장의 두세 배를 넘지 않는 것이 일반적이다. 그런데 정구가 쓴 김성일의 행장은 한장본으로 무려 81장에 달하며, 『학봉집』「부록 권2」가 행장 1편으로 채워져 있으므로 행장이라기보다는 김성일의 전기傳記에 해당한다고 할 수 있다. 정구는 이에 대해 김성일의 문인인 최현崔晛과 조카인 김용金涌이 기술한 김성일의 행적行蹟을 종합하여 자신은 약간의 수식과 윤문潤文을 덧붙였을 뿐이라고 하였지만, 이 행장은 칠십 노인인 정구가 병석에서 붓을 잡았다 놓기를 3년이나 되풀이하면서 고심 끝에 탈고한 말년의 대작인 것이다.

이 김성일 행장의 말미 부분에 "서원과 사묘를 세우고 봄·가을에 제향했는데 사묘는 존현사라 하고 서원은 임천서원이라 했다"(建院立祠 春秋俎豆 祠名尊賢 院號臨川)라고 한 구절이 있는 것으로 보아 이 행장이 완성된 1617년에 임천서원이 이미 완성 단계에 있었던 것으로 보이는데, 실제로 중건 낙성 고유식告由式은 1618년에 행해졌다. 이 때 사묘를 개건改建하고 위판을 다시 모시는 봉안문奉安文은 정경세鄭經世(호는 愚伏)가, 상향문常享文은 김륵金玏(호는 栢巖)이, 존현사의 중건 상량문上樑文은 이준李埈(호는 蒼石)이 지었는데, 이들 가운데 김륵은 이황의 급문제자이지만 정경세와 이준은 상주尙州 출신으로 유성룡柳成龍(호는 西厓)의 대표적인 제자들이다.

2. 제2차 건립 과정

11년에 걸친 역사役事 끝에 중건 개원된 임천서원은 개원 2년 만에 자진 철거할 수밖에 없는 상황을 맞게 되었다. 그 이유는 임천서원에 봉안되었던 김성일의 위패가 이황李滉을 주벽主壁으로 하는 여강서원廬江書院으로 이봉移奉되도록 결정되었기 때문이었다. 이처럼 서원에 봉안된 위패가 이봉되었다고 해서 서원 자체의 기능이 정지되는 것은 조선 시대 서원의 기능이 강학보다는 제향 위주로 운영되었음을 보여 주는 단적인 실례라 할 수 있다.

유학의 도통道統을 중국에서 우리 나라로 옮겨 놓은 것으로 평가되는 이황을 제향하는 서원은 조선 후기에 전국 각지에 분포되어 있었다. 실제로 이황은 경기도를 제외한 조선 7도의 29개 서원에 봉사奉祀되고 있었는데, 이는 송시열宋時烈 다음으로 많은 숫자였다. 이황이 세상을 떠나자 그의 제자들이 가장 많이 몰려 있는 예안禮安, 안동安東, 영천榮川(지금의 영주)에서는 각기 이황을 제향하는 서원을 건립하기 시작하였는데, 영천의 이산서원伊山書院(1572년), 예안의 도산서원陶山書院(1574년), 안동의 여강서원(1575년; 여강서원은 1676년 조정으로부터 사액을 받게 되는데 그 뒤로는 사액받은 명칭인 虎溪書院으로 바뀌게 된다.) 순으로 차례차례 개원하게 되었다.(이산서원은 이황 생전부터 건립을 준비하였기 때문에 가장 먼저 개원할 수 있었다.) 그런데 이 가운데 이산서원은 이황만을 모신 독향서원이므로 별문제가 없었으나 도산서원과 여강서원은 이황의 많은 제자들 가운데서 누구를 배향配享하느냐 하는 문제로 상당한 논란을 불러일으켰다. 사실 이황이 도산서당에서 길러 낸 제자들은 300명을 넘지만 그 가운데서 정구, 조목趙穆(호는 月川), 유성룡, 김성일 네 사람을 대표적인 제자로 꼽는 데는 별다른 이견이 없을 것이다. 특히 이황의 문하생 대부분이 몰려 있는 안동・예안・영천 일대에서는 이황의 제자들 가운데 누구를 이황과 함께 봉향할 것인가 하는 문제는 상당히 미묘하고 중대한 문제였다. 특히 도산서당 자리에 세워지는 도산서원은 여러 면에서 이황의 학통을 상징하는 서원일 수밖에 없는데 이 서원에 예안 출신인 조목만이 배향됨으로써 퇴계학파 내에서 갈등이 빚어지는 결과가 초래되었다. 조목은 일찍부터 벼슬길로 나선 유성룡이나 김성일과는 달리, 도산서당을 지키며 학문에만 전념하였고 또 이황의 사후에는 스승의 가족까지 돌본 고족高足이었으므로 도산서원에 배향되는 것은 어찌 보면 당연한 일일 것이다. 그렇지만 당시 정권을 장악하고 있던 북인들의 정치적 입김에 따라 도산서원에 조목만이 배향되고 유성룡, 김성일, 정구 등이 배제됨으로써 안동 사림의 불만이 고조되었고 결국 안동의 여강서원에 안동 출신의 대표적 제자인 유성룡과 김성일을 배향하는 문제가 자연스럽게 제기되었던 것이다.

이러한 배경 때문에 여강서원에 유성룡과 김성일을 배향하는 문제는 이황의 학통과 연관된 제자들 사이의 보이지 않는 대립 구도와 함께 북인과 남인의 정치적 갈등까지 겹쳐 영남 사림의 향배를 좌우하는 중대한 문제로 부각된 것이다. 사실 유성룡이나 김성일은 여강서원 이외에도 경상도 각지의 여러 서원에 배향되어 있다. 유성룡은 남계서원南溪書院·도남서원道南書院·삼강서원三江書院·병산서원屛山書院 등에 위판이 봉안되어 있었고, 김성일은 영산서원英山書院·대곡서원大谷書院·빙계서원氷溪書院·송학서원松鶴書院·경림서원慶林書院·사빈서원泗濱書院 등에 위판이 봉안되어 있었다. 그런데 봉안하기로 의논이 정해지면 그 때마다 위판을 새로 깎아서 모셨으며, 여강서원처럼 이미 모셔져 있는 서원의 위판을 옮겨서 봉안하는 일은 없었다. 더구나 병산서원이나 임천서원은 유성룡과 김성일을 각각 주벽으로 모신 전향 서원이었기 때문에 위판이 이봉되면 서원 자체의 기능이 중단될 수밖에 없는 형편이었다. 실제로 당시 병산서원을 대표하던 김윤사金允思, 김윤안金允安 형제는 병산서원의 위판을 옮기는 문제는 신중을 기해야 한다는 명분을 내세우며 사실상 반대 의견을 개진하였으나 정경세의 간곡한 편지를 받고 자신들의 주장을 철회하였다. 정경세는 특히 김윤사 형제에게 보낸 두 번째 편지에서 "대저 이 일은 사림이 공공公共으로 추진하는 일이며, 한 현이나 한 집안이 개별적으로 하는 일이 아닙니다. 간절히 원하건대 평상심으로 돌아가 이치를 잘 살피시고 자기 쪽이 낫다는 생각을 추구하지 마십시오"(大抵此是士林公共之事 非一縣一家私事 切願平心察理 勿求己勝)라고 간곡하게 부탁하고 있다.

사실 한 서원에 봉안되어 있던 위판을 다른 서원으로 옮겨 봉안하는 일은 전례가 드문 일인데, 당시 안동의 유림들이 이같이 전례가 없던 일을 하려고 했던 까닭은 어디에 있었을까? 먼저 생각할 수 있는 이유는 한 인물을 같은 고을 안에서 두 곳의 서원에 첩사疊祀하는 일이 오히려 선현에게 누가 될 수 있다는 것이다. 당시 여강서원과 임천서원은 같은 임하현臨河縣 안에 있었으며 그 거리도 얼마 떨어져 있지 않았다. 또 여강서원과 병산서원은 비록 거리는 상당히 떨어져 있었지만 병산서원이 있는 풍산현은 임하현과 함께 안동부의 속현으로서 안동부와는 경계를 맞대고 있어 사실상 두 서원은 한 고을 안에 있는 것으로 인식되고 있었다. 이같은 사실은 1620년 유성룡과 김성일의 위판을 여강서원으로 이봉한 뒤 주향지원主享之院을 훼철할 수 없으니 위판을 다시 환봉하자는 논의가 일었을 때 정경세가 "10리 안에 겹쳐서 모시는 일은 오히려 선현에게 미안한 일"(十里疊祀爲未安)이라고 반대하여 성사되지 못한 데서 잘 드러나고 있다. 또한 병산서원에 유성룡의 위판을 다시 깎아 봉안하자는 김윤사 형제의 끈질긴 요청에 정경세가 결국은 동의하면서 그 근거로 "요즘 다시 『주자실기朱子實記』를 검토해 보니 무원務源과 건양建陽은 모두 하나의 작은 현인데 모두 주자의 사당이 두 곳이 있으니 그 전례를 참고할 수 있다"(近更攷朱子實記 則務源建陽 皆是一小縣 而皆有朱子祠二所 前例可據)고 한 데서도 저간의 사정을 짐작해 볼 수 있다.(『우복집愚伏集』 권11)

이처럼 유성룡과 김성일이 배향됨으로써 여강서원은 이황의 학통을 이은 서원으로서의 위상이 도산서원에 필적할 만큼 높아졌다. 사실 이황이 만년에 제자를 기르던 도산서당 자리에 세워진 도산서원과 그가 젊어서 한때 독서한 일이 있는 백련사白蓮寺 자리에 세워진 여강서원 중 어느 쪽이 이황과 인연이 깊으냐 하는 점은 물을 필요조차 없는 일이다. 그러나 여강서원은 유성룡과 김성일이 배향됨으로써 "남인南人들이 가장 숭배하는 퇴계, 서애, 학봉 세 분의 위패를 봉안하게 되어 안동의 수선서원首善書院이라 일컬어졌으며 일군一郡의 사림뿐만이 아니라 의성·예천·영주·봉화 등 인접하는 여러 군의 사림 역시 여기에 통通할 수 있는 권리를 얻으며 직원職員이 될 수도 있는"(申奭鎬,「屏虎是非に就いて(上·中·下)」『靑丘學叢』제1호~제3호, 1930) 경상도의 대표적 서원으로 자리잡게 되었다. 그러나 이같은 일향일원一鄕一院의 원칙은 1629년 병산서원에 유성룡의 위패가 다시 봉안되고 또 그의 셋째 아들인 유진柳袗(호는 修巖)이 배향됨으로써 일단 깨어지게 되었다. 그러자 1655년(효종 6) 김성일의 주향 서원인 임천서원도 다시 복설하자는 논의가 일었는데 원래의 임천서원 자리는 여강서원과 너무 가깝기 때문에 학고鶴皐로 이건하는 것으로 의견이 모아졌으나 이를 성사시키지는 못하였다. 그러는 과정에서 1685년(숙종 11) 같은 임하현 천전川前의 동문洞門 밖에 김성일의 부친인 김진金璡(호는 靑溪)을 주향으로 하고 김성일의 5형제를 배향한 사빈서원泗濱書院이 건립되어 결국 임하현 내에 김성일을 배향한 서원이 두 곳으로 늘어나게 되었다.

  이런저런 사정 때문에 일시 주춤하였던 임천서원 복설 논의는 1716년(숙종 42) 이협李浹(호는 東厓)이 경상도 일원에 통문을 보내 임천서원을 학고로 이전하자는 논의를 다시 시작함으로써 새로운 전기를 맞게 되었다. 이 때에도 일향삼원一鄕三院은 지나치다는 논의가 있었으나 이협이 중국에도 일향삼원의 전례가 있고 우리 나라의 경우에도 한강이 고향인 성주星州의 천곡서원川谷書院과 회연서원檜淵書院에 봉안된 전례가 있다고 반박하여 전향지원專享之院을 복설한다는 논의가 드디어 확정되었다. 그리하여

1796년(정조 20) 1월 안동부의 숭보당崇報堂에 300여 명의 유생이 모여 도회道會를 열고 원장院長에 이세윤李世胤, 영건도감營建都監에 김굉金𡊁을 선출하는 한편 여러 집사執事도 선출하여 각기 일을 분담하였다.

이렇듯 영건도감까지 개설하고도 10여 년간 준비 단계에 머물던 임천서원의 복설 문제가 다시 급류를 타기 시작한 것은 1805년(순조 5) 경상도 유림들이 사현승무소四賢陞廡疏를 올리면서 불거지기 시작한 병호시비屛虎是非 때문이었다. 흔히 병호시비라고 하면 호계서원虎溪書院(사액받기 이전의 여강서원)에 모셔진 유성룡과 김성일의 위차位次 문제 때문에 다툼이 일어난 것으로 알려져 있으나 이는 겉으로 드러난 현상만 가지고 말하는 것일 뿐 그 밑에 숨겨져 있는 본질을 제대로 파악하지 못한 것이다. 이는 마치 선조 때의 동서 분당이 이조전랑吏曹銓郎 자리를 둘러싼 심의겸沈義謙과 김효원金孝元의 감정 대립에서 시작된 것으로 보는 것이나 진배없는 것이라 할 수 있다. 물론 심의겸과 김효원의 감정 대립이 내재되어 있던 문제를 겉으로 드러내는 계기가 되었지만 동서 분당은 기호학파와 영남학파 사이의 정치적 갈등에 그 뿌리를 두고 있는 것이며 더 근본적으로는 벼슬 자리는 한정되어 있는 데 비해 관직 희망자가 날로 증가하는 조선 후기 사회의 구조적 모순에 기인한 것이기도 하다. 이와 마찬가지로 병호시비도 사현승무소에서 충돌이 시작되어 이후 150여 년간 격렬한 양상을 띠고 전개되었지만 그 근저에는 퇴계학의 적통이나 영남학파의 주도권을 둘러싼 두 학파 간의 갈등이 시비是非를 일으킨 근본 요인이었다. 사실 오늘날 알려져 있는 서원의 수만도 650개소가 넘고 각 서원마다 적게는 한두 분, 많게는 열 분이 넘는 배향자가 있는데 그 가운데 위차 문제가 불분명한 것이 어찌 호계서원뿐이었겠는가? 그럼에도 불구하고 호계서원에서만 이 문제로 경상도 유림 대다수가 두 편으로 갈라져 싸우다시피 한 것은 역설적으로 호계서원의 위상이 그만큼 중요했음을 말해 주고 있는 것이다. 곧 호계서원에 배향된 유성룡과 김성일의 위차는 두 사람이 나이나 벼슬을 따져서 누가 앞서느냐 하는 문제가 아니라 서애학파와 학봉학파 중 어느 쪽이 퇴계학파의 적통이냐를 놓고 다툰 결과가 유성룡과 김성일의 위차 문제로 표면화되었을 뿐인 것이다.

실제로 1620년 여강서원에 유성룡과 김성일의 위판을 모실 때도 위차에 대한 논란이 있었는데, 여기에 대해 정경세는 "나이의 차이는 견수肩隨에 미치지 못하나 벼슬의 차이는 절석絶席에 해당하니 아마도 이론의 여지가 없을 것 같다"고 하며 유성룡의 위판을 동쪽에, 김성일의 위판을 서쪽에 배향하였다. 여기서 견수란 예법에 나이가 5세 이상 차이가 나면 연장자로 대접하여 어깨를 나란히 하고 걷지 않고 조금 뒤처져서 따라간다는 뜻으로 김성일이 유성룡보다 4년 연상이므로 견수에는 미치지 못한다고 한 것이다. 또 절석이란 한漢나라 때 어사대부御史大夫나 상서령尙書令 같은 고위직은 어느 자리를 가나 전용석을 마련하여 혼자 앉지 다른 사람과 같이 앉지 않는다는 데서 유래한 것으로 유성룡은 영의정을 지냈으므로 관찰사를 지낸 김성일과 공적인 자리에서 동석同席하지는 못한다는 뜻이다.

이같은 정경세의 결정에 대해 김성일측에서는 불만이 있었으나 크게 이의를 제기하지는 않았다. 뒷날 병호시비가 전개되는 양상과 비교하여 보면 상당히 의아할 수도 있는 김성일측의 이같은 태도는 당시의 상황이 여러 면에서 김성일측에 불리하기 때문이었다.

유성룡과 김성일은 과거에 급제한 뒤 서울에 올라가 벼슬길에서 부침하느라 실상 고향에서 제자를 기를 겨를이 별로 없었다. 당시 안동 지역의 선비들은 유성룡이나 김성일이 근친覲親을 위해 고향에 잠시 내려오거나 벼슬에서 체직되어 고향에 머무르는 사이 그들을 찾아가 평소 의심스러웠던 곳을 묻곤 하였다. 그러기에 안동 지역 이황의 삼전제자들은 대부분 유성룡이나 김성일의 사이를 오가며 배웠고 그 가운데 집지執贄하고 정식으로 사제 관계를 맺은 경우는 의외로 적었던 듯하다. 특히 김성일은 50세 되던 해 봄에 석문정사石門精舍를 지어 놓고 벼슬길에서 물러나 본격적으로 학문 연구에 전념하며 제자를 기를 계획을 세우고 있었으나 시국 때문에 그 뜻을 이루지 못하였다. 그러다 보니 김성일에게는 이웃 마을에 살던 장흥효張興孝(호는 敬堂)와 사위인 김영조金榮祖(호는 忘窩) 이외에는 뚜렷한 제자가 없는 형편이었다. 이에 비해 유성룡은 상주목사尙州牧使 시절에 정경세, 이전李㙉(호는 月澗), 이준李埈(호는 蒼石) 형제 및 전식全湜(호는 沙西) 등을 길러 내었고, 안동 지역에서는 김봉조金奉祖(호는 鶴湖), 김응조金應祖(호는 鶴沙) 형제와 김윤사 형제 등을 길러 내어 김성일보다는 제자복이 더 많았다고 할 수 있다. 물론 스승인 이황과는 비교할 것이 못 되지만 유성룡이 길러 낸 제자 가운데 정경세는 학문으로, 이준은 문학으로 당대의 퇴계학파를 대표할 만한 위치에 있었다. 그리하여 17세기 초(광해군 연간) 퇴계학파의 주요 사업은 항상 정경세와 이준에 의해 주도되었고 이같은 사정 때문에 정경세의 결정에 모두들 따를 수밖에 없었던 것이다.

그러나 200여 년이 지난 순조 연간에는 이같은 사정이 완전히 반전되어 서애학파가 정경세의 뒤를 이을 만한 대학자를 배출하지 못한 데 비해 학봉학파에서는 경당 이후 이현일李玄逸(호는 葛庵), 이재李栽(호는 密菴), 이상정李象靖(호는 大山)으로 이어지는 대학자들이 배출됨으로써 서애학파에 비해 확고한 우위를 점하게 되었다. 1805년 사현승무소에서 학봉학파인 호유虎儒들이 사현의 위차를 김성일―유성룡―정구―장현광張顯光(호는 旅軒)으로 쓸 것을 주장하고 나선 이면에는 이같은 학파적 우월감이 그 근저에 깔려 있다고 할 수 있다. 그러나 이같은 호유들의 주장에 대해 서애학파인 병유屛儒들은 호계서원에 배향된 위차에 따라야 한다고 반박함으로써 병호시비가 본격적으로 촉발되었다. 병호시비의 경과를 살펴볼 때 논쟁 자체는 극히 사소한 문제를 두고 다투는 것처럼 보이지만 실상은 어느 쪽이 퇴계학파의 적통인가를 따지는 힘겨루기였기 때문에 어느 쪽도 물러나거나 양보할 수 있는 입장이 아니었다.

결국 사현승무소는 실패하고 말았는데 이 과정에서 호유들은 병산서원에 대항하기 위해서는 김성일의 전향 서원인 임천서원이 하루 빨리 복원되어야 할 필요성을 절실히 느끼게 되었다. 이에 이세윤과 김굉을 중심으로 한 호유측 원로들이 청성서원靑城書院에 모여 의논한 결과 학고는 너무 궁벽하니 김성일이 건립한 석문정사 근처로 옮겨 임천서원을 복설하기로 합의하였다. 그리하여 1826년 사림들이 다시 경광서원鏡光書院에 모여서 복설 문제를 의논할 때 김성일의 종가인 금계본가金溪本家에서는 기금으로 500전錢을 내놓았고 사림들도 형편에 따라 비용을 각출하였다. 1830년 사빈서원에서 도회를 개최하고 영건도감에 이태순李泰淳을 개선하고 성조유사成造有司 이하 각 분야의 책임자들을 선출하여 일을 추진할 수 있는 진영을 갖추게 되었다. 그런데 이 자리에서 서원의 건립 장소에 대한 논란이 다시 불거져 나와 석문石門·계곡桂谷·학고의 세 곳을 놓고 갑론을박이 벌어졌다. 1831년 마침내 호암촌湖岩村으로 장소를 확정하여 도내에 통고하였고, 1832년 모두 14칸의 주사廚舍 건물을 완성하였다.(서원을 건립하려면 상당수의 인력이 동원되어야 하므로 먼저 식당부터 지은 듯하다.) 그런데 어찌된 영문인지 1845년 장소가 다시 바뀌어 석문정사에서 5리쯤 떨어진 엄곡

한석봉이 쓴 임천서원 편액이 걸린 강당

촌崦谷村으로 결정되었다.(『임천지』에는 장소가 다시 바뀐 이유에 대해 아무런 언급이 없다.) 결국 낙동강 연안에 있는 배씨裵氏 소유의 터를 사들여 장소를 확정하고, 1846년 여름 16칸의 주사를 완성하였다. 1847년에는 강당講堂이 완성되었는데 대청 마루의 정당正堂은 홍교당弘敎堂, 동익실東翼室은 양호재養浩齋, 서익실은 응도재凝道齋라 하였고 강당의 전면에는 한석봉韓石峯의 글씨를 모각하여 임천서원이라는 편액을 걸었다. 1849년에는 원생들이 기숙하는 동재와 서재가 완성되어 동재는 직방재直方齋, 서재는 간척재乾惕齋라 하였으며, 중간重刊 『학봉집』의 판목을 서재에 옮겨 보관하였다. 1850년 정문이 완성되어 입도문入道門이라 하였고, 1855년 여름 드디어 묘우廟宇가 완성되어 숭정사崇正祠라 하였는데 묘우 옆에는 3칸의 전사청典祠廳까지 마련되어 일단 서원으로서의 규모를 모두 갖추게 되었다. 1856년(철종 7) 4월 초 10일(음력) 축시丑時에 위판을 봉안하고 도내 유생 1,400여 명이 모여 석채례釋菜禮를 행하였다. 1861년 모두 10칸의 문루가 완성되어 광풍제월루光風霽月樓라는 편액을 내거는 것으로써 장장 15년에 걸친 역사가 끝나고 훼철된 지 240년 만에 임천서원의 복설이 끝나게 되었다.

그러나 서원이 완성된 지 불과 7년 밖에 안 된 1868년 대원군에 의해 서원 훼철령이 내려지면서 전국에서 47개의 서원만 남기고 모두 훼철되게 되었는데, 임천서원도 훼철 대상에 포함되었다.(당시 안동에 있던 50여 개의 서원 가운데 도산서원과 병산서원만 남기고 나머지는 모두 훼철되었다.) 이에 훼철을 막기 위한 노력이 다방면으로 이루어

입도문

숭정사

졌으나 모두 실패하였으며, 1869년 금계 본손인 김흥락金興洛이 서원을 사수하는 것이 불가능한 만큼 위판을 문 앞에 묻고 공사 간의 충돌을 피하는 것이 좋겠다는 의견을 내었으나 조정의 훼철령이 다시 한 번 내려진 후에 훼철해도 늦지 않다는 의견이 우세하여 임시로 위판을 석문정사石門精舍로 이봉하였다. 이러는 사이에도 안동부사는 장교나 아전 10여 명을 연속해서 파견하여 훼철령에 응하라고 위협하였는데 어느날 느닷없이 함성이 진동하더니 안기역졸安奇驛卒 100여 명이 경상감영에서 파견된 비장裨將의 감독 아래 임천서원에 난입하여 건물을 부수기 시작하였다. 이 때『학봉집』의 판본이 보관되어 있는 서재와 문루인 광풍제월루만 남겨 놓고는 모두 훼철되었다. 며칠 뒤에는 당시 차전놀이의 최강팀으로 이름을 날리던 서부장정西部壯丁들이 밤에 난입하여 남은 건물을 부수기 시작하였는데, 그나마 다행스러운 것은 낌새를 미리 알아채고『학봉집』의 판본을 옮겨 놓아 파손을 면할 수 있었던 것이다. 1871년 10월 마침내 위판을 석문정사의 동쪽 둔덕에 매안埋安함으로써 임천서원의 훼철은 기정 사실화되었다.

국운이 기울어 가던 1908년(순조 2) 임천서원을 복원하자는 논의가 사림들 사이에서 다시 일어나 장소를 현재의 위치인 안동시 송현동으로 옮겨 잡았으나, 이 때는 안동 일대가 의병 항쟁으로 들끓던 때였고 서원 건립의 중심이 되어야 할 금계주손金溪胄孫인 김용환金龍煥마저 의병진에 가담하였기 때문에 서원의 복원에 어려움이 많았다. 다음해인 1909년에 정문인 입도문入道門, 강당인 홍교당弘教堂, 동재인 양호재養浩齋, 서재인 응도재凝道齋와 전사청典祀廳까지 마련하고 묘우인 숭정사崇正祠를 복원하여 김성일의 위판을 봉안함으로써 임천서원의 복설이 완료되었다. 다시 70년이 지난 1979년 정부의 지원에 힘입어 임천서원은 중수되었으며 현재까지 매년 3월과 9월 초정일初丁日에 향사를 지내며 김성일의 유덕을 기리고 있다.

이상에서 살펴본 바와 같이 임천서원은 1618년 서원으로 승격 개원된 이래 1909년 제2차 복설이 완료되기까지 무려 290여 년의 세월에 걸쳐 두 번 훼철당하고 두 번 복설된 진기한 기록을 가진 서원인 것이다.

3. 주향 인물 — 김성일

김성일은 1538년(중종 33) 안동부 임하현의 천전리川前里에서 청계靑溪 김진金璡의 제4자로 태어났다. 그는 19세 되던 1556년 이황의 문하에 나아가 32세 되던 1569년 이황이 타계하기까지 13년간 가형인 극일克一, 수일守一, 명일明一, 그리고 동생인 복일復一과 더불어 문하를 출입하며 학문과 인격을 연마하였다. 특히 29세 되던 해에 그는 이황으로부터 요순 이래 유학의 연원과 정맥에 대해 손수 써서 제작한 병풍을 선물 받기도 하였다.

한편 김성일은 27세가 되던 1565년 진사시에 2등으로 입격入格하였고 (明一, 復一과 동방으로 입격함) 31세 되던 1568년 증광문과에 급제하여 승문원承文院에 권지부정자權知副正字로 선보選補되었다. 이 때부터 그는 조선 시대 문신의 엘리트 코스인 승문원분관→청요직→호당독서→당상관의 길을 걷게 된다.

조선 시대의 관직 체계는 정3품 통정대부通政大夫 이상인 당상관堂上官들에게 모든 권한이 집중되어 있었다. 당상관은 인사권·포폄권·군사권을 장악하는 정국 운영의 핵심 세력으로서 국가의 중요 정책을 결정하는 과정에 직접 참여할 수 있었다. 뿐만 아니라 겸직을 통해 여러 관청의 업무에 관여하여 이권을 차지하거나 혜택을 누릴 수 있는 특권이 주어져 있었다. 그런데 당상관까지 진급하려면 제일 먼저 거쳐야 하는 것이 승문원 분관이었다. 조선 시대에는 과거 합격자들을 승문원과 성균관成均館, 교서관校書館으로 나누어 배치하고(이를 분관이라 하였다) 권지라는 임시직을 주어 업무를 배우면서 대기하도록 하는 제도가 정해져 있었다. 이 때 분관의 기준이 되는 것은 문벌과 과거 성적인데(조선 후기에는 주로 문벌만으로 분관하였다) 실제로 성균관이나 교서관으로 분관받은 뒤에 당상관까지 진급하는 경우는 특별한 경우나 예외에 속할 만큼 드문 일이었다. 당상관이 되는 두 번째 관문은 청직淸職인 사관史官이 되느냐 못 되느냐에 달려 있었다. 조선 시대에 역사를 기록하고 실록을 편찬하는 춘추관春秋官에는 모두 60여 명의 사관이 소속되어 있었는데 춘추관의 직책은 모두가 겸춘추兼春秋라는 겸직뿐이었다. 이 가운데 예문관藝文官의 최하위직인 검열檢閱(정9품, 4명)·대교待敎(정8품, 2명)·봉교奉敎(정7품, 2명) 8명은 춘추관 기사관記事官을 겸직하는데 이들이 사실상의 전임 사관이었고 나머지 52명은 문자 그대로 다른 직책을 수행하면서 사관의 역할도 담당하는 겸직 사관들이었다. 이 8명의 전임 사관은 한림翰林이라고 하는데 선발되기도 어렵거니와 일단 선발되기만 하면 최단 기간 내에 참상관參上官으로 승진할 수 있어 출세를 보장받은 직책이었다. 여기서 참상관이란 매월 5일마다 한 번씩 한 달에 6번 근정전에서 열리는 조회朝會에 참석할 수 있는 6품 이상의 관리를 말하며, 당시에 6품으로 승진하는 것은 출륙出六이라 하여 관리 생활의 성패를 좌우하는 첫 번째 관문이기도 하였다. 참하관(7품 이하)은 한 품계에서 30개월을 근무하고 근무 기간 중에 세 번 최고 평가인 상上을 받아야만 한 등급을 올라갈 수 있었다. 그렇기 때문에 정상적으로 참하관에서 참상관으로 오르는 데는 대체로 15년 정도가 소요되었다. 그러나 사관의 경우는 근무 일수와 관계없이 승진할 수 있었기 때문에 김성일의 경우에도 31세에 과거에 급제하여 32세에 예문관 검열이 된 후 대교와 봉교를 거쳐 36세 때 정6품인 성균관전적成均館典籍으로 승진했으니 6년 만에 출륙을 한 셈이다.

이처럼 전임 사관은 선발 자체가 무척 까다로울 뿐 아니라 비록 참하관이지만 임금이나 정승들도 두려워하는 엘리트 관료 집단이었다. 전임 사관의 선임은 한천법翰薦法이라고 하여 빈자리가 생기면 하번 검열(검열 네 사람 가운데 선임자 두 사람을 상번, 후임자 두 사람을 하번이라고 한다)이 승문원·성균관·교서관의 9품관이나 권지 가운데서 후임자를 추천하도록 되어 있었다. 그런데 전임 사관은 그 직책이 중요하고 엄격한 심사가 있었기 때문에 추천에 신중을 기할 수밖에 없었다. 예컨대 성종 때 김일손金馹孫은 5년이나 검열로 있으면서 아무도 추천하지 않았다가 정여창鄭汝昌을 만난 뒤에야 비로소 그를 사관으로 추천했다고 한다.

일단 누군가가 사관으로 추천되면 홍문관과 예문관의 당상관들이 모여 그에 대해 심사하였고 아무런 하자가 없으면 추천 대상자는 마지막 관문인 실력 테스트를 치러야 했다. 이 실력 테스트는 의정부의 3정승과 좌우 찬성, 좌우 참찬, 춘추관과 예문관의 당상관, 이조의 당상관들이 줄지어 앉아 있는 자리에 나아가서 추천 대상자가 「강목綱目」·「좌전左傳」·「송감宋鑑」 가운데 어느 한 책을 강講하는 방법으로 진행되었다. 이렇게 3단계의 추천과 심사 과정을 거친 뒤 마지막으로 삼사三司의 서경署經을 얻어 예문관 검열로 임명되었다. 이들 사관 출신자는 그 70% 이상이 당상관으로 승진하였고 11%가 정승의 반열에 이르렀는데 일반 과거 합격자보다 당상관 승진 비율이 4~5배에 이르렀으며 정승이 되기 위해서는 거의 필수적으로 거쳐야 하는 코스였다.

　이렇게 사관을 거쳐 참상관으로 진급하면 그 다음은 청요직을 역임하느냐 않느냐가 당상관으로 가는 관문이었다. 청요직 가운데서 요직에 해당하는 것은 문관과 무관의 인사를 담당하는 이조吏曹와 병조兵曹의 낭관들이었다. 또한 청직과 요직을 겸한 청요직은 언론을 담당하는 삼사(홍문관·사간원·사헌부)의 참상관들을 말하는데, 좀더 범위를 넓힐 경우에는 재정을 담당하는 호조戶曹의 낭관과 의정부議政府의 사인舍人·검상檢詳을 청요직에 넣기도 한다. 이들 청요직은 문신 당하관이 가장 많이 모여 있는 홍문관을 모집단으로 하여 운영하였으며 홍문관원 선발 대상자 명부라고 할 수 있는 「도당록都堂錄」에 등재된 인물들 가운데서 선발되었다.

　세종 때 설치된 집현전의 후신인 홍문관은 궁중도서관을 관리하고 경연을 담당하는 관청이었다. 그런데 국왕과 더불어 학문과 정치를 강론하는 경연은 그 자리에서 정치적 현안에 대한 건의나 토론이 활발하게 이루어졌기 때문에 사실상 홍문관은 국왕의 자문기관이라 할 수 있었다. 또한 홍문관원은 국왕의 명령을 문서화하거나 외교 문서를 작성하는 지제교知制敎 직을 겸직하였으며 그 밖에도 사초史草를 작성하는 사관史官, 과거를 관장하는 시관試官을 겸직하는 경우가 많았다. 그밖에도 홍문관은 비법제적인 언론 기능까지 겸하고 있었는데, 원래 언론은 사간원과 사헌부가 담당하는 것이 원칙이었지만 홍문관은 양사의 대간에 대한 탄핵권마저 확보함으로써 가장 중요한 언론 기관으로 부상하게 되었던 것이다.

　이처럼 홍문관의 역할이 중요했기 때문에 홍문관원이 될 수 있는 유자격자의 명부인 「도당록」을 미리 마련해 두었다가 결원이 생기면 여기서 선발하여 보충하였다. 이 「도당록」은 문과 급제자 가운데서 이조 정랑과 이조 당상(참의·참판·판서), 의정부 당상(3정승과 좌우찬성·좌우참찬)이 함께 모여서 심사하여 선발하였다.

　그런데 김성일은 36세에 참상관으로 승진하자 곧 홍문관 부수찬副修撰

(종6품)으로 옥당玉堂(홍문관의 별칭)에 들어가 수찬(정6품)과 교리校理(정5품)를 역임하였다. 또한 요직에 속하는 병좌좌랑(정6품)을 36세에, 병조정랑(정5품)을 38세에 역임하였다. 뿐만 아니라 39세 때에는 이조좌랑을, 40세 때에는 이조 정랑을 역임하였다. 이 가운데 이조의 좌랑과 정랑 자리는 문관직의 70~80%가 이들에 의해 임명되고 해임되는 요직 중의 요직이었다. 특히 청요직인 삼사三司의 관리임면권은 전적으로 이들에게 달려 있었으며 이조판서라 하더라도 여기에 개입할 수 없었다. 이 이조의 전랑銓郎(정랑과 좌랑) 자리도 사관처럼 전임자가 후임자를 추천하는 전랑천대법銓郎薦代法에 따라 국왕도 간여할 수 없도록 독립되어 있었기 때문에 이조의 전랑 자리를 차지하기 위한 경쟁이 치열하였으며, 이를 계기로 동서 분당이 일어났음은 잘 알려진 사실이다.(이조의 좌랑과 전랑을 거친 사람은 큰 과실을 범하지 않는 한 재상宰相까지 승진하는 것이 당시 조선 시대 관직 사회의 관행이었다.) 이 밖에도 김성일은 36세와 37세 때에 두 차례 사간원 정언을, 42세에는 사헌부 장령 같은 대간직도 역임한 바 있었다.

김성일의 참상관 경력 가운데 또 하나 빼놓을 수 없는 것이 호당湖堂에 뽑혀 사가독서賜暇讀書의 혜택을 입은 것이었다. 세종이 집현전 학사들에게 휴가를 주어 그들이 절에 들어가 독서하게 한 것이 계기가 되어 생긴 이 사가독서 제도는 중종 때 한강변의 두모포豆毛浦(지금의 동호대교 근처)에 독서당讀書堂을 짓고 사가독서 제도를 정례화시키기에 이르렀다. 여기에 선임되는 것은 실상 홍문관원이 되는 것보다도 더 좁은 문을 통과해야만 하였는데, 김성일은 39세 되던 해 겨울 호당에 뽑히어 이 혜택을 입었다.

이상에서 살펴본 바와 같이 김성일은 승문원 분관, 예문관의 전임 사관을 거쳐 홍문관원, 이조와 병조의 전랑, 사간원과 사헌부의 간관諫官, 사가독서 등 당하관 시절에 거쳐야 할 요직을 하나도 빠짐없이 역임하였다. 그가 사환하던 선조 연간은 후세에 목릉성제穆陵盛際라고 일컬어지는 사림의 전성기로 그 어느 때보다도 조정에 인재가 넘쳐나던 시절이었다. 이런 상황에서 경쟁이 치열한 청요직을 골고루 역임했다는 사실은 정승까지 오를 수 있는 자질과 능력을 다각적으로 검증받은 것이나 다름이 없는 것이다.

계문溪門의 동학同學이고 일생의 지기知己이며 정치적 동반자이던 유성룡과 비교해 보면 과거 급제는 김성일이 유성룡보다 2년 늦었고 벼슬길에서는 대체로 4~5년씩 뒤처졌음을 볼 수 있다. 유성룡은 선조조의 조정에서도 9도장원九度壯元을 한 이이李珥(호는 栗谷)와 더불어 대표적인 수재형 인물로서 22세 때 생원·진사·문과의 초시에 한꺼번에 합격하였으며 23세 때에는 생원 회시에서 1등, 진사 회시에서 3등으로 입격하였고 25세 때에는 문과에 급제한 당대의 기린아였다. 그만큼 유성룡의 관직 경력은 특별한 경우에 속하는 고속 승진이었고 김성일의 경우가 오히려 정상적인 엘리트 코스를 차례차례 밟아간 관직 경력이라 할 수 있을 것이다.

김성일의 사환기仕宦期는 43세 때 부친상을 당하여 3년간 고향에 내려와 있던 시기를 경계로 크게 전반기와 후반기로 구분된다. 앞에서 살펴본 바와 같이 그는 32세에 예문관 검열로 벼슬살이를 시작하여 11년 동안 청요직만을 맴돈 엘리트 관료로서 임금을 지근거리에서 보좌하였다. 함경도와 황해도 순무어사巡撫御史로 잠시 조정을 떠나기도 했지만, 임금이 신뢰할 수 있는 근신近臣을 어사로 임명한다는 점에서 볼 때 그에 대한 선조의 신임도 두터웠음을 알 수 있다. 이 시절 그의 모습을 한 마디로 요약하면 바른말 잘하는 강직한 신하였다. 선조의 면전에서 선조의 성격적 약점을 들추어 내며 걸주桀紂 같은 임금이 될 수도 있다고 직간했던 일화가 말해 주듯이 그는 임금 앞이건 재상 앞이건 꼭 해야 할 말은 앞뒤를 가리지 않고 하는 성격이었으며, 이로 인해 관리들의 비행을 규찰하는 사헌부 장령 시절에는 전상호殿上虎라는 별명을 얻기도 하였다.

그러나 김성일은 참상관 시절 당상관 진급이 보장된 것이나 다름없는 경력을 쌓았으면서도 당상관 승급을 앞두고 뜻하지 않은 시련을 겪게 되었다. 그는 45세 때 상복을 벗고 의정부 사인舍人으로 환조還朝하여 다음해인 1583년 나주목사羅州牧使로 나가게 된다. 그로서는 처음 맡게 된 외직外職이었지만 당상관 진급을 위해 한 번은 거쳐야 하는 과정이었고, 또 정4품 사인에서 정3품 목사로 승진한 것이었으니 그로서도 크게 불만은 없는 직책이었다. 그리하여 그는 나주에 부임하여 임씨林氏 문중과 나씨羅氏 문중 사이의 오래 묵은 송사를 해결하고, 고을 내에 서원이 없는 것을 보고 김굉필, 정여창, 조광조, 이언적, 이황을 모신 대곡서원大谷書院을 창건하는 등 수령으로서의 업무를 충실히 수행하였다. 그러나 뜻하지 아니한 사직단社稷壇의 화재 사건으로 그는 3년 만에 목사 자리에서 물러나게 되었다.

원래 나주는 땅이 넓고 인구가 많은데다가 한 해를 넘기는 수령이 거의 없을 정도로 다스리기 힘들다고 알려진 고을이었다. 그런 만큼 강직한 신하가 아니면 그 직책을 수행하기 힘들다는 건의를 받아들여 선조가 특별히 김성일을 임명한 것이었다. 김성일은 선조의 생각대로 백성들을 위무하고 아전들을 엄격히 단속하면서 모든 일을 원칙대로 분명하게 처리하였다. 그리하여 그가 베푼 선정이 선조의 귀에까지 들리게 되었고, 선조는 그의 강명剛明함을 칭찬하는 조서와 함께 표리일습表裏一襲을 상으로 하사下賜하기도 하였다. 이처럼 그는 승진하여 내직으로 돌아갈 기회를 눈앞에 두고 있었으나 뜻하지 않은 화재 사고로 목사직을 물러나게 되었고, 순탄하던 벼슬길에서 첫 번째 좌절을 겪게 되었던 것이다.

노년으로 접어드는 49세에 김성일은 고향으로 돌아오게 되었는데, 이 때 그는 벼슬길에 대한 미련을 버리고 고향에서 학문과 육영에 전념하기로 뜻을 굳혔던 듯하다. 50세 되던 해(1587년)에 그는 경치 좋은 강가에 석문정사石門精舍를 짓고 외부와의 접촉을 멀리한 채 제자들과 함께 책 속에 파묻혀 지내며 이황의 문집을 출판하는 일에 전력을 기울였다.

그러나 숨가쁘게 돌아가는 정국은 김성일의 은퇴를 허락하지 않아 54세 때 그는 종부시정宗簿寺正으로 승진하여 환조하게 되고 얼마 뒤에는 봉상시정奉常寺正으로 직책을 옮기게 되었다. 비로소 그는 한 기관의 책임자로서 고위 관료의 반열에 들게 된 것이었다. 다음해에 그는 국빈國賓을 접대하는 예빈시정禮賓寺正으로 자리를 옮겨 당시 토요토미 히데요시의 명을 받고 우리 나라 사정을 정탐하러 온 현소玄蘇와 평의지平義智를 접대하는 일을 담당하였다. 이 해 12월 그는 일본통신사의 부사로 차임되어 56세에 진주晋州의 공관에서 순직하기까지 생사의 기로를 몇 차례나 넘나드는 파란만장한 만년을 맞게 된다.

　김성일이 일본 사신으로 다녀와서 임진왜란이 일어나지 않을 것이라고 정사나 서장관과는 상반된 보고를 한 일로 인해 후세에서는 당파심에 치우쳐 나라를 그르친 인물로까지 폄하되고 있다. 그는 과연 당파심 때문에 허위 보고를 하였을까? 그는 당파로 나누자면 동인에 속하겠지만 그렇다고 그를 당론에 따른 허위 보고자로 보는 시각은 잘못된 것이라 할 수 있다. 그는 일본 사행길에서 정사인 황윤길뿐만 아니라 서장관인 허성許筬과도 여러 차례 다투었다. 당시 부사인 김성일과 서장관인 허성은 대마도 국분사國分寺에서 일어난 일 때문에 사행길에서 처음으로 다투기 시작하였다. 그런데 허성은 동인의 핵심 인물인 허엽許曄의 아들이자 우성전禹性傳의 처남으로서 당연히 동인에 속하는 인물이었다.(그는 허균의 이복형이고 허난설헌의 이복오빠이기도 하다.) 따라서 김성일의 보고를 동인의 당론이라고 보는 것은 잘못된 판단이며, 김성일의 정세 판단에 동인들이 많이 동조했다면 이는 평소에 직언과 직간을 잘하는 그의 말을 황윤길이나 허성의 말보자 더 신뢰했기 때문이라고 해석해야 할 것이다.

　그렇다고 한다면 김성일은 왜 정세 판단을 그르쳐 결과적으로 허위 보고를 하게 되었는가? 토요토미 히데요시를 대단치 않은 인물로 평가하고 일본의 침략 야욕이나 능력을 과소 평가한 김성일의 보고는 사실 허위 보고라기보다는 화이론적華夷論的 세계관世界觀에 투철했던 그의 현실 인식의 한계였다. 화이론적 세계관은 중국과 조선만이 문명국이고 나머지 세계는 모두 오랑캐로 보는 것이다. 그러므로 오랑캐가 문명국을 무력으로 굴복시키는 일이 중국 역사에서는 여러 차례 되풀이되지만 이는 마치 호랑이가 인간과 싸우면 이기는 것과 마찬가지로 일시적인 것이며 아무런 의미도 없는 것으로 간주하는 것이다. 즉 오랑캐들에게는 인간을 인간답게 만드는 정신과 예의가 결여되어 있기 때문에 그들의 장점을 하찮은 재주에 불과한 것으로 보는 것이다. 그러므로 병자호란의 치욕을 당하고도 끝내 청나라를 인정하지 않으려 했던 조선 후기의 선비들이나 서양과 일본의 우세한 힘을 끝내 인정하지 않았던 조선 말엽의 위정척사파衛正斥邪派 선비들은 모두 김성일의 정신적 후계자들인 셈이다. 김성일이 역사의 죄인이라면 똑같이 현실 인식의 한계를 보였던 조선 후기의 척화파나 조선 말엽의 위정척사파들도 역사의 죄인이라고 해야 할 것이다. 그러나 병자호란 때 주화파인 최명길이나 척화파인 김상헌이 모두 충신이었고, 조선 말엽에 개화파인 신채호나 위정척사파인 최익현이 모두 충신이었듯이 김성일 역시 문충공文忠公이란 시호를 받은 충신이며 당파심으로 나라를 그르친 죄인은 아닌 것이다. 단지 원칙주의자로서 현실주의자들에 비해 상황을 인식하는 유연성이 뒤졌던 것뿐이니, 이러한 점에서 황윤길이나 허성의 현실 인식이나 정세 판단 능력을 오히려 높이 평가해야 할 것이다.

실제로 임진왜란이 발발하였을 때 김성일이 조정에 있지 않았던 것은 그에게는 큰 행운이었다. 만약 그가 그 때 내직으로 조정에 남아 있었다면 그는 선조와 당시 조정이 져야 할 책임을 혼자 뒤집어쓰지 않을 수 없었을 것이다. 당시의 조정은 파쟁과 무사안일이라는 총체적 부실 속에서 특히 국방 체제인 진관제鎭管制의 기능이 거의 마비되어 있었다. 이런 상황에서는 누군가가 임금을 대신하여 희생양이 되었어야 하는데, 허위 보고의 혐의가 있는 김성일이 당연히 그 첫 번째 대상이 되었을 것이다.

그러나 김성일은 왜군이 부산에 상륙(4월 14일)하여 임진왜란의 전단이 열리기 불과 3일 전에(4월 11일) 경상우도 병마절도사를 제수받고 조정을 떠났다. 문신인 그를 무관직인 병사로 임명한 데서 알 수 있듯이 당시의 조정은 어쩔 줄 몰라 갈팡질팡하고 있었다. 왜적의 침략이 임박했다는 정보가 속속 도래하는 가운데 무리한 전쟁 준비로 인하여 민심이반 또한 심각하였다.

병사로 부임하던 길에 충주에서 부산과 동래가 왜적에게 함락당했다는 소식을 들은 김성일은 감사나 수령은 물론이고 병사나 수사까지도 모두가 도망치기에 바쁜 와중에도 급히 본영이 있는 창원으로 향하였다. 창원의 본영에 도달하기도 전에 그는 도망치는 전 병사 조대곤曹大坤을 길 위에서 만나 병사의 인印을 인계받았다. 뒤이어 적군이 5리 밖에 도달했다는 보고를 받은 그는 수십 명밖에 안 되는 부대를 이끌고 적을 맞을 준비를 하였다. 그는 왜적과 마주치자 벌벌 떠는 병사들에게 말에 오르지 않는 자는 참하겠다고 호령하며 그들을 적진으로 돌격시켰고, 결국 적의 수급 두 개를 벤 소규모 전투였지만 임진왜란 사상 첫 번째 승전을 거두게 되었다. 이에 그는 적의 수급과 "한 번 죽어 나라에 보답하는 것이 신이 원하는 바"(一死報國臣之願)라는 내용이 적힌 장계를 군교 이숭인을 시켜 조정에 올리게 하였다. 이런 와중에서 김성일은 한 역졸로부터 자신을 체포하기 위해 금부도사가 서울을 떠났으나 중간에 길이 막혀 오지 못하고 있다는 소식을 듣게 된다. 목숨이 아까운 사람 같으면 전쟁의 혼란을 이용하여 도망쳤겠지만 이미 죽음을 각오하고 있던 그는 즉시 길을 떠나 지름길을 택하여 서울로 향하였다.

한편 군교로부터 장계와 적의 수급을 받은 선조는 장계에 적힌 일사보국 一死報國이라는 말에 진노가 다소 풀렸다. 선조는 김성일이 일사보국이라고 한 말의 진의를 근신들에게 물었고, 유성룡은 만약 김성일이 말과 행동을 달리한다면 스스로 그 책임을 지겠다고 하였다. 여기에 왕세자까지 극력 김성일을 변호하니 그를 죽이려던 선조는 도리어 그에게 초유사招諭使

라는 직책을 내리고 다시 경상도로 돌아가서 민심을 수습할 것을 명령하였다. 이러한 임금의 명을 받은 선전관이 내려왔을 때, 주위 사람들은 모두 사약을 가지고 오는 줄 알고 당황하고 울부짖기도 하였으나 이미 죽음을 각오한 김성일은 조금도 신색神色이 변하지 않았다고 한다.

이후 김성일은 명목뿐인 경상우도 관찰사가 되어 진주 일대를 수비하게 되었는데 수하에 군사가 없었기 때문에 사실상 의병을 모으고 독려하며 싸우는 데 주력하였다. 그런 가운데서도 경상감사 김수金睟와의 갈등으로 위험에 빠진 의병장 곽재우郭再祐를 구원해 주고, 진주대첩을 일궈 낸 김시민金時敏을 우병사右兵使로 승진시키는 등 건강을 돌보지 않고 독전督戰하다가 56세를 일기로 1593년 진주 공관에서 운명하였다.

4. 맺음말

임천서원은 서원으로 존속한 기간이 짧았기 때문에 서원 본래의 여러 가지 역할(강학 기능, 향촌자치 기능, 여론형성 기능, 출판 기능 등) 가운데 제향 기능을 제외한 나머지 역할은 제대로 수행할 수 없었다. 그럼에도 불구하고 임천서원이 영남의 주요 서원으로 꼽히는 이유는 김성일을 전향한 서원이라는 점 때문이었다. 김성일은 유성룡처럼 화려한 정치적 공적을 세운 것도 아니고 정구나 장현광처럼 뚜렷한 학문적 업적을 남기지도 못했다. 그러나 김성일의 생애는 그가 이황의 문하에서 배운 성리학적 삶의 자세를 우직하리 만큼 철저하게 실천해 나간 삶이라 할 수 있다.

스승의 가르침대로 성실함과 경건함이 몸에 배어 있었기에 김성일은 만년의 위기를 극복하고 사후에 문충공文忠公이라는 시호를 받을 수 있었던 것이며, 이같은 자세는 제자인 장흥효에게 그대로 전수되어 이후 300년간 영남에서 하나의 학풍으로 자리잡을 수 있었다. 김성일은 이황이나 이이, 유성룡처럼 전국적으로 알려진 인물은 아닐지 몰라도 자신의 후계자들인 퇴계학파 내에서는 절대적인 존경과 신뢰의 대상이 되었다.(병호시비는 김성일에 대한 이같은 존경과 신뢰가 유성룡과의 비교라는 잘못된 방식으로 표출된 것이다.)

　김성일—장흥효—이현일—이재—이상정—남한조南漢朝(호는 損齋)—유치명柳致明(호는 定齋)—김흥락金興洛(호는 西山)으로 이어지는 사승 관계 속에서 영남의 거유들이 끊임없이 배출된 것은 결코 우연이나 요행이 아니다. 300여 년에 걸치는 세월 동안 영남학파의 주류에 속하는 수많은 선비들이 이황과 김성일을 사숙하며 자기 학문의 세계를 구축해 왔다는 사실을 누가 부정할 수 있을 것인가? 그런 만큼 퇴계학파의 형성 과정에서 김성일이 어떻게 기여했으며 또 어떠한 영향을 후세에 남겼는가 하는 점이 앞으로 좀더 구체적으로 밝혀져야 할 것이다.

석실서원 김용헌

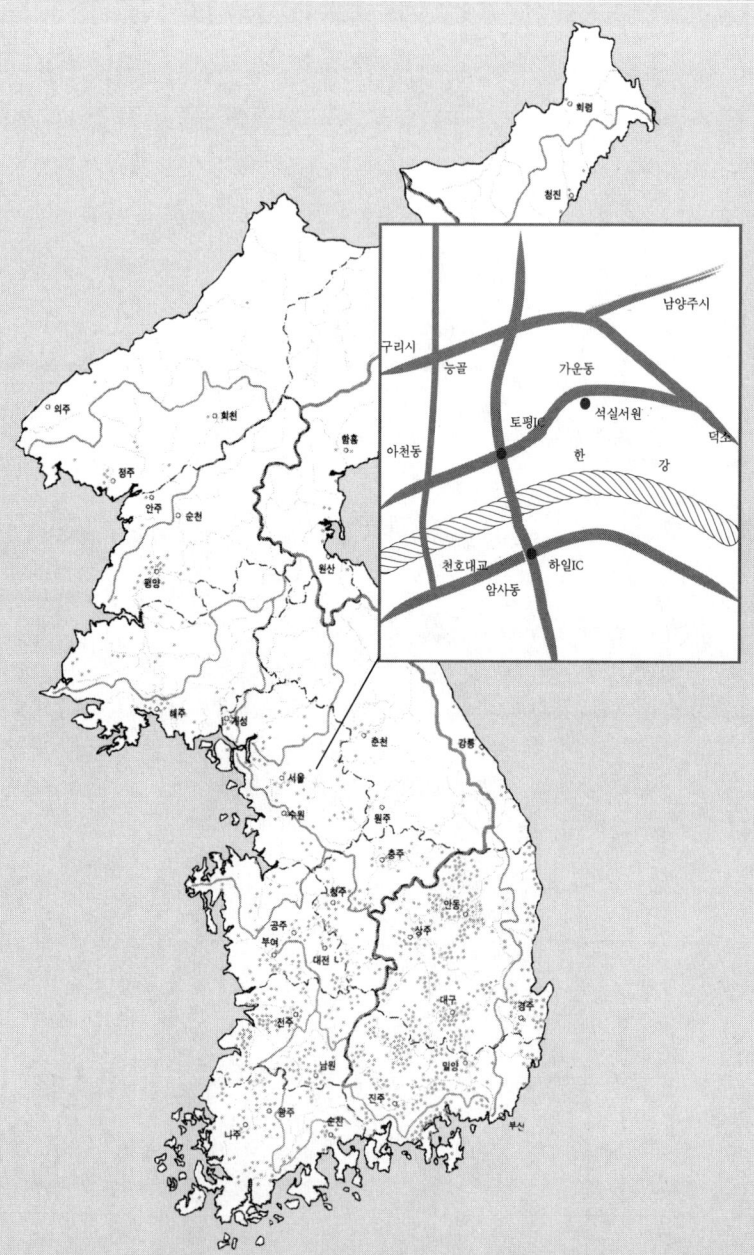

1. 석실서원 터를 찾아서

서원하면 흔히들 소수서원, 도산서원, 자운서원, 병산서원 등을 떠올리기 마련이지만, 모셔진 인물이나 드나들던 학자들의 면모로 볼 때 석실서원石室書院은 서원의 역사에서 빼놓을 수 없는 위치를 차지하고 있다. 석실서원은 조선 후기에 서울 및 그 인근을 중심으로 형성된 낙학洛學의 산실이었다. 하지만 이러한 석실서원을 기억하는 사람이 과연 몇이나 될까? 멀게는 대원군의 서원 철폐로, 가깝게는 근대화의 물결로 인해 퇴락의 길을 걸어온 서원들의 운명을 상징하듯 오늘날 그 자취는 온데간데없고 그 이름조차 희미해져 버린, 아니 그 터조차 분명하게 확인되지 않았던 석실서원을 향해 나는 지금 가고 있다.

현재의 행정구역상 경기도 남양주시 수석동 미음 1통에 자리한 우리의 목적지는 서울에서 그리 멀리 있지 않았다. 서원이라는 옛 문화의 자취, 그 고풍스러움에서 풍기는 시간적 거리 때문에 공간적 거리가 실제보다 훨씬 멀게 느껴졌으리라. 서울시의 동쪽 편에 위치한 워커힐을 지나면 한강을 오른쪽에 끼고 양평을 향해 곧게 뻗은 대로가 나온다. 이 길을 따라 차로 10분 남짓 달리다 보면 청량리에서 망우리 고개를 넘어 덕소에 이르는 6번 국도와 만나게 되는데, 우리가 가는 목적지인 석실서원 터는 그 도로를 만나기 전, '석실'이라 불리는 마을에 있다. 마을 이름이나 서원 터를 알리는 푯말 하나 쉽사리 눈에 띄지 않기에 우리는 그 도로를 몇 번이나 왕복하고서야 석실 마을로 들어가는 입구를 찾을 수 있었다.

한길에서 벗어나 겨우 차 한 대가 지나갈 수 있는 작은 언덕길을 넘으면 그곳이 바로 석실 마을이다. 마을로 들어서자 기대와는 달리, 하지만 누구나 예상할 수 있듯이 우리를 제일 먼저 맞은 것은 외래어 이름을 가진 카페와 음식점이었다. 답사를 하면서 근사한 분위기에서 마시는 커피 한 잔은 진한 커피 향만큼이나 답사의 향취를 더해 주는 것이 사실이고, 또한 돈에 대한 부담만 없다면 좋은 먹거리는 그 여정의 발걸음을 한층 가볍게 한다는 것을 부인하고 싶지는 않다. 하지만 분위기와 먹거리에 압도되어 그것만이 오래도록 기억에 남게 된다면 그 답사의 의미는 반감될 수밖에 없다는 것도 엄연한 사실이다.

서울 가까운 곳이긴 하지만 비교적 외진 동네이고 또 널리 알려지지 않은 작은 마을이었기에 한강변 여느 마을과 달리 화려하다거나 잘 정돈되었다는 느낌을 주지 않아 유흥지의 냄새가 훨씬 덜 나는 것이 그나마 위안이었다. 그러나 돌과 유리로 잘 지어진 이국풍의 건물과 사는 이 없는 듯 무너져 가는 폐가가 길 하나를 사이에 두고 공존하고 있는 모습 속에서 솔직히 현대판 양반과 쌍놈을 읽어낼 수밖에 없었다면, 그 위안이 뭐 그리 대수이겠는가. 왜 우리는 그 시절 양반 문화에 대해서는 "공자가 죽어야 나라가 산다"는 식으로 비정하리 만큼 가혹한 평가를 내리면서도, 현대판 양반 문화에 대해서는 그리도 관대한지……

언덕 아래로 눈에 띄는 것은 정면 3칸, 측면 2칸짜리의 한옥 건물이었다. 영모재永慕齋라는 이름의 건물이 혹시 석실서원과 관련이 있는 게 아닌가 하는 기대를 했으나, 알고 보니 조선 초기의 인물인 조말생趙末生을 배출한 양주 조씨의 사당이었다. 1997년에 건립되었다는 영모재 뒤쪽은 양주 조씨의 선산으로, 조말생의 묘를 비롯해서 여러 묘가 자리하고 있었다. 조말생의 묘는 본래 금곡에 있었는데 고종의 능인 홍릉이 그곳으로 결정이 되어 영모재 뒤쪽으로 이장을 했다고 하니, 이 묘역이 조성된 것은 석실서원이 훼철된 지 40여 년

석실서원지라고 새겨진 비석

이 지나서였을 것이다. 영모재 뒤 언덕이 바로 석실서원이 있던 자리인데, 영모재에서 양주 조씨 묘역으로 오르는 길 한쪽 곁에 우리말로 석실서원지라고 새겨진 화강암의 비석(1987년에 경기도에서 세움)이 세워져 있어 유일하게 이곳이 석실서원 터였음을 알려 주고 있다.

석실서원의 위치에 대해서는 의견이 엇갈리고 있으나 1998년에 남양주 문화원의 후원으로 서일대학 강경향토문화연구소에서 실시한 조사에 의하면 바로 이곳이 석실서원 터로 확인되고 있다. 와부읍 덕소 5리의 석실은 석실서원과 관련된 안동 김씨들이 대대로 살던 곳으

석실서원 묘정비

로 안동 김씨 선영은 물론 송백당유허비松柏堂遺墟碑, 도산석실려입석陶山石室閭立石 등 그 자취를 알려 주는 유물들이 남아 있다. 특히 서원의 뜰에 세워져 있어야 할 석실서원묘정비石室書院廟庭碑가 있어 그곳이 석실서원 터로 추정되기도 했지만, 그 비는 1930년대경에 그곳으로 옮겨져 왔을 뿐 본래 수석동의 영모재 입구 서쪽 끝 담장 아래에 있었다는 것이 마을 노인들의 공통된 증언이라고 한다. 아마도 서원이 철폐되고 그 자리에 양주 조씨의 묘역이 조성되자 안동 김씨들이 여러 대에 걸쳐 살았던 덕소의 석실로 옮긴 것이리라.

안동 김씨의 세도가 대원군에 의해 혁파되고 석실서원이 훼철되었을 뿐 아니라 고종의 묘지로 인해 그 서원 터 바로 뒤에 양주 조씨의 묘역이 들어섰으니 석실서원 및 그 주인이었던 안동 김씨와 대원군 부자의 관계는 악연이긴 악연이었던 모양이다. 한때 노론 학자들의 요람이었고 한 시대를

풍미하던 세도의 원천이었던 석실서원이, 이유야 어떻든 그 터마저 확인하기 쉽지 않을 정도로 퇴락해 버렸을 뿐만 아니라 확인된 터마저도 남의 묘역과 사당으로 바뀌어 버렸으니 역사의 수레바퀴는 결코 멈추는 법이 없다는 걸 새삼 느끼게 된다.

2. 석실서원의 역사

석실서원은 1656년(효종 7) 김상용金尙容(1561~1637)과 김상헌金尙憲(1570~1652) 두 형제의 충절과 학덕을 기리기 위해 세운 서원으로 1663년에 사액서원이 되었다. 그후 과도한 서원 설립의 폐단이 지적되고 있는 가운데서도 1695년에 경기 유생 이세위 등에 의해서 김수항金壽恒(1629~1689), 민정중閔鼎重(1628~1692), 이단상李端相(1628~1669)을 추가로 배향하자는 논의가 제기되었다. 그 이유는 추가 배향이 서원을 새로 설립하는 것보다 비용이 들지 않으므로 큰 폐해가 없으며, 이 세 사람의 고향이 양주임과 동시에 지업志業과 덕행이 그 시대의 모범이 되기 때문이라는 것이었다. 결

석실서원도(간송미술관 소장)

국 2년 뒤인 1697년에 이 세 사람이 추가 배향되었으며, 1710년에는 또다시 김수항의 둘째 아들이자 낙학의 종장으로 일컬어지는 김창협金昌協(1651~1708)이 추가로 배향되었다.

그러나 1723년에는 김수항의 맏아들인 김창집이 사사된 신임옥사의 여파로 김수항과 김창협 부자가 출향黜享되는 수난을 겪기도 하였다. 당시 사헌부에서 임금에게 올린 글에 따르면 역적 김창집의 아비와 그 아우를 고귀한 사당에 배향하는 것은 나라의 법을 무너뜨리고 서원을 욕되게 하는 것이며 김수항 부자는 말할 만한 절의나 학술이 없다는 것이 그들을 출향해야 하는 이유였다. 이에 대해 『경종실록』은 "김창협의 문장과 학식 역시 독립적인 서원을 따로 세울 만한 것이므로 어찌 역적의 족속이라고 하여 배향에서 내치라고 할 수 있겠는가?"라고 평하였다. 이처럼 동일한 인물이 시대 상황에 따라 상반된 평가를 받는 것은 역사에서 흔히 볼 수 있는 일인만큼, 사람에 대한 올바른 평가는 오로지 평가하는 사람의 몫이라는 생각을 해본다. 아무튼 2년 뒤인 1725년에는 김수항의 높은 덕과 우아한 인망, 그리고 김창협의 깊은 학문과 깨끗한 지조 등이 다시 거론되기에 이르렀고, 이로 인해 이들은 복향復享되었다.

그후 김창협의 동생 김창흡金昌翕(1653~1722)을 추가로 배향하자는 주장이 1760년에 처음 제기된 이래로 수십 년 동안 거듭 제기되었는데, 1853년에 이르러서는 김창흡은 물론 김원행金元行(1702~1772)과 그 아들 김이안金履安(1722~1791)을 추가 배향할 것을 청하는 상소가 있었다. 드디어 1857년 5월 10일에는 이 세 사람의 추가 배향이 결정되었고, 이어서 같은 달 23일에는 김창집金昌集(1653~1722)이, 같은 해 11월에는 김조순金祖淳(1648~1722)이 차례로 추가 배향되었다.

모두 11명에 이르는 제향 인물 가운데 민정중과 이단상을 제외하면 모두 안동 김씨였고, 더욱이 민정중과 이단상이 안동 김씨 가문과 밀접한 관계(민정중은 김창협과 사돈간이었으며 이단상은 김창협의 장인이었다)를 맺고 있었음을 감안하면, 석실서원이 안동 김씨의 사당이라는 비난을 받을 만도 하였다. 게다가 그 안동 김씨라는 것이 김상용, 김상헌 두 형제와 김상헌의 후손이었으니, 그들 가문의 입장에서는 이보다 더한 영광이 없었겠으나 이를 지켜보는 사람들의 마음이 편했을 리 없다. 이들의 학문적 수준이나 도학적 실천이 다른 서원에 모셔진 사람들에 비해 크게 부족함이 있는 것은 아니지만, 이들의 배향이 노론 정통 계열이라는 정치적 위치 및 안동 김씨의 세도라는 정치적 힘과 결코 무관하지 않았을 것이기 때문이다. 특히 몇 달 사이에 같은 가문의 사람이 5명이나 배향된 사례가 다른 서원에서도 있었는지는 알 수 없으나, 당시가 안동 김씨 세도 정치의 말기라는 것을 감안하자면 1857년의 추가 배향은 권력의 말년을 알리는 조종은 아니었을까 하는 생각도 해본다.

김상헌의 후손 중에는 왕비가 3명, 임금의 사위가 2명, 정승이 15명, 판서가 51명, 관찰사가 46명, 시호를 받은 사람이 49명이었다고 한다. 아마 이 정도면 정치적 출세라는 측면에서 조선 후기 최고의 명문가라고 하기에 충분할 것이다. 이들은 서울의 장동에 대대로 거주했기 때문에 장동 김씨로 불리기도 하지만 본래는 안동 풍산의 소산 마을에 근거를 둔 안동 김씨의 한 갈래이다. 안동 김씨는 선안동 김씨와 후안동 김씨로 나뉘는데, 이 가운데 김상헌가가 속하는 후안동 김씨는 김선평金宣平으로부터 시작되었다. 안동 지역의 토호였던 김선평은 경상북도 일대의 패권을 두고 왕건과 견훤 사이에서 벌어진 안동 전투에서 권행과 장길이라는 안동 지역의 두 토호와 더불어 왕건을 도와 그 전투를 승리로 이끌었다. 결과적으로 후삼국의 운명이 고려 쪽으로 기울어지는 데 일익을 담당했던 인물이었던 것이다.

김선평, 권행, 장길은 각기 안동 김씨, 안동 권씨, 안동 장씨의 시조가 되는데, 왕건으로부터 태사의 벼슬을 받았기 때문에 지금도 안동 지역에서는 삼태사로 널리 알려져 있을 뿐 아니라 그들의 사당도 건재해 있다. 장동 김씨의 모태가 되는 안동 김씨 소산파는 김선평의 9대손인 김삼근이 풍산의 소산 마을에 정착함으로써 시작되었는데, 김삼근의 손자로서 평양서윤을 지낸 김번金璠이 서울의 장동, 즉 지금의 궁정동에 거처를 마련한 이후 그 후손들은 안동 지역과는 일정한 거리를 두게 되었다. 김상헌이 병자호란 후에 낙향하여 머물던 소산의 청원루淸遠樓는 바로 그의 증조부 김번이 지은 집이다.

19세기 초에서 대원군이 집권하기까지의 60여 년 동안 안동 김씨의 세도는 남자를 여자로 만드는 일 외에는 못하는 일이 없다는 말이 나돌 정도였다고 하니, 그 위세가 정말 대단하긴 대단했던 모양이다. 이러한 세도 정치가 빚어 낸 온갖 병폐의 이미지가 이 서원이 정당한 평가를 받는 데 부정적으로 작용해 온 것이 분명하므로 정치적 힘과 역사적 평가는 엇갈리기 십상이라는 것이 여기서도 확인된다. 어찌 되었든 마지막 배향이 결정된 뒤 10여 년 만인 1868년에 대원군의 서원 혁파 정책에 따라 석실서원이 훼철되었으니, 그 막강한 권위로도 10년 앞을 내다보지 못한 아이러니가 서글프기까지 하다.

3. 제향 인물

1. 주향 인물

『조선왕조실록』이나 『증보문헌비고』에 따르면 석실서원은 김상용과 김상헌의 서원이다. 그러나 서원이 설립된 지 17년이 지난 1672년(현종 13)에 송시열이 쓴 '석실서원묘정비石室書院廟庭碑'에는 석실서원이 김상헌을 기리기 위한 것이고 김상용을 오른쪽에 배향하였다고 밝히고 있다. 형제간인 이 두 사람은 병자호란 때의 순절과 저항을 상징하는 대표적인 인물로 꼽히고 있으며, 바로 이 점이 서원을 설립하여 그들을 추모하게 된 결정적인 이유이다. 여기서 '석실서원묘정비'의 한 부분을 보자.

우리 석실石室 선생(김상헌)은 몸소 예의의 대종大宗을 떠맡아 이미 무너진 강상綱常을 세웠으며, 여러 사람들이 창귀倀鬼의 주장을 일삼는 것을 꺼리지 않는 것에 대해서는 또한 그렇지 않음을 분명하게 밝혔다. 그 말이 굴욕적일수록 그 기개는 더욱 당당했고 그 몸이 위태로울수록 그 도는 더욱 빛났다. 그러므로 그 혼란이 깊어질수록 그 다스림은 더욱 안정되었다. 한유가 말하기를 옛날에 맹자가 없었다면 모두 오랑캐가 되었을 것이라고 했는데, 진실로 그러하다. 선생이 돌아가시자 온 나라의 선비들이 선생의 옛집 근처 강가에 사당을 세우고, 선생의 맏형인 선원仙源 선생(김상용)도 병자호란에 임하여 도를 지켰으므로 위패를 함께 받들어 오른쪽에 배향하였다.

조선조 유학자들에게 병자호란은 그 어느 사건보다도 충격적이었음에 틀림없다. 병자호란에서의 패배, 그리고 명나라의 멸망은 조선조 선비들의 주체 의식의 확고한 기반이었던 소중화 의식을 송두리째 뒤흔든 역사적 사건이었다. 그래 봤자 너희는 오랑캐에 불과하다라든가, 언젠가는 북벌을 단행하겠다라든가, 아니면 우리가 유일한 중화 문명의 계승자이다라는 식의 그 어떤 위안도, 오랑캐에게 머리를 숙여야 했던 수모와 무릎을 꿇어야 했던 치욕을 쉽게 달랠 수는 없었을 것이다. 그것은 그 수모와 치욕을 실제로 풀어 주는 것이 아니라 관념적으로 은폐하는 것에 지나지 않기 때문이다.

사실 그 치욕스러움이 강하면 강할수록 그 치욕의 관념적 해결에 집착할 수밖에 없다. 이런 의미에서 청나라를 정벌하겠다는 북벌론과 명나라와의 의리를 지켜야 한다는 대명의리론이 적어도 지배층 사이에서 큰 호응을 얻을 수 있었던 것은 역설적으로 그만큼 치욕의 충격에서 벗어나고 있지 못함을 보여 주는 것이다. 그리고 그 충격에서 헤어나지 못하는 한, 다시 말해 청나라가 미개한 오랑캐의 나라가 아니라 중국 대륙을 장악한 현실적인 힘의 실체라는 현실을 직시하지 못하는 한, 청나라에 저항했던 사람들이 가지는 역사적 의미는 높이 평가되기 마련이다.

청 태종이 12만 군을 이끌고 압록강을 건넌 것은 병자년 12월이었다. 임경업이 지키고 있던 백마산성을 피해 곧바로 서울로 향했던 관계로 청군의 진군은 생각보다 빨랐다. 청군의 침입 소식을 전하는 장계가 서울에 전달된 것은 12일이었고, 그 다음날인 13일 오후에는 청군이 이미 평양에 도착했다는 장계가, 그리고 그 다음날에는 벌써 개성에 이르렀다는 급보가 전달되었다. 이 때 김상용은 윤방과 더불어 선왕의 신주를 받들고 세자빈 강씨, 원손 그리고 봉림대군과 인평대군을 보필하는 임무를 띠고 강화도로 피난하였다. 인조 자신도 그날 밤 강화도로 가려고 했으나 청군이 이미 강화도로 가는 길목을 차단하고 있다는 보고 때문에 남한산성으로 피신하였다.

당시 남한산성에 모인 총병력은 1만 3천, 그리고 약 50일간 버틸 수 있는 식량이 있었다. 반면에 청군은 16일 남한산성에 도착한 이후 군사를 20만으로 증강하여 조선군을 압박하였다. 이러한 대치 상황에서 강화도는 함락되었고, 남문이 돌파될 때 김상용은 남문루를 불사르고 그 속에 몸을 던져 죽었으며 권순장, 김익겸, 이돈오 등도 그의 뒤를 따랐다. 이 때 죽거나 죽임을 당한 사람이 어디 이들뿐이겠는가? 이와 반대로 살아 남아 두고두고 회자되는 경우도 있으니, 윤선거의 경우가 그러했다. 윤선거는 강화도에서 작은아버지 윤전과 부인 이씨를 함께 잃는 아픔을 겪었음에도 불구하고 권순장, 김익겸 등과 죽음을 함께하자는 약속을 지키지 못하고 살아 남았기 때문에 훗날 의리의 배반자라는 비난을 감내해야 했으니, 어찌 보면 그 역시 병자호란의 피해자인 셈이다. 아무튼 어떤 이유에서든 스스로 목숨을 버리는 일은 결코 쉬운 일이 아니므로, 순절에 앞장섰던 김상용은 의리 정신의 표본으로서 추앙받을 만하다.

강화도가 함락되자 남한산성에 있던 인조는 반대 의견이 있음에도 불구하고 항복을 하지 않을 수 없는 처지였다. 당시 예조판서로서 일관되게 결사 항전을 주장했던 김상헌은 최명길이 쓴 항복 문서를 통곡과 함께 찢어

버리고는, 인조에게 말하기를 "임금과 신하는 마땅히 맹세하고 죽음으로써 성을 지켜야 합니다. 그래야만 만일 지키지 못하더라도 죽어서 선왕을 뵙기에 부끄러움이 없을 것입니다"라고 하였다. 그후 그는 6일 동안 음식을 먹지 않았으며, 또 집안 사람들에게 발견되어 미수에 그치긴 했지만 목을 매 자살을 기도하기까지 하였다. 인조가 성을 내려간 후 그는 안동의 학가산 아래로 돌아가 깊은 골짜기에 목석헌木石軒이라는 이름의 초가를 지어 숨어 살았는데, '목석' 이라는 이름에서 세상의 일을 잊고 싶어했을 그의 심정이 느껴진다. 몇 년 후 그는 청나라가 명나라를 공격하기 위해 조선에게 요구한 출병에 반대하는 상소를 올렸다가 청나라 심양으로 압송되어 그 치욕의 땅에서 6년 동안 갇혀 지내야 하는 고난을 겪기도 하였다. 그 유명한 시조, "가노라 삼각산아 다시 보자 한강수야. 고국산천을 떠나고자 하랴마는, 시절이 하수상하니 올동말동 하여라"는 김상헌이 고국을 떠나는 비통한 심정을 달래면서 읊은 노래이다.

20만의 적군에 의해 포위된 채 눈 덮인 한겨울을 나고 있는 남한산성은 그야말로 고립무원의 땅이었다. 강화도는 이미 적의 수중에 떨어졌고, 비

청원루 앞에 있는 시조비

축된 식량이 점차 바닥을 드러냄에 따라 군사들의 사기도 떨어져 갔다. 이러한 악조건에서 나온 화의론이 과연 무조건 매도되어야만 할까? 적어도 개인의 안위를 위해 나온 화의론이 아니라면, 오히려 우리 민족의 괴멸을 막은 현실론으로 평가될 여지가 충분히 있다. 이러한 관점에서 보자면 항복 문서를 찢어 버린 김상헌의 선택보다는 찢겨진 종이 조각을 다시 짜 맞추던 최명길의 선택이 더 현명했을지도 모른다. 어쩌면 항복 문서를 기초했던 최명길이나, 인조가 청태종에게 세 번 절하고 아홉 번 머리를 조아리는 항복의 의식을 치렀던 굴욕의 현장인 삼전도에 세운 대청황제공덕비의 비문을 지을 수밖에 없었던 이경석은, 김상헌이나 훗날 이경석의 처사를 격렬하게 비난했던 송시열의 올곧음을 드러내기 위해 떠맡았던 악역은 아니었을까? 하지만 역사의 평가는 현실론자보다는 이상론자에게, 그리고 온건론자보다는 강경론자에게 관대했고, 그만큼 현실론자와 온건론자에 대한 평가가 야박했던 것도 사실이다. 아마도 역사 평가라는 것 자체가 현실이 아니고 관념 속의 일이기 때문일 것이다.

17세기 조선조 유학자들에게 김상헌과 김상용 두 형제가 갖는 역사적 의미는 바로 오랑캐에 대한 저항, 그리고 그 결과로서 겪어야 했던 고난과 순절에 있었다. 청나라와의 항전을 주장하다 그에 대한 책임으로 청나라에 압송되었으나, 끝내 그들의 회유와 압박에도 굴하지 않고 형장의 이슬로 사라졌던 삼학사(홍익한·윤집·오달제), 그리고 "무릎을 꿇고 사는 것보다는 올바름을 지키다 나라를 위해 죽는 것이 낫다"며 화의를 반대하다 자결을 시도했고 이에 실패한 후 금원산에 들어가 삶을 마감했던 정온 등이 갖는 역사적 의미도 마찬가지이다. 어디 이들뿐이겠는가? 나라가 위기에 처할 때마다 온몸을 던져 나라를 지켜 냈고 민족의 자존심이 구겨질 때마다 목숨을 바쳐 민족의 상처를 어루만져 주었던 사람들이 우리 역사에는 수없이 많았다. 오늘날 우리 민족의 정체성과 자존심이 확보되고 있는 것은 현실의 실리에 안주하는 길을 택하기보다는 자신의 신념을 위해 고난의 길을 택했던 사람들의 고집스러움이 있었기에 가능한 것이다.

　약삭빠른 처세가 너무나 당연해 보이는 요즘의 가치 기준에서 보아도 극한 상황에서 현실과 타협하지 않고 대의를 지켜 냈던 그 분신의 용기와 비타협적 저항이 갖는 가치는 결코 작지 않다. 이유야 어떻든 마지막까지 버티다 뒤늦게 완전 백기를 들어 I.M.F 구제금융을 신청하고, 그 결과 무수한 노동자들이 구조 조정의 미명 아래 희생된 우리의 처지와 미국 주도의 세계 자본주의 체제에 맞서 눈물겹도록 경제 주권을 사수하고 있는 말레이시아를 보고 있노라면, 백기 투항만이 능사가 아니라는 걸 깨닫게 되는 동시에 약소 민족에게는 결코 용서란 것이 없는 냉혹한 현실 역사의 반복에 가슴이 서늘하다. 아무리 붉은 페인트가 든 달걀을 맞거나 법정과 청문회 석상에 서는 수모를 겪었다고 하더라도, 또 수십 년 동안 문어발 식으로 확장해 온 재벌이 해체되는 고통을 당했다고 하더라도 그 수모와 고통의 무게가 일자리를 잃고 거리로 나앉은 사람들이 겪어야 하는 절망의 깊이만 하겠는가?

　병자호란의 경우도 마찬가지였다. 난이 끝난 후 청나라로 끌려간 사람들이 최소한 10만은 넘었다니, 이 땅의 민초들이 겪어야 했을 온갖 고초는 짐작이 되고도 남는다. 그렇다면 대의를 지키고자 했던 그들의 결단은 무엇으로도 보상되지 않는 백성들의 시련에 대한 최소한의 양심과 예의는 아니었을까? 여기서 우리는 운전자의 과실이 모두 승객의 상해로 전가되듯이 정치가의 잘못은 고스란히 국민들의 고통으로 전가된다는 또 하나의 교훈을 얻게 된다.

　　ㄹ. 배향 인물

　설립 당시 김상용, 김상헌 두 형제를 모셨던 석실서원은 1697년(숙종 23)에 이르러 김수항, 민정중, 이단상의 배향이 결정되었다. 김수항은 김상헌의 손자이며, 민정중은 인현왕후의 아버지인 민유중과 형제간이다. 그리고 이단상은 대제학 이명한의 아들이자 좌의정 이정구의 손자였다. 이만하면 가히 명문가의 후예라고 할 수 있다. 그뿐만 아니라 이들은 그 스스로도 높은 지위를 누린 인물들이었다. 김수항은 문장으로도 이름이 나 있었지만, 34세의 나이로 일약 예조판서로 발탁되고 44세 때에는 우의정, 이어서 좌의정과 영의정에 오르는 등 일찍부터 정치권에서 두각을 나타냈던 인물이다. 민정중 역시 송시열의 문인으로서 좌의정까지 올랐다. 다만 이단상은 이 두 사람보다 이른 시기인 1649년(인조 27)에 문과 급제를 하였으나, 41년이라는 비교적 짧은 생애로 인해 이들만큼 높은 벼슬에 오르지는 못했으며, 말년에는 스스로 벼슬을 내놓고 낙향하여 양주 동강에서 지냈다.

어찌 되었든 붕당정치 시대의 한가운데를 현실 정치가로서 살다 간 그들로서는 17세기의 정치적 굴곡, 특히 숙종대에 숨가쁘게 이어졌던 환국의 정치에서 자유로울 수 없었고, 따라서 그들의 정치적 부침도 누구 못지않게 컸다. 이들의 정치적 행로가 서인에서 노론으로 이어지는 정치적 주류의 물길을 탔다고는 하나, 삭탈 관직이나 유배와 같은 정치적 시련을 겪지 않을 수 없었으며, 끝내는 목숨을 바치기까지 하였다. 드라마 소재로도 자주 등장하는 기사환국은 장희빈으로 널리 알려져 있는 소의 장씨가 아들을 낳자 숙종이 그 아들을 원자로 삼고 장씨를 희빈에 봉하는 데서 시작되었다. 이에 대해 서인들이 격렬하게 반대하자 숙종은 환국을 단행하여 남인 정권을 세우게 되었던 것이다. 그 결과 김익훈 등은 참형에 처해졌으며, 송시열, 김수흥, 김수항 등은 유배를 갔다가 곧 사사되었다. 이 때 민정중도 관직을 삭탈당하고 벽동에 유배되었는데, 그는 결국 그곳에서 생을 마감하였다. 그러나 이들의 정치적 운명이 죽음으로써 끝난 것은 아니었다. 이들은 갑술환국을 계기로 정치적 복권이 이루어지기도 했고 신임옥사의 여파로 서원에서 위패가 철거되는 수모를 당하기도 했으니, 조선조의 정치적 갈등과 대립은 당대는 물론 죽음 이후에도 지속되는 집요함이 있었다.

갑술환국으로 남인이 실세하자 정치적 대립 구도는 노론과 남인에서 노론과 소론으로 바뀌게 되었다. 이 대립의 주 전선은 장희빈 소생인 경종에 대한 지지와 연잉군(훗날의 영조)에 대한 지지 사이에 형성되었다. 노론이 정권을 잡고 있는 상황에서 왕위에 오른 경종은 즉위한 지 얼마 되지 않아 노론의 주장에 따라 연잉군을 세제世弟로 책봉하였다. 그런데 노론의 주장은 병약하다는 이유를 들어 세제에 의한 대리청정을 주장하는 데까지 나아갔고, 이는 궁극적으로 왕권을 넘기라는 협박이기도 하였다. 무모하기까지 한 이러한 주장은 곧 소론의 반격을 받았고, 그 결과 이 일을 주도했던 이른바 노론 사대신인 김창집, 이건명, 이이명, 조태채 등은 유배되었다가 끝내는 처형되었다. 이것이 신임옥사이다. 1710년(숙종 36) 김수항의 둘째 아들이자 김창집의 동생인 김창협이 석실서원에 추가로 배향되었으나, 1723년(경종 3)에 김수항과 더불어 그의 배향이 철거되었던 것은 바로 이러한 정치적 배경 때문이었다.

김창협과 김창흡은 철학과 문학 두 측면에서 당대 및 그 이후의 경화학계(서울 및 그 인근 지방)를 선도했던 걸출한 학자이자 문장가였다. 이들은 이이에서 김장생을 거쳐 송시열로 이어지는 율곡학파를 학문적·정치적 배경으로 하고 있었고, 한평생 송시열에 대한 깊은 존경의 마음을 가지고 있었으나 송시열의 직접적인 제자는 아니었다. 학문적 기반이 닦여 가던 10대 후반에 이 두 형제가 직접 배웠던 스승은 김창협의 장인이기도 한 이단상이었으며, 선배 학자인 조성기와 임영 등으로부터 영향을 받기도 하였다. 김상헌, 김수항에게서 보이듯이 철학 이론보다는 문학에 치우쳤던 이들 형제의 가학적 전통을 감안한다면 이들 가문이 송시열과 그의 정치적 노선에 충실했던 율곡학파의 본류, 즉 서인 및 노론, 그 중에서도 탕평을 반대했던 노론 강경파(淸論)의 입장을 견지하면서도 학문적으로는 어느 정도 거리를 둘 수 있었던 배경을 이해할 수 있게 된다.

낙학파로 불리는 18세기 경화학계의 정신적 지주였던 김창협은 이이의 철학 이론을 근간으로 하면서도 이이의 이론을 묵수하기보다는 비판, 극복하고 동시에 이황의 이론을 차용하면서 독특한 이론 체계를 세우는 데 성공하였다. 그는 실제로 움직이는 것은 기이고 리는 그것을 타고 있다고 보는 점에서 이이의 기발일도설氣發一途說을 바탕으로 하고 있고, 사단과 칠정을 주리主理와 주기主氣로 나누어 이해한다는 점에서는 이황의 사단칠정설을 수용하고 있었다. 이 때문에 그는 흔히 조성기, 임영 등과 더불어 절충파로 분류되며, 단조롭게 느껴지는 조선조 주자학계에 이론적 다채로움과 탄력성을 부여하는 데 일조를 했다는 점에서 긍정적인 평가를 받을 만하다.

아울러 김창협과 김창흡의 철학 이론에서 꼭 짚고 넘어가야 하는 것은, 사람과 사물의 본성이 같은지 다른지를 둘러싸고 벌어진 인물성동이 논쟁에서 그 본성이 같다는 동론의 입장을 취함으로써 낙학의 기본 입장으로 굳어지게 되었다는 점이다. 더욱이 송시열의 충실한 계승자로 꼽히는 권상하, 한원진 등 충청도 지역의 호학파가 견지했던 인물성 이론이 화이론 및 북벌론의 이론적 근거로 해석되면서 이와 대조되는 동론이 북학론의 이론적 근거로까지 이해되고 있는 실정임을 감안하면, 이들의 인물성론은 단순한 이론적 천착에 머문 것이 아니라 사회적 실천과 밀접한 관련이 있었다는 적극적 의미를 갖는다.

한편 김창협과 김창흡의 문학관을 살펴보면 형식에 치우친 의고풍의 문학에 대한 비판이 두드러짐을 알 수 있다. 이들의 기본적인 문학관은 규격화된 형식보다는 성정性情의 참된 상태를 제대로 표현하는 것을 창작의 바람직한 태도로 보는 것이었다. 그리고 이들은 산수의 묘사에서도 산수에 대한 직접적인 체험과 사실적 묘사를 강조하였다. 특히 김창흡은 우리 나라 산천의 아름다움을 노래한 진경시문학의 선두주자로 꼽히는데, 이러한 창작 태도는 전통적인 중국 화법의 모방에서 벗어나 조선의 산수를 그린 이른바 진경산수화와 맥이 닿아 있다. 오죽했으면 김창흡의 시와 정선의 그림만 있으면 금강산을 직접 유람하는 것과 같다는 평가가 나왔겠는가? 다만 이들의 문학관이 인간의 본능과 감정을 아무 거리낌 없이 표현해 내는 것을 용납하는 것은 결코 아니었으며, 이들이 말하는 성정이라는 것도 절제와 수양을 기반으로 한 주자학적 성정이기에 산수 역시 심성 수양의 도구라는 도학적 산수관에서 벗어나지 않았다는 것을 잊지 말아야겠다. 어쨌든 김창협과 김창흡, 두 형제의 철학과 문학은 18세기 조선 경화학계에 새로운 바람을 일으켰던 것만은 분명한 사실이다.

김원행은 김창집의 친손자이자 김창흡의 양손자였다. 김원행은 일찍부터 김창흡에게서 배웠고, 자라서는 이재의 문하에서 공부를 하였다. 그리하여 흔히 낙학의 학맥을 김창협에서 시작되어 이재를 거쳐 김원행에 이르는 것으로 보고 있는 것이다. 김원행은 여러 차례 벼슬이 내려지는 등 정계의 유혹에도 불구하고 끝내 벼슬을 마다하고 석실서원에 머물면서 한평생을 학문과 후진 양성에 매진하였는데, 그 결과 100여 명에 이르는 많은 학자들이 그의 문하에서 탄생할 수 있었다. 그리하여 그는 6촌 동생이자 김창업의 손자인 김양행과 더불어 산림학자로서 노론정파와 노론학계를 이끌어 가는 경화학계의 중심 인물이 되었다. 물론 그가 관직에 직접 나아가길 거부한 것은 신임의리의 문제가 만족스러울 정도로 해결되지 않았기 때문이었다.

영조가 즉위하면서 노론 사대신에 대한 관작 복구가 이루어지긴 했지만, 일시적으로 소론 정국이 되는 등 탕평정국 하에서 신임옥사의 문제는 노론 강경파의 뜻대로만 해결되지 않았다. 김창집과 이이명의 관직은 영조 16년에 와서 뒤늦게 복권되었지만, 이것에 대해서도 김원행은 신임의리의 시비를 명확하게 하지 않았다는 불만을 보였다. 어찌 되었든 그가 관직에 나가지 않았기 때문에 많은 문하생들을 거느릴 수 있었다는 것만은 학문의 축적이라는 측면에서 다행스러운 일이었다고 할 수 있다.

김조순은 김창집의 현손이다. 정조 대에 이르러 청론사류가 시파와 벽파로 분리되자 김창협의 가문은 정조의 탕평에 긍정적인 동시에, 다른 정파에 대해 상대적으로 유화적이었던 시파의 입장을 가졌다. 김조순의 당숙인 김이소가 영의정을 지내는 등 노론시파의 영수였다는 데서 잘 드러나듯이, 김조순의 관계 진출은 이러한 가문의 변화와 관계가 있다. 또 정조는 김조순의 이름을 낙순洛淳에서 조순으로 고쳐 주고 풍고楓皐라는 호를 지어 줄 정도로 그를 일찍부터 총애하였는데, 이 때문에 그는 정조의 친위 관료로서 착실하게 성장할 수 있었다. 이는 친위 관료를 양성하여 독자 세력을 키우려는 정조의 목적과 그의 가문적 배경이 맞아떨어졌기 때문이라고 보아야 할 것이다. 아무튼 그는 청나라를 직접 다녀온다거나 규장각을 통해 청나라의 서적과 문물을 접할 수 있었고, 이는 자연스럽게 그의 학문과 문풍을 새로운 방향으로 이끌었다. 결국 그는 박지원을 비롯해 남공철, 이상황, 심상규 등과 더불어 문체반정의 대상자로 지목되기도 하였다.

하지만 정조는 말년에 김조순의 딸을 세자빈으로 내정함으로써 안동(장동) 김씨 일문이 순조·헌종·철종 삼대에 걸쳐 왕비를 배출하게 되는 서막을 열었고, 이는 결국 60여 년 동안의 세도정치의 시작이었다. 외척 가문이 권력을 마음대로 주무르면서 자유로운 권력 교체를 봉쇄한 채 온갖 폐해를 야기했던 세도정치는 서구 열강의 동진 정책에 효과적으로 대응하지 못했고, 끝내는 망국의 원흉이라는 멍에를 짊어져야 했다. 특히 철종의 장인이었던 김문근이 정권을 뒤흔들며 그의 조카들인 병학, 병국, 병기 등이 요직을 장악하고 있던 상황에서 김창흡, 김원행, 김이안, 김창집, 김조순 등 5명을 1년 사이에 석실서원에 추가 배향했다는 것은 오히려 그 선조들을 세도정치라는 진흙탕에 끌어들이는 처사였다고 하지 않을 수 없다. 물론 조선조 500년 동안 정치판이 언제 진흙탕이 아니었던 적이 있었느냐고 반문한다면 선뜻 준비된 대답을 내놓기는 어렵지만 말이다. 그러나 분명한 것은 석실서원의 주향자인 김상용과 김상헌의 순절과 저항의 그 고결한 뜻이 결코 세도정치에 있지 않았다는 것이다.

오늘날 우리는 박정희 기념관을 세우자는 운동을 지켜봐야 하고 김구 기념관 건립의 발기인에 전두환과 노태우가 들어 있는 것을 수용해야 하는 처지에 있다. 아마도 전두환 기념관, 노태우 기념관을 볼 날도 멀지 않았다는 불길한 예감도 막을 수 없다. 뭔가 뒤틀려도 단단히 뒤틀리지 않고서야 이럴 수 있는가? 역사의 경고를 무시하는 사람들의 그 우울한 미래를 미리 생각한다는 것은 그 우울함만큼이나 썩 유쾌한 일이 아니다.

4. 공부했던 학자들

1. 정통 주자학자들

석실서원을 출입한 사람들은 우선 김창협, 김창흡과 같은 안동 김씨가의 학자들이다. 김창협만 하더라도 이곳 미음에 기거할 때 서원을 왕래하면서 강학을 하였는데, 많은 학생들이 모여들었다고 한다. 또한 김창흡도 석실서원을 노래한 시 세 편을 남기고 있다. 이 두 형제의 문하에서 수많은 학자들이 배출되었음은 물론인데, 그렇다고 이들이 석실서원에 상주했던 것은 아니었다. 이런 측면에서 보자면 석실서원의 전성 시대는 아무래도 김원행이 원장으로 있던 시기로 보아야 할 것이다.

김원행은 낙학의 정통 계보를 잇는 학자로서 낙학의 정점에 이르렀다고 할 수 있을 만큼 낙학의 핵심 인물이었다. 그는 김창협의 형인 김창집의 친손자이자 김창협의 양손자로서 그가 지키고 있던 석실서원은 당시 낙학의 요람이었다. 『조선유현연원도』에는 이곳에서 김원행에게 배운 제자의 이름이 95명이나 거론되고 있는데, 그 규모가 클 뿐만 아니라 거론되고 있는 학자들 하나하나가 당대 일급의 학자라고 할 수 있는 인물들이다. 신임사화 이후 평생 동안 서울과 주요 지방 관청이 있는 18개 도시에 발을 들여놓지 않을 정도로 자신의 정치적 소신을 굽히길 거부하고 산림처사의 길을 걸었던 김원행에게서 때로는 정치보다 교육이 훨씬 더 중요할 수 있음을 실감하게 된다.

김원행의 문하에서 배출된 대표적인 학자로는 김이안, 심정진沈定鎭(1725~1786), 오윤상吳允常, 황윤석黃胤錫(1729~1791), 홍대용洪大容(1731~1783), 박윤원朴胤源(1734~1799) 등이 있다. 정통 주자학의 측면에서는 오윤상의 학문이 그의 동생인 오희상吳熙常(1763~1833)에게로 계승되었으며, 박윤원의 문하에서는 홍직필洪直弼(1776~1852)이 배출되었다. 그리고 오희상의 학문은 유신환兪莘煥(1801~1859)을 거쳐 서응순徐應淳(1824~1880)으로 이어졌으며, 홍직필의 학문은 임헌회任憲晦(1811~1876)를 거쳐 전우田愚(1811~1922) 등으로 이어졌다. 이렇게 보면 18세기 말에서 19세기 중엽에 이르는 동안 서울 주변에 거주함과 동시에 당시의 권력층과 밀착하면서 산림山林의 지위를 유지해 나갔던 노론 계열의 정통 주자학자들은 그 학문적 계보가 가깝게는 김원행으로 멀게는 김창협으로 소급되는 셈이다.

이와 같은 정통 주자학자들이 배출될 수 있었던 것은 석실서원의 교육 내용으로 볼 때 당연한 것이었다. 서원의 입학 자격을 보면 나이나 귀천을 막론하고 독서와 공부에 뜻이 있는 사람은 누구나 입학할 수 있었다. 하지만 과거 공부를 하고 싶은 사람은 다른 곳으로 가서 해야 한다는 조항은 서원에서의 공부 내용이 과거를 위한 공부와 구별되는 것임을 말해 주는 것이다. 서원에 입학한 후에는 엄격하고 절제된 생활 및 학습 태도가 요구되었는데, 몸가짐을 바로 하지 않고 언동을 삼가지 않아 유학자의 기풍을 욕되게 한 사람은 서원에서 나가야 했다.

서원에서의 하루 일과는 새벽에 일어나 침구를 정리하고 청소를 한 후, 세수를 하고 의관을 입는 것으로부터 시작된다. 동틀 무렵에는 모두 예복을 입고 사당의 뜰에서 재배를 하고, 바깥뜰에 나아가 동서로 나뉘어서 선 채로 마주 보고 인사를 한 후 재실로 물러간다. 독서를 할 때는 몸가짐을 가지런히 하고 똑바로 앉아 마음을 오로지 하고 뜻을 다하여 의미를 이해하는 데에 힘써야 하며 돌아보고 이야기를 나누어서는 안 되었다. 이와 같이 서원의 공부는 엄격한 절제를 요구하였다. 더군다나 서원에서는 성인의 책이나 성리학 책이 아니면 읽어서는 안 된다는 항목이 있는데, 이는 서원의 학문 풍토가 주자학 중심이었음을 알 수 있다. 그것은 공부(講學)의 차례가 『소학』을 먼저 하고, 이어서 『대학』과 『대학혹문』, 『논어』, 『맹자』, 『중용』, 『심경』, 『근사록』의 차례로 한 후 여러 경전을 공부했다는 데서도 확인된다.

ㄹ. 새로운 학풍의 학자들

이처럼 직·간접적으로 석실서원과 연계된 사람들 가운데 뛰어난 학자들이 많았음을 알 수 있는데, 여기서 특히 주목되는 것은 그들의 학문이 일률적이지 않았다는 점이다. 황윤석이나 홍대용의 경우에는, 명물도수지학 名物度數之學이라고 일컬어지는 자연학에 깊은 관심을 보임으로써 일반 주자학자들과는 다른 모습을 보였다. 특히 홍대용은 29세 때 과학기술자 나경적을 만나 그 이듬해에 그를 초청하여 자명종 등의 기계 제작에 착수하는 등 일찍부터 기계 제작에 깊은 관심을 보였다. 그리하여 홍대용은 32세 때에 충청도 천원군에 두 대의 혼천의와 자명종을 갖춘 농수각이라는 이름의 사설 천문대를 설치하기도 하였다. 과학기술에 대한 홍대용의 관심은 그의 청나라 여행과 맞물리면서 더욱 증폭되었고, 그 결과 그의 철학이 주자 철학으로부터 벗어나는 것이 가능하게 되었다.

홍대용이 석실서원의 김원행의 문하에 든 것은 12세 때였다. 그러나 그는 실학자 또는 북학파 학자로 규정되듯이 도학의 산실인 서원의 학문적 분위기와는 썩 어울리지 않았다. 그리하여 그는 스승인 김원행과 견해의 차이를 보이기도 했는데, 송시열과 윤증의 반목에 대한 평가가 바로 그것이었다. 잘 알려져 있듯이 송시열과 윤증의 갈등은 결국 노론과 소론의 분

화라는 정치적 사건으로 비화되었기 때문에 노론측에서 보자면 신임옥사는 궁극적으로 그 책임이 윤증에게까지 소급된다. 그런 윤증의 문집을 우연히 얻어 보고 그것에 빠져들었던 홍대용이 "송시열이 참으로 의심스럽고 윤증이 혹 용서받을 수 있지 않은가"라든가 신임옥사에 대해서도 "저쪽(소론)이 반역임은 사실이나 이쪽 또한 죄가 없지 않다"라는 말을 했으니, 신임옥사에 대한 일 처리를 두고 관직의 뜻을 접었던 김원행이 화가 나도 단단히 났을 것은 불을 보듯 뻔한 일이다. 논쟁 끝에 김원행은 결국 "자네 마음대로 하게!"라고 홍대용에게 으름장을 놓았지만, 홍대용은 "의심을 품고 얼버무려 두기보다는 자세히 묻고 분별하기를 구하는 것이 나을 것입니다"라며 끝끝내 자신이 할 말을 다하였다고 한다. 그 스승에 그 제자라고나 할까. 홍대용의 나이 21세 때의 일이었으니 한창 젊은 혈기에 차 있을 나이였다.

홍대용의 소신은 다음의 일화에서도 발견된다. 김원행이 벼슬에 나가지 않았음은 물론, 서울에 발을 들여놓지도 않았다는 것은 앞에서도 말했거니와 그의 이러한 산림처사적 실천은 후학의 모범이 되기에 충분했다. 그러던 그가 서울 가까운 곳에서 열린 홍문관 제학 이의철의 아들 성인식에 주례로 참석한 일이 있었다. 이의철이 그와 이재 선생 문하에서 동문 수학하던 사이였기에 김원행은 참석을 흔쾌히 수락했던 것으로 보인다. 그런데 이에 대해 홍대용은 산림처사가 높은 벼슬에 있는, 그것도 문장이나 덕이 있지도 않은 사람과 사귄다는 것은 아무리 동문 수학한 사이라고 해도 평소의 의리에 맞지 않는다고 비판하였다. "지금 세상에 태어나서 옛 도를 행하려 하면서, 산에 들되 깊이 들지 않고 숲에 들되 깊이 들지 않는다면, 크게는 몸을 위태롭게 하고 집안을 망칠 것이고 작게는 성냄을 당하고 원망을 맺을 것입니다"라는 것이 바로 그의 주장이었다. 제자의 이 추상과도 같은 비판은 타인의 모범이 되어야 하는 스승의 길, 그것도 지조를 지켜야 하는 참다운 지식인(선비)의 길이 얼마나 험난한 것인지를 되새기게 한다.

홍대용과 평생의 지기였던 박지원도 석실서원으로 김원행을 찾아온 적이 있으며, 김원행은 그를 장래가 촉망되는 뛰어난 인물로 평가하였다. 더욱이 박지원의 집안 어른이었던 박윤원은 석실서원이 배출한 대표적인 학자였고, 일찍부터 함께 어울리면서 절이나 강가에서 독서했다는 김이소는 김창집의 종손이었다. 홍대용과 박지원이 만나면 언제나 풍류가 넘쳐났는데, 이들과 자주 어울린 인물 가운데에는 김창집의 아들 김용겸이 있었다. 이와 같은 관계를 감안하면 박지원과 석실서원의 관계도 남달랐다고 할 수 있다.

한편 호남 출신으로서 서학에 조예가 있었던 황윤석도 석실서원을 자주 출입했으며, 이곳에서 그는 홍대용 등과 서학서를 돌려가며 읽는 등의 교유를 통해 자신의 학문을 성숙시켜 나갔다. 또 홍대용과 각별하게 지냈던 김이안은 홍대용의 농수각을 직접 보고 「농수각기」를 썼는데, 이 글 속에는 석실서원에서 『서경』의 선기옥형(천문 관측 기구)의 글을 같이 읽고 과학적 지식을 논하던 때로부터 오늘의 성과를 회고하고 있다. 이로 미루어 볼 때 이 두 사람은 석실서원 시절에 과학적 지식에 대한 관심을 공유했던 것으로 추측된다.

황윤석 역시 보통의 도학자들과는 달리 천문, 역법, 지리학 등 자연학에 남다른 관심을 가졌던 인물이었다. 전라도 흥덕의 한 유학자 집안에서 태어난 그가 김원행을 처음 만난 것은 28세 때였으며, 3년 후인 31세 때부터는 정식으로 입문하여 제자가 되었다. 이 당시 석실서원에서는 상수학 및 자연학에 대한 관심이 폭넓게 형성되었던 것으로 보인다. 이러한 분위기는 김창협의 장인이자 스승이었던 이단상에게까지 거슬러올라가게 되는데, 이단상은 가까이에 혼천의를 설치해 놓고 관측하기를 즐겨했으며 그 원리에 대해서도 조예가 깊었다고 한다. 아마도 상대적으로 청나라 문물을 쉽게 접할 수 있었던 서울 지역의 명문가와 연계된 배경이 이들로 하여금 그러한 관심을 고조시켰을 것이다.

이 가운데 주목해야 할 인물이 김석문金錫文(1658~1735)이다. 그는 석실서원과 직접적인 관련이 있는 인물은 아니었지만 서양의 과학적 성과에 힘입어 홍대용보다 수십 년 앞서 지구자전설을 바탕으로 한 새로운 우주설을 주창한 선진적인 과학사상가였다. 김창흡뿐만 아니라 이단상의 아들인 이희조는 김석문의 『역학이십사도해』가 옛사람들이 드러내지 못한 것을 밝혔으며 천고의 잘못을 한번에 씻어 버렸다고 평가하는 등 김석문과 밀접한 교류를 유지하였다. 김원행 역시 김석문의 상수학을 크게 인정하면서 여러 문인들에게 상수학 연구를 장려하기도 하였다. 또한 황윤석은 김석문의 상수학에 큰 영향을 받았음을 실토했을 뿐만 아니라 나이가 어려 직접 만나 뵐 기회를 갖지 못한 것을 한탄하기까지 하였다. 홍대용도 김석문의 영향을 받았음은 자명하다. 한편 황윤석이 홍대용으로부터 서양의 과학서를 빌려 읽은 것도 확인된 사실이다. 그리고 1772년 이 두 사람은 김원행을 모시고 염영서가 만든 자명종을 구경하기 위해 홍양으로 갔으며, 1776년에도 두 사람은 만나 율력과 상수의 설에 대해 토론하였다. 아마도 상수학과 자연학에 대해 깊은 관심을 가졌던 이 두 사람은 이 방면에 대한 연구에서 의기투합했을 것이다.

　이상으로 볼 때 석실서원은 김상용, 김상헌의 의리 정신을 기리기 위해 건립된 서원이며, 과거 공부 대신 『소학』을 강조하는 등 심성수양을 기반으로 하는 주자학적 공부의 도량이기도 했지만, 청나라의 문물이 유입되는 시대 상황이 반영되면서 그 어느 서원보다도 자연학에 대한 깊은 관심과 서양과학서에 대한 광범위한 섭렵과 같은 선진적인 학문적 경향을 보이기도 하였다. 그 결과 전통적인 주자학적 학문 경향과 일정한 거리가 있는 황윤석이라든가 북학자의 선구자로 꼽히는 홍대용 등을 배출하기도 하였다. 바로 이 점이 다른 서원에 비해 석실서원이 갖는 특성이다.

5. 석실서원 터를 떠나며

석실서원 터가 자리한 수석동에는 몇몇 유적이 남아 있다. 수석동 강가에 위치한 수석리 선사유적지, 백제 시대의 토성으로 보이는 수석리 토성, 인조반정 공신 중의 한 사람으로 반정 직후 난을 일으켰다 실패한 이괄의 선산, 조선 초의 인물인 조말생의 묘와 묘비 등이 그것이다. 그리고 마을 강가를 200여 년 동안 지켜 온 느티나무 두 그루도 유적은 아니지만 세월의 풍상을 견뎌내 왔다는 점에서 유적과 다르지 않다.

어느 곳 어느 시대나 시간의 흐름이 있고, 시간의 흐름은 자취를 남기게 된다. 나이테가 지나온 시간의 둘레를 말해 주고 지층이 흘러간 세월의 두께를 증명해 주듯이 유적은 인간의 시간 즉 역사를 말없이 증언해 준다. 이곳 석실 마을도 선사 시대에서 백제 시대를 거쳐 조선 시대를 관통하여 오늘에 이르기까지 어김없이 시간의 흐름 속에 있었고, 석실 사람들 역시 그 시간의 흐름 속에서 자신의 역사를 일구어 왔다. 그 흔적을 지금 우리는 보고 있는 것이다. 이 역사의 지층 속에서 석실서원이 갖는 의미는 무엇일까?

이미 한 세기 전에 서원의 고질적인 병폐를 척결하기 위해 대원군이 내렸던 서원 철폐령과 머리를 잘릴지언정 상투를 자를 수는 없다던 유교 원리주의, 일본 군국주의에 나라를 빼앗겼을 때 망국의 원인을 유교에서 찾았던 유교 망국론, 80년대 동아시아 여러 나라의 급격한 경제 성장의 원인을 유교 문화에서 찾았던 유교 자본주의론, 90년대 후반에 들어서 맞게 된 동아시아 경제 위기를 유교 문화에서 찾는 신근대화론, 게다가 "공자가 죽어야 나라가 산다"는 허무주의적 청산론과 이에 맞선 "공자가 살아야 나라가 산다"는 유교 전통주의……. 과연 이 시대에 서원이, 아니 유교가 우리에게 던지는 의미는 무엇일까?

잡초만이 무성한 옛 서원 터를 뒤로 한 채, 나는 내딛는 발걸음마다 물음표를 찍으며 마을 언덕을 넘고 있다.

화양서원 권정안

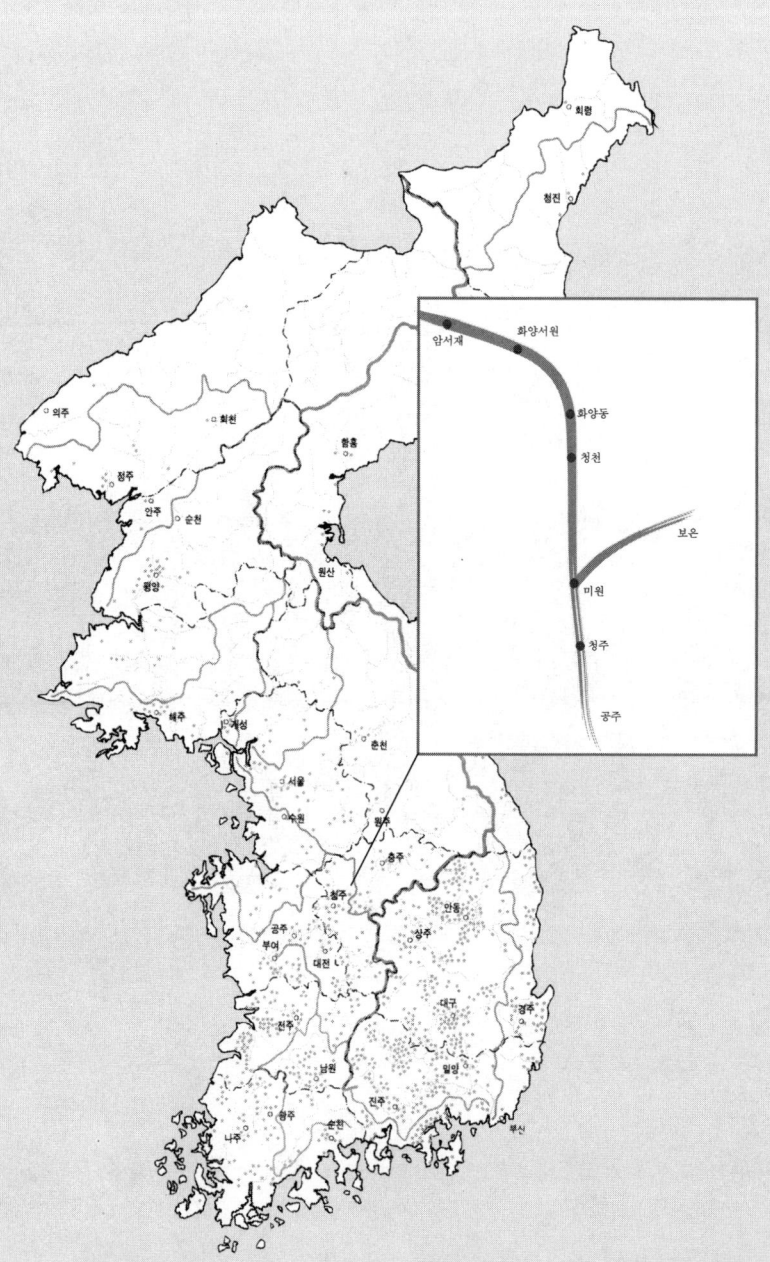

1. 반성

1. 다섯 번째 길의 단상

 화양서원, 정확하게 말하자면 화양서원이 있었던 유적지를 찾아가는 필자의 심정은 답답함과 노여움이 뒤범벅이 된 묘한 것이었다. 이로써 다섯 번째가 되는 탐방이었기에 물론 새로운 곳을 찾아가는 설레임은 기대할 수 없었지만, 이 보기 드문 명승지를 찾아가면서도 필자는 그 어떤 즐거움에 대한 기대나 새로움을 접하는 흥분을 느낄 수 없었다. 전국의 어떤 서원과도 비교할 수 없을 만큼 아름다운 화양동의 경승은 도리어 필자의 답답함과 노여움을 더 절실하게 할 뿐이었다.

 네 번째 찾아왔을 때가 언제였던가? 그 때 필자는 이곳 화양동을 목적으로 길을 나섰던 것이 분명한데도, 이곳이 가까워 올수록 점점 더 가슴을 조여 오던 답답함을 느꼈고, 그 느낌을 지금도 생생하게 기억하고 있다. 그 때 필자는 쫓기는 사람처럼 국립공원으로 단장된 이 계곡과 행락객을 곁눈질해 지나 처음부터 이곳이 아닌 선유동과 옥양동을 찾아온 것처럼 스스로를 위로했었는데, 그 씁쓸했던 기억이 지금 화양동이 가까워 올수록 또렷이 되살아나고 있었다.

 그러나 가슴을 조여 오던 답답함을 느낀 것은 그것보다 훨씬 오래 전부터였던 것 같다. 이 화양동에 대한 단편적인 지식의 조각들과 이 조각들이 하나씩 늘어 가면서 화양동과 서원으로부터 느낄 수 있는 인상, 그리고 그 인상이 주는 상징성이 이 답답함과 노여움의 원인이었는지도 모르겠다. 그 것은 마치 젊은날의 활기와 아름다움을 잃어버리고 이제는 참담한 운명을 짊어진 옛 애인을 바라보는 심정과도 같은 것이었다. 이 애증이 교차하는 착잡함을 추스르면서 필자는 하나하나 옛 추억의 조각들을 다시 되새겨 보았다.

오른쪽이 만동묘 터, 왼쪽 아래가 서원 터

2. 대원군의 철폐

화양서원에 대한 첫 번째 기억의 조각은 고등학교 시절 국사 선생님으로부터 들은 것으로, 대원군이 이 서원을 철폐한 일화였다. 구한말의 유명한 우국 시인으로, 나라가 일제에게 강점당하자 지식인 노릇하기 어렵다는 유명한 절명시를 남기고 자살한 황현黃玹(1855~1910, 호는 梅泉)의 『매천야록 梅泉野錄』은 이 일화를 이렇게 전해 준다.

> 운현궁(흥선대원군)이 젊은 시절에 이 서원에 들렀다가, 원유院儒에게 모욕을 당하여 이를 매우 한스럽게 생각하였다. 그러다가 정권을 잡자 그 선비를 죽였다.

결국 이러한 일이 계기가 되어 고종 8년 전국의 서원을 정비할 때, 화양서원을 철폐하는 결과로 이어졌다는 것이다. 이 기록과 이에 근거한 견해들은 대부분 서원 철폐의 정당성을 암묵적으로 또는 공개적으로 인정하고 있다. 대원군의 개인적인 유감이 이 서원의 철폐를 불렀다는 지적은 이 일을 부정적으로 보는 입장에서도 마찬가지이다. 지금 이 서원 터의 앞에 세워진 화양동 사적비는 이 일화를 이렇게 전한다.

> 조선조 말 패려한 사람(흥선대원군을 가리킴)이 나타나, 이곳을 지나가면서 황묘皇廟에 봉심할 때 예를 다하지 않아 꾸짖음을 당하고서도(구체적으로는 만동묘 앞의 하마비를 지나면서 말에서 내리지 않은 일로 발길로 차이는 모욕을 당한 것) 깨닫지 못하고 이로 하여 만동묘를 비롯한 전국의 서원을 일부만 남기고 모두 훼철하였다…….

그러나 대원군이라는 한 개인의 유감이 화양서원이 철폐되는 비극을 맞이하게 된 근본적인 이유였을까? 그럴 수도 있을 것이다. 그것이 비록 공적인 관점에서는 반드시 옳다고 할 수는 없겠지만, 역사와 현실 속에서는 공적인 명분보다는 사적인 감정이 앞서는 경우가 의외로 많고, 또 사적인 감정을 공적인 명분으로 포장하는 경우도 비일비재한 것이 사실이기 때문이다. 그렇지만 화양서원의 철폐에 대해 유감을 갖고 있고 그 원인을 대원군의 사적인 감정에서 찾고자 하는 사람들에게 있어, 이러한 해석은 서원이 철폐된 참담한 결과의 책임을 떠넘기는 핑계거리가 될 수는 있겠지만, 스스로의 정당성이나 책임없음을 보장해 주는 근거가 될 수 있을까? 그런 것 같지는 않다. 단연코 그 가장 중요한 책임은 이 서원 자체와 여기에 관계된 우리에게 있었던 것이다. 그러면 이 책임을 져야 할 죄과는 무엇인가?

황현의 기록은 화양서원을 철폐한 대원군의 행위가 명분으로 포장된 감정적인 보복의 측면이 있었음을 분명히 전해 주고 있지만, 그럼에도 불구하고 그 행위가 상당한 지지를 받았다는 사실은 거꾸로 이 서원이 걸머진 죄과가 얼마나 심각한 것이었는가를 반증하는 것이기도 하다. 필자의 가슴을 옥죄는 이 답답함과 노여움은 우선 그 죄과 자체 때문이기도 하였지만, 무엇보다 스스로의 잘못에 대한 반성이 아직도 우리들에게서 제대로 이루어지지 않고 있기 때문이었다.

3. 화양묵패

공자는 정의롭지 못한 부귀는 뜬구름과 같은 것이라고 했지만, 어느 세상인들 공자와 같이 생각하고 실천하는 사람이 흔할 수 있으랴. 아니 그보다 정의로운 부귀라는 것이 가능했던 역사가 과연 있었을까. 예수는 부자가 천당에 들어가는 것은 낙타가 바늘구멍을 지나가기보다 어렵다고 했지만, 부자에 못지않게 어려움을 느낄 사람은 아마 권력자일 것이다.

화양서원의 비극은 바로 여기에 그 근본적인 원인이 있었다. 정신과 이념은 사라지고 껍데기만 남아 권력자들의 소굴로 전락한 이 서원이 증오의 대상이 되지 않았다면 그것이 도리어 이상한 일이라 할 수 있다. 황현은 이 서원에 대한 당시의 실상을 다음과 같이 전하고 있다.

세상에 알려진 화양서원의 책임을 맡은 자들은 대개 호중湖中(충청도 일원)의 무뢰한 세도가들의 자제들이다. 그들은 화양묵패를 가지고 평민들을 잡아다가 가죽을 쪼고 골수를 빨아대는 남방의 좀벌레와 같은 자들이다. 그 유래가 백년이나 되었으나, 지방의 수령들이 그 위세를 두려워하여 아무도 감히 따지지를 못하였다.

이처럼 당시 서원의 책임자들에 대해 여우와 쥐새끼처럼 화양서원이라는 권력의 그늘에 숨어 백성들의 고혈을 빠는 좀벌레라고 표현한 질타는 결코 지나친 것이 아니었다. 즉 서원의 책임자들은 춘추향사 때면 제사 비용의 명목으로 심지어는 지방관에게까지 손을 벌렸으며, 서원을 보수한다는 명목으로 멀리 전라도에까지 가서 돈을 요구하는 등 그 파렴치함은 탐관오리가 무색할 지경이었다. 더욱이 국가로부터 과분한 지원을 받으면서도 복주촌福酒村이라는 특권시장을 열어 양민들이 부역을 피할 수 있는 소굴을 만들어 그 대가로 돈을 받았으며, 이에 따르지 않는 백성들은 멋대로 잡아다가 처벌을 하는 등 그 폐단은 이루 말할 수 없을 정도였다. 세속에서 멀리 떨어진 이 아름다운 계곡, 천지의 신령이 화양서원을 위해 비장해 두었다는 이 명승지는 이렇게 해서 더러운 권력의 소굴이 되었던 것이다.

지난번에 이곳을 지나면서 읍궁암의 비장한 감개도나 금사담의 아름다운 여울도, 첨성대의 웅장한 기상도, 파곶의 시원하고 조촐한 계수를 총총히 지나쳐 옥양동으로 선유동으로 도망치듯 달려간 것은 아마도 이 더러운 망령들의 냄새가 아직도 떠돌고 있는 느낌 때문이었던 것 같다. 그러나 그들이 더럽힌 것이 어찌 화양동의 자연뿐이랴? 작게는 이곳을 진정한 학문의 도량으로 삼고 스스로를 연마한 이름 없는 선비들과 송시열宋時烈(1607~1689, 호는 尤菴)의 춘추대의春秋大義를 소중하게 키워 가려던 모든 노력들을 더러운 악취 속에 묻어 버린 것도 이 더러운 망령들이요, 크게는 민족적인 수치를 씻기 위해 생명을 바친 지사들과 이름 없는 민초들의 신뢰를 배반하고 더럽힌 것도 이들이었다. 더 나아가 공자 이래 모든 시대의 유학적 지성들이 추구해 온 문명 사회의 이상과 성취들을 좀먹고 시궁창에 내던진 것도 바로 이들이었다. 이 더럽고 음습한 권력의 그림자가 독기처럼 서려 있음을 필자보다 필자의 신명이 먼저 느끼고 있었던 것 같다.

4. 노론 권력의 산실

화양서원을 뒤덮고 있던 권력의 그림자는 오히려 작은 가지에 지나지 않았다. 실제로 서원의 작폐 자체만으로 본다면, 이 서원의 작폐가 그 중 대표적인 것이기는 하나 전국 대부분의 서원이 크건 작건 간에 상당한 폐해를 끼치고 있었다. 그러나 문제는 화양서원이 조선조 후기의 중심적인 집권 세력이었던 노론 정권의 산실로서 또 그 지배 이념의 상징으로서 기능했으며, 결국 이로 인해 조선 왕조의 몰락이 초래되었다는 사실이다.

물론 당대 현실의 성공과 실패는 원칙적으로 당대를 살아간 모든 사람들의 것이며, 이런 원론적인 차원에서 조선 후기 사회적인 혼란과 조선 왕조의 몰락은 그 시대를 산 모든 사람들의 것이라 할 수 있다. 그러나 현실적으로 그 책임의 대부분은 역시 중심적인 정치 세력에게 있는 것이며, 이런 점에서 서인 정권과 이어진 문벌 세도 정치의 주역들, 그리고 그 권력의 산실이 되고 이념을 제공한 화양서원은 큰 책임을 모면하기 어려운 것이다.

화양서원이 노론 정권의 핵심적인 역할을 한 사실은 이 서원의 역대 원장들의 행적을 살펴보면 분명하게 알 수 있다. 현재 송시열의 문집인 『송자대전』의 맨 끝에 달려 있는 「화양지華陽志」에는 이 서원이 설립된 17세기 말부터 19세기 중엽까지의 원장들에 대한 기록이 남아 있다.

- 초대원장: 이수언李秀彦(1636~1697). 송시열의 제자. 자는 미숙美叔, 호는 농계聾溪, 시호는 정간正簡. 관직은 예조판서. 재임기간은 1694~1697.
- 2대원장: 권상하權尙夏(1641~1721). 송시열의 제자. 이 서원과 만동묘를 창시한 주역. 자는 치도致道, 호는 한수재寒水齋 또는 수암遂菴, 시호는 문순. 은일로 관직은 의정. 재임기간은 1697~1721.
- 3대원장: 정호鄭澔(1648~1736). 우암의 제자. 자는 중순仲淳, 호는 장암丈巖, 시호는 문경. 관직은 의정. 재임기간은 1721~1736?
- 4대원장: 민진원閔鎭遠(1664~1736). 자는 성유聖猷, 호는 단암丹巖, 시호는 문충. 관직은 의정. 정호의 원장 말년에 부원장으로 있었음. 재임기간은 1736?~1736
- 5대원장: 이의현李宜顯(1669~1745). 자는 덕재德哉, 호는 도곡陶谷, 시호는 문간. 관직은 의정. 재임기간은 1737?~1745?
- 6대원장: 이재李縡(1680~1746). 자는 희경熙卿, 호는 도암陶菴, 시호는 문정. 관직은 참찬. 이의현의 원장 말년에 부원장으로 있었음. 재임기간은 1745?~1746.
- 7대원장: 박필주朴弼周(1665~1748). 자는 상보尙甫, 호는 여호黎湖, 시호는 문경. 관직은 은일로 이조판서 이재의 원장 말년에 부원장으로 있었음. 재임기간은 1746?~1749?
- 8대원장: 민응수閔應洙(1684~1750). 자는 성보聲甫, 호는 오헌梧軒, 시호는 문헌. 관직은 의정. 재임기간은 1749~1750.
- 9대원장: 조관빈趙觀彬(1691~1757). 자는 국보國甫, 호는 회헌晦軒, 시호는 문간. 관직은 판서. 재임기간은 1750?~1757?

- 10대원장: 유척기兪拓基(1691~1767). 자는 전보展甫, 호는 지수재知守齋, 시호는 문익. 관직은 의정. 재임기간은 1757?~1767.
- 11대원장: 김원행金元行(1702~1772). 자는 백춘伯春, 호는 미호渼湖, 시호는 문원. 관직은 은일로 찬선. 재임기간은 1768~1772.
- 12대원장: 김양행金亮行(?~1779). 자는 자정子靜, 호는 지암止庵 또는 여호驪湖, 시호는 문간. 관직은 은일로 참판. 재임기간은 1772~1779.
- 13대원장: 송덕상宋德相(1710~1783). 자는 숙함叔咸, 호는 과암果庵, 시호는 문간. 관직은 이조판서. 정조 때 노론 벽파로 장살됨. 우암의 현손. 재임기간은 1780?~1783?.
- 14대원장: 김종수金鐘秀(1728~1799). 자는 정부定夫, 호는 몽오夢梧 또는 몽촌夢村, 시호는 문충. 정조 때 노론 벽파의 영수. 재임기간은 1783?~1794?
- 15대원장: 송기환宋箕煥(1728~1807). 자는 자동子東, 호는 성담性潭 또는 심재心齋, 시호는 문경. 관직은 은일로 찬성. 재임기간은 1794~1807.
- 16대원장: 남공철南公轍(1760~1840). 자는 계평季平, 호는 사영思潁 또는 금릉金陵, 시호는 문헌. 관직은 의정. 재임기간은 1808~1840.
- 17대원장: 조인영趙寅永(1782~1850). 자는 희경羲卿, 호는 운석雲石, 시호는 문충. 관직은 의정. 재임기간은 1840~1850.

17세기 후반에서 19세기 중반에 이르는 약 150여 년 동안 화양서원의 장을 역임한 인물들의 면모를 살펴보면, 그들이 노론 정권과 세도 정치의 핵심 세력이었음을 알 수 있다. 물론 그 가운데에는 은일로 천거된 인물도 있고 학술적으로 중요한 공헌을 한 인물도 있지만, 이들조차도 조선조 후기 사회의 정치적 현실과 그 책임으로부터 자유롭지 않았던 것 같다.

당시에 있어서 서원의 원장이면서 동시에 현실 권력의 중추적인 역할을 한다는 것은 본인에게도 명예로운 일이며, 또한 서원의 위세와 명예를 드높여 주는 일이었는지도 모른다. 그러나 그것이 오늘날에는 본인과 서원의 수치가 되어 버렸을 뿐만 아니라, 그 시대의 역사와 서원이 담고 있던 정신까지 쓰레기더미 속에 던져진 비극을 초래하고 말았다. 공자는 다음과 같이 말하였다.

나라에 도가 살아 있을 때는 가난하고 천한 것이 부끄러운 일이다. 그러나 나라에 도가 없을 때는 부귀를 누리는 것이 부끄러운 일이다.(『논어』「태백편」)

그러나 우리는 아직도 현실과 역사에 대한 반성을 포기하거나 쓰레기더미 속에 던져진 정신을 되살리고자 하는 시도도 제대로 못하고 있으며, 도리어 서원이 누린 권력을 좋은 시절의 추억으로 반추하거나 부러워만 하고 있는 것이 아닐까? 이런 반성이 아름다운 서원을 찾아가는 필자의 심정을 무겁게 짓누르고 있었다.

2. 서원

1. 화양구곡

화양서원이 자리잡고 있는 곳은 현재 충청북도 괴산군 청천면 화양리이다. 본래 이 골짜기는 누런 버들이 많아 황양동黃楊洞이라는 이름으로 불리워졌다. 이 서원이 화양동이라는 이름을 갖게 된 것은 성혼成渾(1535~1598, 호는 牛溪)의 제자인 이춘영李春英(1563~1606, 호는 體素齋)에 의해서이다. 이춘영은 화양동의 파곶을 지나다가 '반석盤石'이라는 시 두 수를 지었는데, 이 시에 대한 해설을 다음과 같이 언급하였던 것이다.

파곶의 시내와 돌의 빼어남은 호서 지방의 으뜸이다. 그런데 이 골짜기 이름을 화양동이라 하니, 이는 대개 화양 나무가 많기 때문이다. 내가 이 나무로는 이 골짜기의 이름을 칭하기에 부족하다고 여겨 화양동으로 바꾸었다.

한편 『택리지』를 지은 이중환李重煥은 화양동의 경관을 금강산의 만폭동과 비교하면서 삼남 지방에서 제일가는 명승이라고 하였다. 그 산세는 한반도의 등뼈인 태백산맥의 중심에 위치해 있는 오대산으로부터 소백산

맥으로 흘러 나오는 줄기에서 북서쪽으로 뻗어 온 백화산·희양산·대야산의 줄기가 남쪽 속리산으로 이어지기 직전에 솟구친 낙양산과 도명산 그리고 환희산 사이이며, 그 물은 대야산 비로봉 아래서 발원하는 물과 선유동을 흐르는 물이 이 계곡의 동남쪽 입구인 송면리에서 합수하여 화양구곡을 이루는데, 이 물은 박대천과 달천으로 이어져 남한강을 통해 서해로 들어간다.

화양구곡은 이 골짜기의 하류로부터 시작하여 동남쪽을 향해 역류하면서 붙여진 이름이다. 그 명칭 자체는 대부분 송시열이 이곳에 거처를 정할 때부터 있었던 것이나 주자의 무이구곡을 본따 구곡의 이름을 확정한 것은 송시열의 제자인 권상하였다.

입구의 제1곡은 경천벽擎天壁이다. 이 계곡의 물이 감천, 지금의 박대천으로 유입되는 입구에 하늘 높이 솟구친 경천벽은 이 구곡의 문과 같은 곳이다.

읍궁암 앞에 있는 송시열 시비

제2곡은 경천벽으로부터 예전에는 사점촌이라는 조그만 동네를 지나 휘어지는 곳에 있는 운영담雲影潭이다. 서원 자리 앞에 넓고 잔잔하게 흐르는 물이 호수처럼 맑아 하늘을 떠가는 구름이 그림자를 드리우는 곳으로, 그 명칭은 주자의 시구를 따온 것이다.

제3곡은 옛 서원의 강당이었던 일치당一治堂 앞 운영담 옆에 있는 읍궁암泣弓巖이라는 바위이다. 옛날 중국 고대 황

송시열이 독서하던 암서재

제黃帝가 용을 타고 승천한 뒤에 남겨진 신하들이 그 때 떨어진 활을 오호궁이라 이름하고 울었다는 고사에서 유래한 이 명칭은, 송시열이 함께 북벌을 도모했던 효종이 돌아간 뒤 그 기일마다 통곡을 한 바위에 붙여진 이름이다.

　제4곡은 읍궁암에서 상류로 백여 미터 올라간 곳의 바위 위에 지어진 암서재巖棲齋 아래의 계곡으로, 모래가 금빛으로 고와 붙여진 이름이 금사담金沙潭이다. 이곳은 운영담 아래 있었던 초당과 함께 송시열이 특히 사랑했던 장소로 암서재 주변의 바위에는 여러 글들이 새겨져 있다.

　제5곡은 낙양산 하록에 높이 솟은 절벽으로 첨성대瞻星臺이다. 금사담에서 상류로 3백여 미터에 있는 이 첨성대에는 '만절필동' 이라는 선조의 어필과 명나라 마지막 황제인 의종의 '비례부동' 이라는 글씨가 새겨져 있다.

　제6곡인 능운대凌雲臺는 우암이 소장한 여러 글씨와 그 판각들을 보관하기 위해 정비한 환장암煥章庵(지금의 채운사) 입구에 있는 바위이다.

　제7곡은 능운대에서 상류 쪽으로 5백여 미터를 올라간 계곡에 넓게 자리잡고 있는 와룡암臥龍巖이라는 바위이다. 물이 불으면 물속에 잠겨 있다가 물이 얕아지면 넓게 드러나는 이 바위는 마치 용이 꿈틀거리는 형상을 하고 있어 붙여진 이름이다.

제8곡은 와룡암 상류 도명산 맞은편에 깎아지른 듯한 절벽으로 학소대鶴巢臺이다. 옛날에 이 절벽 위에 낙락장송에 청학이 집을 짓고 살았다 하여 이런 이름이 붙여지게 된 것이다.

제9곡은 파곶이다. 학소대에서 2킬로미터 상류에 있는 이 파곶은 흰색의 바윗돌 사이를 계곡의 물이 꿰뚫고 흐르는데 그 형상이 파串라는 글자와 같아 이런 이름이 붙여진 것이다. 계곡으로서는 화양구곡의 으뜸가는 경관을 자랑하는 곳이다.

2. 송시열과 화양동

화양동의 구곡이 화양서원이 자리잡게 된 자연적인 배경이 되었다면, 서원 설립의 인문적인 배경은 송시열과의 관계를 떠나서는 말할 수 없다. 이이李珥(호는 栗谷)—김장생金長生(호는 沙溪)—김집金集(호는 愼獨齋)으로 이어진 기호학파의 계승자이며, 당대 노론의 정치적 영수로서 그가 화양서원에 거처를 정할 뜻을 갖게 된 것은 1666년(현종 7) 그의 나이 60세 때였다. 당시는 효종이 돌아간 뒤에 벌어진 자의대비의 복제, 이른바 예송에 본격적으로 휘말려 가던 시기였는데, 우선은 그의 의도대로 기년복이 시행되었지만 경상도 유생들의 반대하는 상소가 끊이지 않았다. 그는 선비로서 현실에 대한 관심을 갖고 있었으며 또 산림학자로서의 면모를 갖춘 인물이었지만, 이 시기의 그는 효종의 고명을 받아 쉽사리 현실을 도외시하기 어려운 측면과 예송 속에서 느끼는 위기 의식 사이에서 고뇌를 거듭하고 있었다.

그리하여 그는 황간의 냉천, 진잠의 성전, 공주의 원기, 여산의 황산 등

여러 명승을 찾아 거처를 옮겨 다녔는데, 그즈음 청천의 침류정이라는 정
자를 빌려 일시 거처하다가 이곳 화양동을 알게 되었다. 물론 그의 본가는
회덕 소제라는 곳에 있었지만, 이 해 8월 그는 비로소 이곳에 초당 5칸을
짓고 화양계당華陽溪堂이라는 이름을 붙이게 되었다. 화양계당은 운영담
근처 지금의 서원 자리 조금 아래쪽에 있었는데, 이곳이 바로 화양서원과
만동묘萬東廟의 기반이 된 곳이다. 다만 현종 연간에는 서울을 자주 왕래
하느라 이곳에 오래 머무르지는 못하였고, 특히 1675년(숙종 원년) 예송으
로 남인 정권이 들어서자 덕원 등으로 유배를 당하였다. 그러다가 이른바
경신대출척으로 남인이 몰락하고 서인 정권이 들어선 1680년(숙종 6) 이후
그는 많은 시간을 이곳 화양동에 들어와 거처하였다.

특히 77세 되던 해, 그가 벼슬을 그만두고 봉조하가 된 뒤로는 나름대로
현실 정치와는 일정한 거리를 두게 되었다. 그러나 송시열이 봉조하가 된
뒤에 곧 노론과 소론의 분쟁이 일어나게 되니, 그는 이곳 초당조차도 오히
려 번잡스럽게 여겨 다시 금사담 위 바위에 암서재라는 3칸의 작은 정자를
짓고 거처하면서, 효종의 북벌이라는 대의와 연관된 여러 가지 사업들을
추진하였다.

그리하여 그는 첨성대 아래 바위에 '비례부동非禮不動'이라는 명나라
의종의 어필을 새긴 것이나, 그 정신을 계승해 갈 여러 유품들을 보관하기
위해 환장암을 정비하는 등의 일로 그의 삶을 정리하기 시작하였다. 초당
에서의 제자 교육은 계속되었지만, 이 시기 그가 가장 심혈을 기울인 것은
북벌의 대의를 이념적으로 정리하고 그것을 지속적으로 추진해 갈 수 있는
근거를 확립하는 것이었다.

송시열에게 있어 북벌의 대의는 외적으로는 무도한 청나라에게 당한 민
족적 수치를 씻는 것이었지만, 그것은 동시에 "밖으로는 군신이라는 관계
였지만 실제는 골육과 같은 사이였다"고 술회한 효종의 정신을 계승한다
는 의미를 갖는 것이기도 하였다. 효종은 병자호란 뒤에 청나라 심양에 끌

려가서 당한 모욕을 잊지 못하고 그 복수의 대업을 성취하고자 호란 중에 가족을 잃은 사람들을 북벌 계획의 주도적인 인재로 등용하였는데, 이런 점에서 호란 중에 형을 잃은 송시열은 특별히 효종의 기대를 많이 받았던 것이다.

그러나 효종 사후에 북벌 계획은 허사로 돌아갔고, 효종을 잃은 애통함과 함께 송시열의 좌절도 깊어 갔다. 서원 유지 앞에 있는 읍궁암이 효종을 잃은 그의 상심을 상징하고 있다면, 이곳에서 통곡을 한 뒤에 지은 다음의 시는 당시 그의 좌절을 잘 보여 준다고 할 수 있다.

오늘이 무슨 날인지 아시는가.
이 외로운 충정을 상제는 굽어살피시리.
새벽이 될 때까지 통곡을 한 뒤에
무릎을 끌어안고 다시 길게 읊조리네.

효종의 개인적인 감정과 국가적 수치를 씻고자 하는 의식을 야만 사회에 대한 문명 사회의 대응이라는 대의로 승화시키고, 즉각적인 군비 확충의 방법이 아닌 민생의 안정과 국가 기반의 충실화를 통해 이 목적을 수행하고자 한 송시열의 노력은 효종의 죽음으로 인해 수포로 돌아갔으니, 그가 효종의 기일마다 이렇게 통곡을 한 것은 당연한 일이었다. 그러나 송시열의 좌절은 효종 사후 전반적인 사회 분위기의 변화를 감지하고 더욱 심화되지 않을 수 없었다.

특히 점차 청나라에 당한 치욕을 잊어버리고 현실에 안주하려는 흐름에 대한 송시열의 조바심은 현실의 세속과는 멀리 떨어진 이 심산유곡 속에서라도 그 불씨를 살려야겠다는 의지로 나타나게 되었다. 그가 이 화양동을 기반으로 삼고자 했음은 이곳을 야만의 현실에서 벗어난 독립적인 문명의 구역으로 표현한 '대명천지大明天地 숭정일월崇禎日月'이라는 글 속에 집약되어 나타나며, 그 대표적인 노력이 바로 만동묘의 건립을 추진하는 것이었다.

그러나 1688년(숙종 14) 정국은 급격한 변화를 겪게 된다. 박세채를 중심으로 노론과 소론의 연합 정권을 위태롭게 유지하던 정국은 남인 정권으로 대체되어, 송시열은 다음해 제주도로 유배되었다가 불려 오던 길에 정읍에서 사약을 받게 되니, 그의 나이 83세 되던 해 6월이었다. 이즈음 그는 이런 운명을 나름대로 예견하고, 그의 제자인 권상하權尙夏(호는 寒水齋)에게 화양동에 만동묘를 건립할 것을 유언으로 당부하였다.

3. 서원의 건립과 구조

송시열 사후 만동묘의 건립은 곧바로 실현되지는 못하였다. 그것은 당시의 남인 정권 아래에서 현실적으로 불가능한 일이기 때문이었다. 그러나 1694년(숙종 20) 남인 정권이 몰락하자, 그 다음해인 1695년(숙종 21)에 이르러 우선 송시열을 추모하는 서원의 설립이 가능하게 되었다. 그리하여 이 해에 송시열의 제자인 이수언, 권상하, 정호 등이 주축이 되어 화양동 입구의 만경대萬景臺에 서원을 세우니, 이것은 그를 제향하는 전국 70여 사우 가운데 수원의 매곡서원梅谷書院, 정읍의 고암서원考巖書院, 충주의 누암서원樓巖書院, 덕원의 용진서원龍津書院에 이어 다섯 번째로 설립된 서원이었다.

화양서원 당시 서원의 첩설을 금지하는 조정의 입장에도 불구하고 다음 해인 1696년(숙종 22)에 왕의 특명으로 사액을 받게 된다. 특히 이 서원은 다른 서원과 달리 송시열의 적전으로 인정받고 있던 권상하가 주도하였으며, 또 송시열의 만년 주거지로서의 위상 때문에 이후 송시열을 제향하는 서원 가운데 중심적인 위치를 차지하게 된다. 그러나 이 서원이 송시열을 제향하는 서원 가운데 으뜸가는 서원일 뿐 아니라, 노론 정권이 지배한 조선 후기에 있어서 이념적·정치적 중심으로 부각될 수 있었던 것은 무엇보다도 만동묘를 끼고 있기 때문이었다.

앞에서 언급한 대로 만동묘의 설립은 송시열이 그 후사를 부탁한 권상하에게 유서로써 당부한 것이고, 송시열의 만년에 가장 심혈을 기울인 일이라고 해도 과언이 아니다. 권상하는 화양서원 설립 초기에 서원의 원장을 연장자인 이수언에게 양보하였으나, 이수언의 뒤를 이어 원장이 된 뒤에는, 곧 송시열의 유언에 따라 동문인 이선직, 정호 등과 함께 송시열이 거처하던 초당 옆에 만동묘의 건설을 추진하였다.

그리하여 1703년(숙종 29) 가을 만동묘가 완성되었으며, 다음해 명나라 신종이 죽은 지 60주년이 되는 1704년(숙종 30) 봄에 처음으로 제향례를 거행하였다. 앞으로는 환희산을 마주하고 낙양산 북쪽의 가파른 지형에 위치한 이 만동묘는 아래로부터 삼계三階와 오계五階가 두 번 중첩되고, 다시 천자를 상징하는 아홉 계단을 오르면 전당前堂에 이르고, 다시 두 계단 위에 위패를 모시는 후침後寢을 두는 구조로 되어 있었다.

처음의 제향은 송시열이 유언한 대로 이변二籩 이두二豆의 조촐한 것이었으나, 곧 사변四籩 사두四豆로 확대되었고, 시기도 봄과 가을의 첫 달 상정일上丁日로 하다가 다시 봄과 가을 마지막 달 상정일로 바뀌었다. 그리고 화양서원이 이 만동묘의 제향을 주관하게 되었다. 이 해에 송시열의 영정을 초당에 봉안하고, 만동묘의 제향이 끝난 뒤에 일변一籩 일두一豆로 제향하였다.

그러나 본래 화양서원이 있었던 만경대는 만동묘와 상당한 거리가 있었기 때문에 여러 가지 불편한 문제가 발생하여, 서원을 이설하자는 논의가 대두되었다. 이즈음 만동묘와 화양서원은 노론 세력의 정신적 구심점이 되어 가고 있었다. 서원을 이설하던 해인 1709년(숙종 35) 가을 만동묘의 제향에는 성달경, 이간, 윤곤, 현상벽, 최징후, 한홍조 등 선비 137명이 모였고, 제향이 끝난 뒤에는 청주목사가 주인이 되고 정호가 주빈이 되어 성대한 향음주례를 거행하였다.

이 해에 이건된 화양서원은 만동묘의 오른쪽 바로 아래 읍궁암을 앞에 두고 축조되었는데, 그 지붕의 마루를 만동묘의 당계와 같은 높이로 하여, 이 서원이 송시열의 염원에 따라 만동묘를 수호하는 상징성을 담도록 하였다. 이 일을 주관한 권상하는 이어 초당에 있던 송시열의 초상화를 서원으로 옮겨 봉안하였으니, 이로부터 화양서원은 만동묘가 상징하는 춘추대의의 이념과 송시열의 정신을 수호하는 서원으로서의 위상을 갖추게 되었다. 이 때문에 다른 서원과 달리 화양서원은 오직 송시열 한 사람만을 제향하는 원칙이 이어져, 그 서원 건립을 주관한 송시열의 적전 권상하에 대한 종향의 요청이 여러 번 있었으나 시행되지 않았던 것이다.

화양서원의 규모는 그렇게 큰 것은 아니었는데, 그것은 지형적으로 협소한 위치에 있었던 것이 가장 큰 이유였다. 송시열의 영정을 모신 침전은 5개의 기둥이 있는 3칸의 건물로, 그 처마에는 숙종이 어필로 쓴 화양서원이라는 편액을 걸었다. 침전으로 들어가는 문은 승삼承三이라 하였는데, 이는 맹자의 "우왕禹王과 주공周公과 공자孔子의 세 성인을 계승하고자 한다"는 뜻을 취한 것이다. 승삼문의 밖에는 거인재居仁齋와 유의재由義齋

지금 유일하게 복원된 열천재

라는 3칸의 동서양무東西兩廡를 두었으며, 유의재 아래에서 만동묘로 통하는 개래문開來門이라는 중문을 두었다.

전면의 강당은 9칸의 건물로 일치당一治堂이라 하였으며, 강당 서쪽에는 4칸짜리 원임院任의 거처인 소양재昭陽齋를 두었다. 소양재 남쪽과 동쪽에는 곳간과 부엌이 있었고, 그 서쪽에는 서원의 생도들이 거처하는 열천재洌泉齋가 있었으니, 이는 본래 송시열이 살아 있을 때 그 제자들이 거처하던 곳이다. 송시열이 거처하던 초당은 열천재의 서쪽에 있었는데, 서원을 이곳에 설립한 뒤에도 그대로 보존하여 처음에는 영정을 보관하던 곳으로 사용하였다가 영정을 서원으로 옮긴 뒤에는 나머지 유물을 보관하는 장소로 이용하였다.

입구의 정문은 3칸의 누문으로 진덕문進德門이라 이름하였는데, 이곳으로부터 서원에 들어가는 길은 오른쪽 위로 만동묘를 우러러보면서 가는 형태를 취하였다. 이 서원의 제향은 만동묘의 제향일과 같은 날 만동묘의 제향을 끝낸 뒤에 하도록 하였으니, 후기에는 계춘과 계추 즉 음력 3월과 9월의 상정일로 정해 거행하였다.

일치당에서의 강의는 초기에는 상당히 규모 있게 이루어졌던 것으로 보인다. 강의는 원장 이외에 강장講長을 두어 월 단위로 이루어졌으니, 「화양동지」에 의하면 철종 당시까지 홍계희洪啓禧(1703~1771)가 강장으로 있으면서 강의 내용을 정리한 『일치당월강록一治堂月講錄』이라는 책 한 권이 남아 있었다 한다. 그러나 그것은 후기로 오면서 이름을 기록하는 정도로 유명무실해졌다.

다만 강의 내용의 한 단면을 엿볼 수 있는 기록이 남아 있으니, 송시열의 현손으로 이 서원의 강장을 역임한 송희상宋羲相의 춘추 대일통에 대한 강의 내용의 기록이 그것이다. 이것은 화양서원의 강의가 송시열이 만동묘를 세우려 한 뜻을 계승하는 내용을 중심으로 이루어지고 있었다는 것을 의미한다고 하겠다. 즉 이곳이 송시열을 계승한 서인 정권의 대의 명분을 계승

연마하는 이념의 산실이었음을 보여 주는 것이다.

4. 서원의 성쇠와 주변 유적

숙종 말년 사액을 받으면서 노론 정권의 이념적 산실 역할을 하던 화양서원은 경종 때 일시적으로 사액 현판을 떼어 내야 하는 수모를 겪기도 하였지만, 탕평책을 쓰던 영조와 정조 시대에 이르러서 상당한 권위와 영향력을 행사하였다. 영조와 정조를 포함한 역대 군주의 치제致祭가 계속 이어졌다는 것이 이를 증명하며, 1726년(영조 2)에는 주변 고을의 둔전에서 나오는 소출의 일부를 이 서원의 제수 비용으로 쓰게 하기까지 하였다.

이와 같은 서원의 위세는 1756년(영조 32) 송시열의 문묘 종사가 결정되고 그가 한국 유학의 도통을 계승한 인물로 확고히 자리잡으면서 더욱 강화되었다. 더욱이 노론이 독점적으로 권력을 장악한 순조 이후에는 화양서원의 권력이 지방관이 통제할 수 없을 정도로 막강해져, 이 서원을 상징하는 이른바 화양묵패는 무소불위의 권력을 행사하기 시작하였다.

이처럼 권력 기관으로 변질된 화양서원은 점차 몰락의 길을 걷지 않을 수 없었다. 외형적으로 이 서원의 영향력은 막강하였으나 실질적으로는 이 서원의 권력을 빌려 이익을 도모하는 무뢰배들의 소굴로 전락되어 가고 있었던 것이다. 그리고 그것은 곧 이미 기울어져 가는 조선 왕조 자체에도 적지 않은 부담이 되어 가고 있었다. 그리하여 1858년(철종 9)에 안동 김씨 세도 정치의 중추적 인물이었던 좌의정 김좌근의 요청으로 화양서원의 모리를 위해 경영되던 복주촌이 영구히 철폐되는 수난을 당하게 되었다.

그럼에도 화양서원의 폐해는 계속되어 결국 1865년(고종 2)에 이 서원의 이념적 기반이 된 만동묘가 철폐되었고, 이어 1871년(고종 8)에 화양서원이 철폐되는 비극을 맞게 되었다. 그 뒤 1874년에 유림의 상소로 만동묘가 복설되었으나, 화양서원은 대원군의 실각 뒤에도 복설되지 못하고 역사 속으로 사라지고 말았다. 1917년 만동묘도 일제에 의해 철폐되어, 그 유지만이 몇 개의 주변 유적과 함께 남아 있게 되었다.

주변의 유적 가운데 만동묘는 특히 일제에 의해 참혹한 말로를 걷게 된다. 1917년 일제는 만동묘의 제향을 금하였고 이를 반대하던 유림을 구속하였는데, 일부 유림에서는 비밀리에 제향을 계속하였다. 그러자 일제는 다시 이들을 체포하고 위패와 제구를 불살랐으며, 묘정비를 정으로 쪼아 땅에 묻고 건물은 철거하여 괴산 경찰서의 건축 자재로 사용하니, 이로써 만동묘는 완전히 사라지게 되었다.

암서재는 송시열이 초당과 함께 거처하던 독서당으로 금사담 위에 있는 바위 위에 지은 건물이다. 이 골짜기를 화양동이라 명명한 이춘영의 기록에 의하면 당시에 이미 이 골짜기에는 정자가 있어 그 경관이 비교할 데가 없다고 하였는데, 그 정자가 이 암서재 자리에 있었는지는 확인할 수 없으나 암서재가 있는 자리가 화양동의 제일가는 위치임은 분명하다. 송시열 사후에 이곳은 권상하에 의해 오늘날의 모습으로 중건되었고, 그 뒤에 몇 차례에 걸쳐 중수되었다.

환장암은 공자가 요임금을 형용한 "빛나는 그 문장이여"(煥乎其文章)라고 한 『논어』의 구절에서 따온 이름이다. 그런데 오늘날에는 낙양산 쪽에 있었던 채운사라는 절이 산사태로 매몰되자 그 현판을 떼다 붙인 후 환장암을 채운사라 부른다. 송시열이 이 암자를 지은 것은 그가 만동묘를 건립하려는 뜻을 밝힌 뒤 이에 호응하는 여러 사람들이 명나라 신종과 의종의 어필 등을 중국으로부터 구해 보내자 이를 보관하는 장소로 이용하기 위해서였다. 훗날에는 송시열의 전집인 『송자대전』의 판본이 완성되고 역대 군주의 사제문 등 보관물이 늘어나자, 환장암 곁에 『송자대전』 판본을 소장하는 집을 따로 지었고, 또 유물을 보관하는 장소로 운한각雲漢閣을 환장암과 암서재 사이에 지었다. 그러나 지금은 모두 사라지고 그 유지조차도 남아 있지 않게 되었는데, 판본을 소장하던 곳에는 김정희(호는 秋史)의 글씨로 '송자대전판본장각'이라는 현판이 걸려 있었다고 한다.

또 파곶에는 화양서원의 원장을 지낸 이재가 건립한 파곶 정자가 있었는데, 이것 역시 현재는 남아 있지 않다. 이런 건축물 이외에 화양계곡에 남아 있는 대표적인 유적은 계곡 곳곳의 바위 위에 새겨진 글씨들이다. 구곡의 애각은 4대 원장인 민진원의 글씨이며, 그 외의 애각은 암서재 앞 금사담 주변 바위에 새겨진 명나라 태조의 글씨인 '충효절의忠孝節義'와 송시열이 쓴 '창오운단蒼梧雲斷 무이산공武夷山空' 등이다.

그러나 화양서원의 상징성을 가장 명확하게 보여 주는 것은 첨성대 정면 계곡에 새겨진 '비례부동非禮不動'과 측면 바위에 새겨진 '만절필동萬折必東'이다. '비례부동'은 만동묘에 모신 명나라 의종의 글씨로, 민정중이 중국에서 구해 송시열에게 보낸 것인데, 여기에 '대명천지 숭정일월大明天地崇政日月'이라는 송시열의 친필을 부기하여 새긴 것이다. '만절필동'은 임진왜란을 겪은 뒤 선조가 명나라의 도움을 감사하는 뜻에서 쓴 '재조번방再造藩邦 만절필동萬折必東'을 새긴 것으로, 만동묘라는 명칭의 유래가 된 글이기도 하다.

3. 송시열의 생애와 사상

1. 생애

조선조 숙종조 이후 정치적으로는 물론 학문적으로도 독점적 위치를 누리면서 군주들조차도 대로大老로 추숭한 송시열(1607~1689)은 사용원 봉사 송갑조宋甲祚를 부친으로, 곽씨 부인을 모친으로 하여 외가인 옥천군 구룡촌에서 태어났다. 초명은 성뢰聖賚, 자는 영보英甫, 호는 우암尤庵 또는 우재尤齋이며, 본관은 은진恩津이다.

송시열이 8세 되던 해 그는 일족이면서 한 살 위인 송준길宋浚吉(1606~

1672, 호는 同春堂)의 집에서 동학하였으니, 이로부터 평생에 걸친 두 사람의 우정이 시작되었다. 12세에 그는 부친으로부터 "주자는 후세의 공자요, 율곡은 후세의 주자이다" 하는 말과 함께 『격몽요결』을 배우니, 이로부터 주자와 율곡으로 이어지는 학통을 잇게 된 것이라고 하겠다. 이후 그는 18세에 관례를 행하고, 그 다음해에 이색의 후예인 이덕사의 딸과 혼인을 하게 된다.

송시열이 21세 되던 해 정묘호란이 일어나 국가는 치욕을 당하게 되는데, 이 때에 그는 맏형인 송시희宋時熹가 운산에서 청병에게 죽음을 당하는 비극을 겪게 된다. 그가 청년기에 겪은 병자호란의 비극은 그의 전 생애에 걸쳐 결정적인 영향을 주었다. 즉 그가 절친한 동문인 윤선거尹宣擧와 갈등을 겪고, 또 윤선거의 아들이면서 그가 가장 총애한 제자 윤증尹拯(1629~1714, 호는 明齋)과 결별함으로써 노론과 소론의 분쟁이 벌어진 것도 이로부터 시작된 것이라 하겠다.

부친을 잃고 3년상을 마친 송시열은 24세 되던 해 이황의 적전으로 연산에 거처하던 김장생金長生(1548~1631, 호는 沙溪)을 찾아가 본격적인 학업을 닦게 된다. 그러나 바로 다음해 김장생이 세상을 뜨자, 그는 다시 김장생의 아들인 김집金集(1574~1656, 호는 愼獨齋)을 스승으로 섬기게 된다. 그는 27세에 최명길이 주관한 생원시에 장원으로 뽑혔으며, 이로부터 학문적인 명성을 얻게 되었다. 그리하여 그는 29세에 훗날의 효종인 봉림대군의 사부가 되었으니, 이것이 훗날 그가 효종과 함께 북벌을 도모하는 계기가 되었다. 그러나 다음해 병자호란이 일어나 남한산성의 치욕을 당하고 소현세자와 봉림대군이 청에 인질로 잡혀가니, 이로부터 그는 일체의 벼슬을 사양하고 학업을 닦는 일에만 몰두하게 된다. 이 시기에 그는 주자학적 입장을 확고하게 굳히게 되는데, 그 계기가 된 것은 윤휴尹鑴(1617~1680, 호는 白湖)가 주자의 『사서집주』를 비판하고 특히 『중용』에 대한 새로운 편장과 해석을 제시한 것에 대해 격렬히 비판하면서부터였다.

송시열이 현실에 본격적으로 참여하기 시작한 것은 효종이 즉위한 이후부터이다. 효종은 즉위한 즉시 호란에서 척화를 주장한 인재들과 김집, 송준길, 송시열 등 산림의 학자들을 등용하였는데, 특히 송시열은 호란 중에 형을 잃었다는 점 때문에 효종의 특별한 권우를 받게 되었다. 한편 그가 43세 되던 해 올린「기축봉사」는 공자의 존주대의尊周大義와 주자의 복수설치復讐雪恥를 두 기둥으로 하여 당대의 시무가 무엇인가를 밝힌 것이었다. 그러나 이런 그의 노력은 김자점 일파의 책동에 의해 좌절되고, 그를 위시한 산림은 현실 일선에서 물러나게 된다. 그는 49세 때에 모친상을 당하여 복제를 마치니, 이후 나라에서 여러 벼슬을 제수하며 그를 불렀으나 그는 이에 응하지 않았다. 대신 그는「정유봉사」를 올려 공자에서 주자로 이어지는 춘추대일통의 정신과 인륜적 문명 사회의 회복을 위한 방안을 제시하였다.

복수설치라는 소극적 대응으로부터 춘추대의에 입각한 문명 사회의 재건이라는 적극적인 내용으로 이념을 진전시킨 송시열은 1658년(효종 9) 그의 나이 52세 되던 해 이조판서에 임명되어 효종의 절대적인 신임 속에 북벌을 위한 준비에 착수하였다. 그러나 다음해 5월 효종의 갑작스러운 죽음은 그의 이런 노력을 수포로 돌아가게 하였다. 이에 그는 고명지신으로 현종을 보좌하여 효종의 뜻을 계승하려는 생각을 갖게 되었으나, 곧이어 발생한 자의대비의 복제 문제로 인해 이후의 멍에가 된 예송에 휘말리게 되었다. 현종의 재위 기간 중에 그는 여러 차례 벼슬을 제수받았으나 거의 조정에 나아가지 않았다. 그는 집권 서인의 원로로서 상당한 영향력을 발휘하였으나, 현실 정치를 통해 효종의 뜻을 구현하려는 꿈은 접을 수밖에 없었다.

1675년(숙종 원년) 남인 정권이 들어서자 송시열은 결국 예송에 몰려 덕원·장기·거제 등지로 유배를 당하였으며, 한때 생명의 위협을 받기도 하였다. 1680년(숙종 6) 74세의 그는 서인의 재집권과 함께 귀양에서 풀려 영중추부사가 되고 곧 치사하여 봉조하의 영예를 받았으나, 이번에는 스승인 김장생의 손자인 김익훈에 대한 처리 문제와 제자인 윤증과의 갈등으로 인해 노론과 소론이 분당되는 일에 휘말리게 되었다. 이에 그는 박세채朴世采(1631~1695, 호는 南溪)를 통한 조정을 기도했으나 일이 수포로 돌아가자, 춘추대의와 인륜적 문명 사회의 재건이라는 꿈을 실현할 수 있는 사림적 기반을 확보하는 일에 마지막 정열을 기울이기 시작하였다. 화양동에 은거하며 이러한 사업을 추진하던 송시열은 83세 되던 1689년(숙종 15) 남인 정권의 재등장으로 인해 제주도에 유배되었다가 곧 정읍에서 사약을 받고 죽음을 당하였으니, 끝끝내 그는 예송 문제로부터 자유로울 수가 없었던 것이다.

1694년(숙종 20) 서인 정권의 재등장으로 송시열의 관작은 다시 복구되었고 문정文正이라는 시호가 내려졌다. 이후 그는 화양동을 비롯한 전국 70여 서원에 배향되었고, 1756년(영조 32) 선비로서는 최대의 영예인 문묘에 배향되었다.

2. 역사 의식

임진왜란과 정묘·병자호란을 겪은 17세기 조선 왕조는 국가를 건설한 이념이었던 성리학과 그 이념을 실천하는 주체였던 사림 양면에서 심각한 내우외환의 도전에 직면해 있었다. 우리 나라 성리학의 꽃을 피운 퇴율 성리학 이후 조선 왕조의 지도 이념이었던 성리학은 그 사상적 순정성과 학문적인 치열성을 점차 상실하게 되었으며, 그 주도 세력이었던 사림은 학문적인 입장에 따라 당파를 달리하면서 분열과 정쟁을 되풀이하기에 이르렀다. 그리고 이런 상황을 걷잡을 수 없는 파국으로 몰아간 것은 바로 두 차례에 걸친 외침이었다.

7년에 걸친 임진왜란이 민중적인 삶의 기반을 파탄에 이르게 한 결정적인 원인이 되었다면, 정묘·병자년의 호란은 조선 왕조를 지탱해 온 사림들의 자존심에 결정적인 타격을 준 사건이었다. 특히 어떤 측면에서는 임진왜란을 통해 도리어 강화되었던 사림들의 중화주의적 문명 의식은, 호란을 통하면서 사림들이 야만시했던 청나라의 무력에 의해 돌이킬 수 없는 상처를 받게 되었다. 임진왜란 이후 철저히 파괴된 민중들의 생존 조건에 대한 객관적인 인식과 이를 토대로 안정된 민생의 기반을 회복하고자 하는 흐름이 실학이라는 사상적이고 실천적 대응으로 나타난 것이라면, 양차에 걸친 호란 이후 사림들이 짓밟힌 자존심을 회복하고자 한 노력은 청나라에 대한 복수설치와 춘추대의에 입각한 존주론적 의식의 형성과 함께, 실질적으로 문명 사회를 건설하고자 한 예학에 대한 연구로 나타나게 되었다.

이같은 시대적 현실 속에서 송시열은 나름대로 민생에 대한 관심을 갖기도 하였는데, 특히 예송의 한 축으로서 예학에 대해 깊은 관심을 보였다. 그러나 역시 그가 가장 중요한 관건으로 생각한 것은 청나라에 대한 북벌과 그 이념적 기반으로서 춘추대의를 확립하여 문명 사회를 재건하는 일이었다고 하겠다. 복수설치와 문명 사회의 재건이라는 그의 역사 의식과 사명 의식은 효종대에 있어서는 임금의 적극적인 선도와 사림들의 참여 그리고 일반 백성들에게 상당히 광범위한 지지를 받았다. 그러나 이런 흐름은 임금의 주도로 이루어지는 한계를 극복하지 못하였으니, 이 때문에 효종이 죽은 뒤에는 그 실천 주체가 모호해져서 더 이상 추진력을 갖지 못하게 된 것이었다. 그것은 곧 그의 딜레마가 되었다. 물론 그는 나름대로 역사적 사명의 실천을 위해 진력하였지만, 현실의 제조건은 이미 대의보다는 현실 안주를 추구하는 방향으로 흘러가고 있었던 것이다. 이런 상황 속에서 그는 효종과의 관계를 생각하고, 또 춘추대의의 이념과 정신이 결코 좌절되어서는 안 된다는 신념을 가지고 그 불씨를 살리기 위해 진력하였다. 그에게 있어서 이러한 대의명분은 단지 기존의 권력이나 왕조를 유지하는 이데올로기이거나 서인, 더욱 좁게는 노론 정권을 유지하기 위한 수단이었을까? 그의 후계자들 중 몇몇은 그러한 경향을 보여 주기도 하였다. 그러나 적어도 그에게 있어 대의명분은 조선 왕조가 국가를 건설할 때부터 추구한 국가 이념과 다른 것이 아니었는데, 그것은 고려말의 정몽주(호는 圃隱)로부터 조선 초기의 사육신이나 조광조의 죽음 그리고 이황과 이이의 도통을 통해 확립되어 온 성리학적 문명 세계의 전통을 계승하는 일이었으며, 나아가 주자와 공자로 소급되는 유학적 문명 사회 건설이라는 오랜 염원을 실현하는 유일한 길이었다. 그러기에 그는 대의명분을 절대로 포기할 수 없었던 것이다.

따라서 송시열에게 있어서 현실의 좌절이나 심지어는 그 결과의 성패조차도 춘추대의의 이념과 정신을 포기하는 이유가 될 수 없었던 것이다. 한 나라의 동중서董仲舒는 다음과 같이 언급하였다.

유자는 그 의를 정의롭게 실천할 뿐 그 이익을 도모하지 않으며, 그 도리를 시행할 뿐 공로는 따지지 않는다.

바로 이것이 대의명분에 대한 송시열의 입장이었다. 비록 그는 정치적인 반대 세력으로부터 왕도와 패도를 병용한다는 비난을 받기도 하였지만 적어도 대의명분에 있어서는 결코 양보하려 하지 않았는데, 이것은 그가 여러 정치적 갈등을 겪게 된 중요한 이유 중 하나가 되었다.

현실적 성패를 넘어선 송시열의 대의명분의 추구는 어떻게 가능할 수 있었던 것일까? 그것은 무엇보다도 유학적 문명 사회의 건설이 역사적인 당위를 넘어서 필연적으로 도래할 것이라는 믿음을 근거로 한 것이었다. 그가 만년에 만동묘의 건립을 필생의 사업으로 추진하고 마지막 유언으로까지 당부한 것은, 현실에서 어떤 좌절과 굴곡을 겪더라도 이 문명의 세력이 언젠가는 반드시 승리하여 문명 사회의 건설이라는 꿈이 실현되리라는 역사에 대한 신념을 보여 주고 싶었던 것이다.

넘실거리며 흘러가는 장강과 한수가 일만 번 굽어도 언젠가는 반드시 동으로 흘러간다.(悠悠江漢 萬折必東)

이미 사라져 버린 만동묘의 현판과 글자마다 쪼아져 내던져졌던 만동묘 묘정비는 그 참혹한 겉모습에도 불구하고, 송시열과 조선조 선비들의 역사와 문명에 대한 확고한 신념을 아직도 웅변하고 있다. 다만 우리가 그 소리를 계속 외면하지 않는다는 전제 아래에서.

3. 직直을 통한 인간 이해

송시열의 역사 의식은 그의 현실 인식의 반영인 동시에 그의 사상적 뿌리를 이루고 있는 성리학에 기반하고 있는 것임은 재론을 요하지 않는다. 그리고 이같은 그의 성리학적 사상은 주자학에 대한 철저한 이해와 존숭을 특성으로 한 것은 분명하지만, 그의 성리학을 단순히 특색 없는 주자의 아류로 이해하는 것은 정당하지 않다. 주자학적 본질과 이념에 있어서 그는 상당히 교조적인 측면을 보여 주고 있지만, 그는 비교적 개방적이었던 기호학파의 학문적 전통을 계승하고 있을 뿐 아니라 우리 나라 성리학의 인간학적 전통을 누구보다 충실하게 따랐다는 점에서 그의 성리학은 단순한 주자학의 아류는 아닌 것이다. 이런 측면에서 그를 이념적 주자학자라고 부를 수 있을 것이다.

태극 이기를 다루는 세계관적 측면에서 송시열은 오히려 충실한 율곡의

만동묘의 묘정비 후면.
징으로 쪼다 미처 다 쪼지 못해 남은 부분

계승자이며, 나아가 종합적인 체계를 확립한 인물이었다. 그러나 그의 사상적인 독창성을 보여 준 것은 오히려 우리 나라 성리학의 특색으로 이해되는 인간학적 측면에서이며, 그 핵심은 직直사상으로 요약될 수 있을 것이다.

송시열이 직사상을 본격적으로 접한 것은 그의 스승인 김장생을 통해서였다. 김장생은 이 만년에 얻은 제자에게 주자에서 맹자, 공자로 소급되는 유학의 핵심적인 정신을 직사상으로 일관하여 설명하였다. 이 직사상에 관련하여 공자는 "사람의 생명은 정직한 것이니, 정직하지 않으면서 살아가는 것은 단지 요행으로 재앙을 모면하는 것일 따름이다"고 하였다. 또한 맹자는 "인간이 스스로를 돌아보아 정직하면, 비록 천만 인이라도 내가 당당하게 대적할 수 있다"고 하였으며, 호연지기를 기르는 방법에 있어서는 "정직함으로 기르고 해치지 않는다면, 이 기운이 하늘과 땅을 가득 채우게 된다"고 하였다.

이처럼 공자와 맹자에 있어서 '직'은 인간의 본질 자체가 갖는 거짓 없는 모습을 의미한다. 즉 그것은 공자가 말한 인간다움의 총체로서 인仁의 진실성을 표현하는 개념이며, 맹자가 말한 선한 인간 본성의 실체를 지적한 표현이다. 이와 같은 직사상은 인간의 본성과 우주적인 이치의 본질적인 동일성, 즉 성즉리性卽理라는 대전제에서 출발한 성리학에 이르러 인간의 본질이면서 곧 우주의 본질이라는 의미를 갖게 된다. 주자가 세상을 떠나기 직전 "성인이 모든 일에 대응하는 자세나, 천지가 만물을 생성하는 도리는 모두 직일 따름이다"라고 한 것은 이를 명백히 밝혀 주는 것이다. 바로 이 주자의 관점이 송시열의 학문적인 입장을 관통하는 직사상으로 전개된 것이다. 그가 정읍에서 사약을 받을 때, 후인들에게 사업에 있어서는 효종의 뜻을 잊지 말고 계승할 것을 당부하고, 학문에 있어서는 주자를 종주로 받들기를 당부하면서 그 사상의 핵심을 이 '직'이라는 한 글자로 요약하고 있음은 이를 증명해 주고 있는 것이라 하겠다.

송시열은 성리학에서 인간의 올바른 주체를 확립하는 방법으로 제시한 경敬을 직사상으로 이해하여 경이직내敬以直內를 해석하였을 뿐 아니라, 인간 주체의 실천적 역량을 기르는 것도 이 '직'이라 하여 직이양기直以養氣의 사상을 제시하였다. 즉 그는 경이 인간의 주체를 그 본질의 정직한 모습으로 돌아가게 하는 것이라면, 경을 통해서 확립한 정직한 인간 주체를 구체적인 실천 주체로 구현해 가는 관건이 '직'을 통해 실천력을 기르는 것으로 보았던 것이다.

그러므로 '직'을 통해 드러나게 되는 실천은, '직'을 모든 인간이 공유한다는 인간관을 바탕으로 하여 공동의 실천 규범인 예禮로 구체화되어 나타나게 된다. 따라서 송시열에게 있어서 예는 단순히 외적으로 강제된 규범이 아니라, 모든 인간에게 보편적인 정직한 본질과 그 본질의 정직한 실현을 기반으로 하여 합의된 규범이었던 것이다. 이렇게 보면 그가 꿈꾸었던 문명 사회의 모습은 인간의 정직한 보편성을 토대로 형성된 예제 문화 사회였음을 알 수 있다.

예는 자기 존중을 기반으로 하여 서로를 존중하는 정신을 담아 실천하는 행위이다. 그것은 개인만이 아니라, 집단 간의 관계에 있어서도 마찬가지이다. 이렇게 보면 결국 송시열이 추구한 문명 사회의 건설은 우리의 문명성을 회복하여 이를 기반으로 문명적 인류 사회를 건설하고자 하는 것이었으며, 명나라는 그 문명 사회의 상징으로, 그리고 복수설치의 대상인 청나라는 이에 반하는 야만 사회의 상징으로 이해될 수 있다.

4. 송시열 사상의 영향과 그 계승자들

송시열 이후 기호학파는 철학적으로는 주자―이이―송시열로 이어지는 큰 줄기를 벗어나지 않으며, 이념적으로도 춘추대의를 높이는 흐름을 계승해 간다. 이 양면적인 관점에서 가장 충실한 계승자는 역시 권상하였다. 그는 송시열의 당부대로 만동묘를 건립하고 화양서원을 세우며 대보단大報壇의 설립을 요청하는 등 송시열의 이념을 구체화하는 데 진력하였다. 그리하여 그는 25년 동안 화양서원의 원장으로 재직하면서, 여러 차례에 걸친 관직을 모두 사양하고 송시열의 정신을 계승하는 일에 몰두하였다.

권상하의 제자로는 유명한 강문팔학사江門八學士가 있는데, 이들 가운데 이간李柬(1677~1727, 호는 巍巖)과 한원진韓元震(1682~1751, 호는 南塘) 사이에서 벌어진 인물성동부동의 논쟁이 사상적으로 중요한 의미를 갖는다. 송시열의 학문적인 계승자 사이에서 야기된 이 사상적 논쟁은 호락논쟁湖洛論爭이라고도 불리는데, 서로 이론을 달리하는 관건은 사물도 인간과 같은 인의예지신仁義禮智信의 본성을 갖고 있는가 하는 점에 있었다.

여기에서 한원진을 위시한 호론의 학자들은 인간과 사물의 본성이 같을 수 없다는 입장을 취하였는데, 이것은 인간이 갖는 존엄성을 중시하여 인간이 사물과 다른 점을 윤리성에서 확인하고자 하는 것이었다. 반면 이간을 중심으로 한 낙론의 학자들은 성리학의 성즉리라는 대전제에 근거하여 인간과 사물의 본성을 같은 것이라 하였는데, 이것은 인간과 사물의 보편성을 중시하여 사물의 가치를 그 본질에서 인간과 같은 것으로 보고자 하는 것이었다.

이 논쟁에서 권상하는 한원진의 견해를 지지하였는데, 이런 호론의 입장은 문명 사회와 야만 사회를 엄격히 구분하던 송시열의 이념적인 입장이 사상적인 논쟁에 반영된 것이라 할 수 있다. 그러나 권상하 이후 화양동의 원유를 담당했던 학자들의 견해는 주로 낙론의 입장에 있었다. 그 대표적인 인물이 이재와 박필주이다. 화양서원의 6대 원장으로서 만동묘의 묘정비를 지은 이재와 7대 원장인 박필주는 이간의 낙론에 찬동하였으며, 12대 원장인 김양행 역시 낙론의 입장을 지지하였던 것이다.

그러나 호락 논쟁 자체는 이념적인 성격보다는 이론적인 성격을 강하게 갖는 것이었기 때문에 이로 말미암아 정치적인 파당이 갈라지는 일은 벌어지지 않았다. 그것은 기호학파 내에서 그 사상적인 기반인 율곡의 사상보다 퇴계의 사상에 가까운 이론이 제시되더라도 나름대로 수용하는 기호학파의 개방적인 사상 풍토가 남아 있었기 때문이기도 하지만, 무엇보다도 송시열이 제시한 춘추대의의 이념이 여전히 강력한 힘을 발휘하여 호론과 낙론 사이에 아무런 차이가 없었기 때문이었다.

이후 이같은 사상적인 논쟁은 더 이상 화양서원을 중심으로 일어나지 않는다. 영조 말년에서부터 정조대에 이르는 시기에 화양서원은 여전히 송시열의 이념을 표방하였지만, 그것은 이미 노론 권력을 유지, 강화하기 위한 구호일 뿐, 도리어 정조의 개혁 정치에 심각한 장애 세력으로 전락하고 만다. 즉 13대 원장인 송덕상은 정조 초년 홍국영의 세도 정치에 영합하다가 죽임을 당하였고, 14대 원장인 김종수는 노론 벽파의 영수로 활동하였다. 이처럼 노론 권력과 세도 정치의 이념적 도구로 전락한 화양서원은 비록 당대에는 막강한 권세를 구가했지만, 이로 인해 송시열이 추구한 대의명분까지 함께 집권 세력들의 지배 이념으로 전락하는 비운을 맞이하게 되었다.

그렇다고 송시열이 추구한 대의명분이 사라져 간 것은 아니었다. 그가 추구한 대의명분은 민족적 위기에서 우리가 문명 사회의 마지막 보루이고, 이 문명 사회를 반드시 지켜내야 한다는 신념으로 드러나 더욱 새로운 빛을 발하게 된다. 즉 구한말 서세동점의 세계적인 흐름과 일본 제국주의의 침략을 당하던 민족적인 위기에서, 송시열 춘추대의의 이념과 정신은 위정척사운동을 벌인 화서학파의 이론적 정신적 기반이 되었다. 특히 일본 제국주의에 의한 강제적인 합방에 맞선 치열한 의병 활동과 순국 속에서 이 춘추대의 정신은 그 맥을 이어가고 있었다.

오늘날 우리는 사회 내부에 있어서나 인류적인 현실에서 힘만을 숭상하는 야만적인 모습을 수없이 만나게 된다. 이 야만적인 모습이 현실로 살아 있는 한 우리는 문명 사회를 향한 염원을 결코 포기할 수 없다. 물론 우리가 이 시대에 추구하는 문명 사회의 모습이 송시열이 제시한 문명 사회의 모습과 똑같은 것은 아닐지도 모르겠다. 그러나 인간과 인간이, 그리고 국가와 국가가 스스로를 존중하고 서로를 존중하며 신의를 지켜 가며 평화롭게 살아 가는 문명 사회의 이상은 그 때나 지금이나 결코 다르지 않을 것이다.

 백 번 양보한다고 해도 문명 사회를 추구하던 열정과 문명의 역사가 반드시 성취될 것이라는 신념, 그리고 우리가 그 이상을 성취해 주리라 믿는 그 믿음에 대해서만은 결코 배신해서는 안 되지 않겠는가? 다시 한번 화양동을 다녀와야겠다.

고산서원　정병련

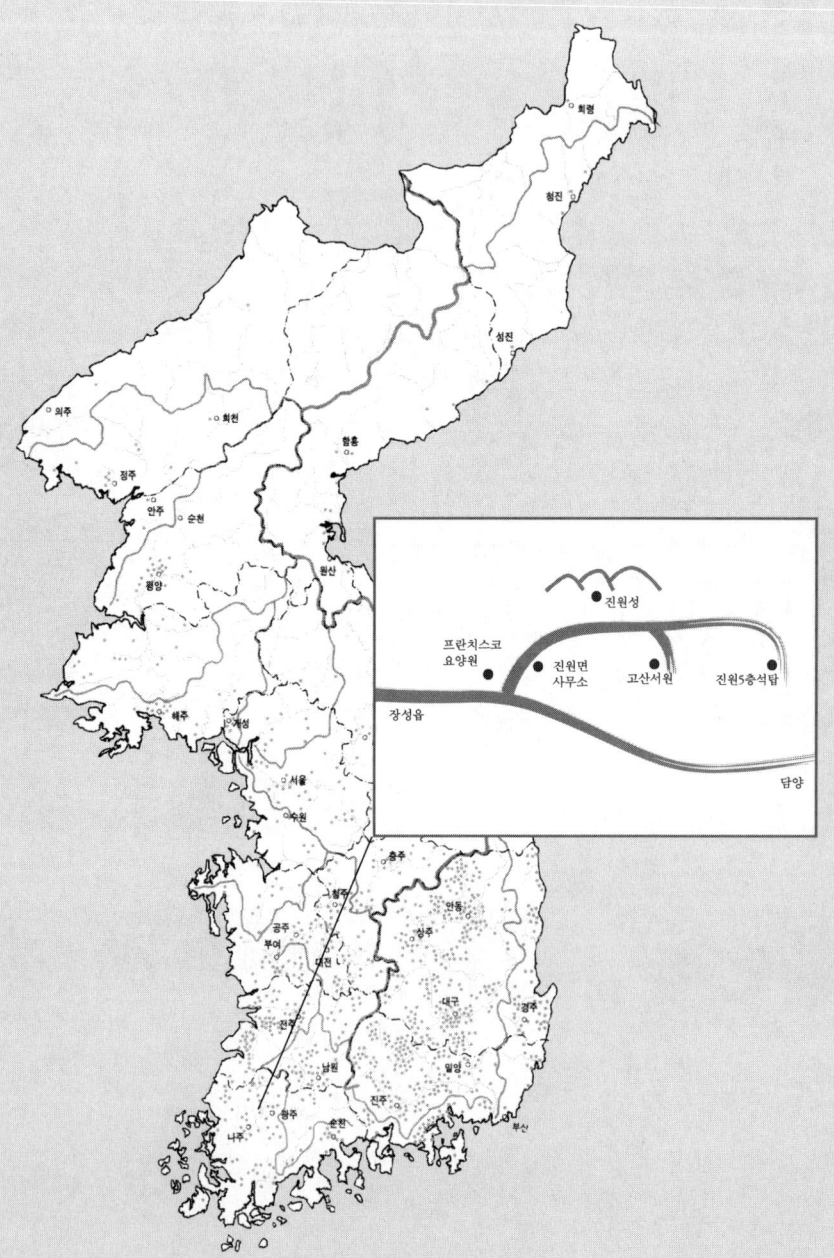

1. 서론

고산서원高山書院은 기정진奇正鎭(1798~1876, 호는 蘆沙)과 그의 문제자를 제향하는 곳이다.「고산서원창건사실기」에 의하면 병인년(1926년) 여름 담대헌澹對軒 북쪽에 사우祠宇 3가架를 건립하기 시작하였으며, 기와와 벽돌을 써서 단장하고 단청을 한 끝에 그 해 가을 완공하였다고 한다. 다음해인 정묘년(1927년)에는 건물 안에 탁자와 제기祭器를 두루 갖추었으며, 3월 정축일丁丑日에는 유사가 제물을 준비하여 성복하고 위패를 받들어 북벽에 모셨는데, 해마다 춘추 계월季月(3월과 9월) 중정일中丁日을 택하여 제향하기로 하였다. 한편 문제자의 배향도 생각하지 않을 수 없어 무진년(1928년) 가을에는 6현賢을 동서로 나누어 모시게 되었다. 이후 서재西齋를 지어 '집의재集義齋'라 하였으며, 을축년에는 동쪽에 거경재居敬齋를 지어 하나의 서원의 체제를 갖추었는데 이 때에 비로소 '고산서원高山書院'이라는 편액을 붙였다.

고산서원은 전라남도 장성군 진원면 진원리珍原里 695번지에 위치하고 있는데, 옛 지명인 '고산高山'이라는 이름을 본뜬 것이다. 소속 건물로는 위에서 대강 언급하였으며, 이 외에 남향에 사우祠宇 3칸과 신문神門 3칸이 있다. 담대헌 4칸은 남향으로 있으며 '고산서원'이라는 네 글자가 걸려있다. 거경재 4칸은 동재東齋로 서향西向인데, 한동안『노사선생전집蘆沙先生全集』의 장판이 보관되어 있었고, 장판각이 세워진 이후에는 그곳에 보관되어 있다. 또 집의재集義齋 4칸은 서재西齋로 동향이며, 외문外門 1칸은 남쪽에 있는데 지금은 산앙문山仰門이 세워져 있다. 그리고 동문東門 1칸은 사우의 동쪽에 있으며 고직사庫直舍 4칸은 외문 밖에 있다.

제향일은 봄과 가을의 계월 중정일이다. 사우에 속한 토지는 진원면, 고창읍, 황룡면, 평창면, 하동군 청암면, 장성군 북일면, 광산군 석곡면 등지에 산재해 있다.

2. 고산서원의 개설 연혁

박노면朴魯冕은 기정진의 매손妹孫으로 담대헌에서 수업을 받았는데, 기정진이 세상을 떠나자 삭망제朔望祭를 계속 모셨다. 그의 아들 박홍규朴興圭(호는 覺軒)는 예전 기정진이 강학하던 담대헌이 황량해진 것을 보고 안타깝게 여겼다. 담대헌은 비가 새고 바람이 몰아치고 또 잡풀이 뜰안에 가득하고 더러운 물건들이 널려 있어 퇴락의 모습이 완연히 드러났던 것이다. 이처럼 노사학파의 근원지인 담대헌이 퇴락한 것을 목격한 박홍규는 이굉규李宏奎(호는 直軒)와 이종원李鍾遠(호는 聖南)의 지원을 받아 기정진 문하의 여러 후학들을 소집하여 담대헌에서 강학회를 열고자 하였다. 그리하여 담대헌의 어수선한 환경을 정비하기 위한 주변 정리가 시작되었는데, 강학회를 계기로 이후로도 초하루와 보름에는 담대헌의 청소를 하게 되었다. 이밖에 박홍규, 이굉규, 이종원 세 사람은 얼마간의 회사금을 내어 담대헌 동편의 집 한 채와 북쪽의 논 2두락을 사서 재정을 마련하였으며, 재직이로 하여금 관리하게 하였다.

날이 갈수록 담대헌에서 열리는 강학회에 참석하는 사람들이 많아지게

담대헌

되었고, 여기에 따르는 비용도 더욱 불어나게 되었다. 무오년(1918년)에는 기우만奇宇萬(호는 松沙)의 삼년상(大喪, 大朞)을 맞이하여 많은 후학들이 참석하게 되었다. 이 자리에서 박흥규와 이굉규는 여러 사람들 앞에 나아가 담대헌을 보존하기 위한 방법으로 계稧를 만들어 자금을 마련하자고 주장하였고, 대다수의 사람들이 여기에 동조하게 되었다. 그리하여 하나의 계가 조직되었는데, 계금을 모으고 유지하려는 과정에서 여러 가지의 어려움이 뒤따르게 되었으나 큰 무리 없이 일을 진행할 수 있게 되었다. 즉 계금을 갹출하여 이식을 불리는 과정에서 갚을 능력이 없는 사람이 빌려 달라는 간청이 많았고, 그 요구를 거절하면 계의 조직, 유지에 해를 끼치려는 사태가 일어날 정도로 많은 어려움을 안고 근근이 모임을 이어 나가게 되었다.

계해년(1923년) 겨울에 『송사집松沙集』을 간행하려는 제자들의 움직임이 남원의 본가로부터 시작되었다. 두 차례의 회합이 광주 봉곡鳳谷에서 있었고, 발송될 문안을 작성하는 데 있어서 당시 그 회합에 참여하지 않았던 사람이라 할지라도 『송사집』 문집 간행에 영향력을 미칠 사람을 거명하여 문안에 써 넣기로 합의하였다. 여기에서 적절한 사람으로 거명된 사람이 기정진의 문인 오준선吳駿善(1851~1931, 호는 後石)이었다.

이듬해 2월에 담대헌에서 큰 규모의 회동이 있었는데, 이계종李啓琮(호는 三山)이 사회司會를 자원하여 그 회합을 주관하였다. 이 자리에서 오준선의 조카 오동수吳東洙(호는 道湖)는 문집 간행을 당분간 보류할 것을 청하였다. 그는 입에 오르내릴 만큼 대단한 학자의 문집이라 할지라도 아무런 소용도 없이 묵혀져 있는 것이 현실이므로 『송사집』을 발간한다는 것 역시 아무런 소용이 없다는 의견을 내세웠다. 그러나 이러한 의견은 일반적인 명분을 앞세운 사사로운 견해에 불과한 것이었고, 오동수가 문집 발간을 반대한 보다 근본적인 이유는 백부인 오준선의 이름을 허락 없이 사용했으며, 또 발문에서 언급한 '극거간역亟擧刊役'이라는 말은 문법에도 맞지 않는 것으로 통문通文의 형식에 전혀 적합하지 않다는 것이었다. 이러한 오동수의 의견은 객관적인 판단으로 볼 때, 감정적이고 개인적 의견을 의식한 발언이며 본질에 접근하지도 않는 주변적인 말에 불과한 것이라 할 수 있다. 이에 대해 이굉규는 오동수의 의견에 대해 공적인 일을 앞에 두고 사사로운 인연에 급급하는 것은 옳지 않다고 하였다. 즉 그는 이 문집 간행에 관한 일은 단순히 간행의 여부에 관한 일인데, 백부를 들먹이는 것은 간행을 고의로 방해하려는 술책에 불과하다고 반박하였던 것이다. 물론 반대 의견이 분분하면 간행의 역사는 그만큼 늦춰질 수밖에 없다. 오동수와 같이 사정私情을 앞세우는 처사는 결코 정당하다고 할 수 없는데, 기백도奇栢度(호는 寒齋)와 기우만의 문인 이종택李鍾宅(호는 六峰)은 오동수의 의견에 동조하는 입장이었다.

사정이 이러하자 이굉규와 김택주金澤柱(호는 蓮史)는 여러 가지 이유를 들어 문집의 간행을 반대하는 의견과 찬성하는 의견을 중재함으로써 문제를 해결하고자 하였다. 한편 어려운 현실적 상황을 해결하고 돌파하기 위하여 박홍규는 담대헌의 보존과 문집 발간에 관한 여러 상황을 보고하는 형식의 편지를 써서 오준선에게 당시의 사정을 상세하게 전달하였다.

> 문하門下가 우리 선사의 친구이기 때문에 발문의 맨 위에 이름을 썼는데, 이것이 도리에 무슨 손상이 된다고 하여 문하는 남에게 모르는 일이라 하고 또 영함令咸은 구구하게 여러 사람의 자리에서 발명을 하여 이 모임을 파하게 하였습니까?

이 편지에 대해 오동수는 대단한 불만을 토로하였다. 불만이 터져 나올 수 있는 여건은 이미 마련되어 있었다. 원래 담대헌을 관리하자는 목적을 위해 만들어진 계회稧會와 기우만을 위해 문집을 간행하는 일은 별개의 문제였다. 그러나 이 두 가지의 일이 전혀 관련이 없는 것은 아니었다. 그것은 기정진의 제자와 기우만의 제자가 겹치는 경우가 있고, 또 한쪽에만 소속되는 경우도 있으며, 게다가 기정진의 문인으로서 기우만의 제자 반열에 있는 경우도 있어 상호 인간 관계가 복잡하게 얽혀 있기 때문이었다. 이제 기우만의 문집을 간행하는 일이 벽에 부딪히자 본래의 목적으로 계금을 쓰자는 원칙론이 나오기 시작하였다. 원래 계회는 담대헌의 유지를 위한 것인데, 그 관리 문제에서부터 시작하여 오동수와 같은 이는 황산의 금송禁松하는 일에 써야 하며, 재정 관계는 광주에 사는 문인환文仁煥이 관리해야 한다고 말했으며, 이계종은 기정진을 위한 것이면 쓰는 곳이 무엇인들 상관할 것이 없다고 말하기도 하였다. 그러나 박홍규는 원칙론을 내세워 이계종에게 다음과 같이 말하였다.

> 계는 담대헌의 유지를 위해 건립한 것임을 모든 유림은 알고 있다. 알고 있는 것은 공公이며 모르는 것은 사私이다. 사사로움으로 공적인 일을 버릴 수 없다. 또 우리가 여러 해 동안 혈성을 들여 마련한 돈을 공은 단지 계원에 추입追入한 사람만 생각하고 빼앗으려 하는가?

담대헌의 중수 계획은 반대론자의 격렬한 방해에도 불구하고 공론이 되어 일을 착수할 수 있게 되었다. 그러나 경제적인 어려움으로 인해 난관에 부딪치게 되었다. 관건을 쥐고 있는 사람은 바로 오준선이었다. 이광규와 기노선奇老善(호는 道南)이 오준선을 찾아가 담대헌의 중수에 관한 의견을 제시하고, 마침내 오준선으로부터 허락을 얻게 되었다. 즉 오준선은 통문을 발하는 데 있어 그의 이름을 써 넣어도 좋다고 하였으며, 더구나 재정적 어려움이 있다면 30냥을 내겠다는 제의까지 하였다. 여기에 대해서도 여러 가지 논난이 있었으나 일단 담대헌의 중수에 착수하는 공식적인 기초는 마련되었다. 이러한 일련의 절차를 밟는 과정만 무려 7개월이 소요되었다.

한편 김택주는 이종택 등 반대 의견에 동조하는 사람을 크게 질타하며 주변의 문제에 집착하지 말고 문집을 간행하는 일의 본론으로 돌아가 논의하자고 질언하였다. 문제의 초점은 첫째, 오준석을 위한 일인지 아니면 문집 간행을 위한 일인지를 확실히 하여 문집을 간행하는 본론에 초점을 모으자는 것이었으며, 둘째, 문집 간행에 관해서는 오준석이 기정진의 문하인데도 『송사집』 간행에 발송문의 책임자로 된 것은 옳지 않다는 것이었다. 그러나 반대 세력의 의견이 분분하여 회합 자체가 성립되지 못하고 종결되었다. 스승이건 제자이건 사후에 문집을 간행하는 일은 정상적인 일이다. 또 의미 있는 일이기도 하다. 그러나 원래의 좋은 취지를 관철하지 못한 채 담대헌을 보존하고 문집을 간행하는 일은 벽에 부딪히게 되었다. 즉 일이 순조롭게 진행되리라는 당초의 예상과 달리 뜻밖의 일 때문에 중간에 회동이 파기되는 지경에까지 이르게 된 것이다.

여러 가지 어려움에 직면하자 박홍규와 이굉규 등이 일을 주선하여 가장 급선무인 기울어지는 담대헌을 중수한다고 대외에 알렸다. 그들은 개인의 돈을 출연出捐하여 필요한 재목을 사는 등 담대헌을 중수하는 일에 착수하였다. 그러나 그 규모가 너무 광대하고 해야 할 일이 많아 처음부터 어려움에 봉착하였다. 더욱 어려운 것은 오준석의 적극적인 후원이 요구되는 상황이어서 먼저 그의 동의와 더불어 재정적 요청을 기대하는 수밖에 별다른 묘안이 없었다.

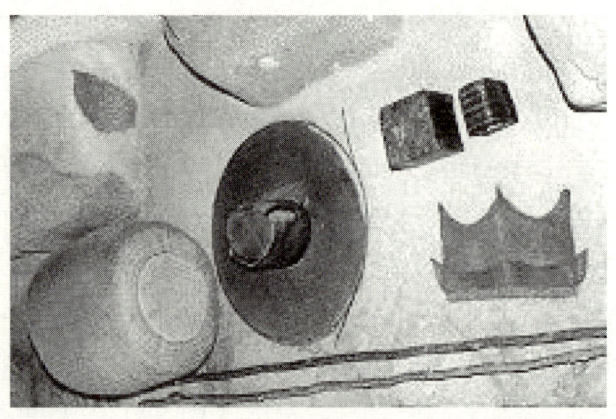

서원에 남아 있는 유물들

위에서 말한 바와 같이, 그 해 9월 그믐에 기노선과 이굉규가 오준석을 찾아가 담대헌을 중수하자는 말을 건넸는데, 이에 오준석은 스스로 통문을 짓는 한편 그 이름을 기록해도 좋다고 허락하였으며 덧붙여 30냥의 재정 지원까지 약속하였으나 대외적인 여론은 좋지 않았다. 왜냐하면 기정진의 문집을 판각할 때 정재규(호는 老柏軒, 1843~1931)가 집안이 어려운 상황에서도 300냥을 출연한 것에 비해 오준석은 정재규의 10배에 달하는 재산을 가지고 있었는데도 불구하고 10분의 1밖에 희사하지 않았던 것이다. 그러나 출연 금액의 많고 적음을 막론하고 일단 오준석의 도움을 받게 되어 일은 급진전되었고, 밤을 새워 통문과 망첩을 만들고 각 고을로 발송하게 되었다. 물론 직접 발송하는 일에 참여하여 영호남을 왕래한 사람은 박홍규, 이종원, 기성도奇誠度 등이었다.

마침내 같은 해 12월에 상량上樑을 올렸는데, 옛터 위에 그대로 짓되 칸 수를 더 늘리고 짚으로 덮었다. 그러나 일을 진행하는 중간에 재정적 어려움이 있게 되었고 다시 영호남의 학자들을 찾아가 도움을 청하게 되었는데, 공학원孔學源(호는 道峯, 1861~1939)은 100냥을 선뜻 내놓기도 하였다.

7월에는 궂은 장마비가 연일 계속됨에도 불구하고 아곡雅谷 깊숙이 30리 정도를 들어가 재목을 채취하여 동재東齋 4열椺을 지어 후학들이 거처할 터전을 마련하였다. 마침내 9월 말에 기정진의 석채례釋菜禮를 담대헌에서 모시게 되었는데, 당시 모인 사람이 천여 명이 넘었다.

2. 고산서원으로의 확대 개편

석채례가 끝난 후 이굉규는 다음과 같이 제안하였다.

여러 선비의 성력에 힘입어 이미 이 집이 중수되었습니다. 그리고 석채례를 드리는 일도 매우 성대하게 치루어졌습니다. 그러나 가만히 생각해 보면 선생의 계왕성개래학繼往聖開來學하는 공적은 백세의 스승이 될 만한데 다만 일시의 석채례만 드리고 만다면 유가의 흠전欠典이 되지 않겠습니까? 다사多士들이 더욱 성력을 내주시고 더욱 공론을 확장하여 사당을 세우고 백세토록 영령英靈을 모신다면 이 어찌 후세까지 전할 성스러운 일이 아니겠습니까? 또 이 자리에 가득히 계신 분들 중에는 당일에 문하생이었던 노숙老宿도 많이 계시고 또 연원으로 사숙私淑하신 분도 많이 계십니다. 저희들 같이 말학천견末學淺見들도 사모하는 마음이 간절한데 하물며 직접 수업하신 분들은 더욱 그러하지 않겠습니까? 원컨대 깊이 생각해 주십시오.

사당을 짓는 일에 대하여 기노선은 기한익으로 하여금 오준석에게 주선을 해 달라고 부탁하였는데, 이에 오준석이 주창主唱하였고 이광수李光秀(호는 玉山)가 그 말을 따라 경위를 소상하게 이야기하였다. 그리하여 주사主司 정휴선鄭休璿이 먼저 3,350냥을 내고 진주 월횡리月橫里에 사는 조성가趙性家(1824~1904, 호는 月皐)의 증손 조호제趙虎濟도 상당한 금액을 희사하여 사당 건립에 착수하였는데, 박홍규와 이굉규가 아곡雅谷으로 가서 소용될 재목을 채취하여 다듬는 일을 하였다.

3월 중정中丁 석채례를 마치고 많은 사람들이 모인 자리에서 사당 건립에 대해 유창수柳昌秀(호는 石松)는 반대 의견을 나타내었고, 이승학李承鶴(1857~1928, 호는 靑皐)은 긍정적인 반응을 보였다. 일을 진행하는 과정에서 여러 가지 어려움에 봉착하였으나 그 동안 반대 입장을 보였던 기백도가 사과하였으며, 또 사당 건립을 후원해 주는 사람이 점차 많아지게 되었다. 이에 박홍규와 이굉규가 힘을 더하여 5월 중순, 정우正宇와 삼문三門이 만들어졌으며, 8월에는 의연금을 기반으로 하여 건물을 기와와 벽돌로 단장하였으며 단청까지 완성할 수 있었다. 9월 석채례를 예년처럼 행사하고 정묘년(1927년) 봄, 보궤簠簋, 변두籩豆, 의탁倚卓을 갖추었으며, 3월에는 유사가 소를 잡고 예주醴酒를 베풀고 목패木牌를 정우正宇의 북쪽에 모시게 되었다. 이 때가 기정진이 작고한 지 49년째 되던 해였다. 서원의 명칭은 지명을 따라 고산서원高山書院이라 하였는데, 서원의 임원으로는 박홍규, 유창수, 오동수, 기한익奇漢翼(호는 華東) 네 사람이 선출되었다.

3. 배향 인물의 선정 과정

배향配享하는 인물의 순서와 대상에 대해서는 문인들의 논의가 분분하였다. 통문에 나간 순서를 보면 이승학의 부친 이최선李最善(1825~1883, 호는 石田), 이규형李奎亨(호는 槐亭), 정의림鄭義林(호는 日新齋), 김석구金錫龜(호는 大谷), 조의곤曺毅坤(호는 東塢), 오계수吳繼洙(호는 難窩), 이희석李僖錫(호는 南坡)이었다. 그러나 기정진만을 모시자는 의견도 있었고, 정재규와 기우만을 배향해야 한다는 견해도 있었다. 또 정의림과 김석구를 정재규와 더불어 노문삼제자蘆門三弟子라 하므로 이 세 사람을 배향하는 것이 옳다는 쪽도 있었다. 뿐만 아니라 조덕승曺德承의 조부 조의곤의 배향에 대해 지지하는 쪽도 있었는데, 조의곤은 공자 문하의 자공子貢과 같은 인물로 기정진의 생전과 사후에 경제적 도움을 많이 주었지만, 기우만의 거의 때 서로 뜻이 맞지 않아 좀 멀어진 상태였다. 한편 원로인 오준석은 호남에서 김녹휴金祿休(호는 莘湖)와 기우만, 영남에서는 조성가와 정재규를 배향해야 한다고 하였다.

배향하는 날짜는 다가오고 결정은 되지 않은 상태에서 배향 인물에 대한 수를 정하는 데도 많은 어려움이 있었다. 최종 결정은 동벽東壁에 조성가, 김녹휴, 정재규를 모시고 서벽西壁에 이최선, 조의곤, 기우만을 모시기로 하였다. 그러나 정의림과 김석구가 빠져 형평성이 없다고 불평하는 사람도 많았다. 결국 1983년 7월 정의림과 김석구가 추배追配됨으로써 현재와 같은 8명의 제자를 배향하게 되었다.

4. 제향 인물의 생애와 학문

1. 기정진

기정진奇正鎭(1798~1876)은 조선 후기의 성리학자로 본관은 행주幸州이고, 자는 대중大中이며, 호는 노사蘆沙이다. 시호는 문간文簡이다. 전라북도 순창淳昌 출신으로 8, 9세에 이미 경전과 역사에 능통하였다. 여러 차례 벼슬할 기회가 있었지만 모두 사양하였고, 마지못해 호조참판戶曹參判에 임용되었으나 단 6일간의 벼슬살이를 마치고 집으로 돌아왔다.

기정진은 주돈이周敦頤, 장재張載, 정이程頤, 주희朱熹 등의 철학을 깊이 연구하여 독자적인 성리학적 경지에 이른 인물이었다. 40세 이후 그에게 성리학과 경학은 물론 현실 정세에도 밝아 많은 제자들이 모여 들었고, 이 가운데 정재규와 기우만과 같은 학자들이 철학과 의리학에서 두각을 나타내었다. 그는 서경덕徐敬德, 이황李滉, 이이李珥, 이진상李震相, 임성주任聖周와 함께 성리학性理學의 6대가大家로 일컬어졌으며, 「납량사의納凉私議」와 「외필猥筆」과 같은 훌륭한 글을 지었고, 현재 『노사선생전집蘆沙先生全集』이 전한다.

중년에 이른 기정진이 과거 때문에 서울에 머물러 있을 때, 성진사成進士(미상)라는 사람이 그를 성균관에서 만나 보고 태극太極의 오묘한 이치에 대하여 논한 적이 있었다. 그 뒤 성진사는 사람들에게 동방에 진유眞儒가 없은 지 오래였는데 이제 다행히 진유를 직접 보았다고 말하며, 기정진을 '생지生知'라고 해도 과언이 아니라고 높이 추앙하였다. 성진사의 말에 다소 과장이 들어 있다 할지라도, 그의 말은 기정진의 학문적 터전을 잘 표현해 주고 있는 것으로 보아도 될 것이다.

학문적 성장 과정을 살펴보면 기정진이 학문에 얼마나 열정과 지속적인 의지력을 갖고 있었는지를 엿볼 수 있다. 그가 4세 때, 같은 서당에 다니는 아이가 훈장에게 유공공류共工의 '유流' 자가 무슨 뜻인지에 대해 물었다.

이에 훈장은 '방찬放竄' (내쫓는다)의 뜻과 같다고 하였는데, 옆에 있던 기정진이 '수류불반水流不返'이란 뜻과 같지 않느냐고 반문하였다. 훈장이 매우 놀랐음은 물론이다. 이는 기정진이 주자의 주석을 그대로 이해하고 있다는 증거이다. '방찬'이나 '방축放逐'의 의미는 물이 흘러 돌아오지 않는다는 '수류불반'의 의미와 같지 않다. 그는 스승의 설명보다 더욱 명쾌한 답변을 한 것이었다. 이처럼 어린 기정진은 가히 천재라 할 만하다. 그의 나이 6세 때에는 종조부 근재공謹齋公 기태검奇泰儉이 시험 삼아 어린 기정진에게 사람에 대한 시구를 써 보라고 하였는데, 기정진은 즉시 "우주 사이에 집을 짓고 산다"라고 대답하였다. 이에 기태검은 기정진의 부친 참판공參判公에게 축하하는 글을 보냈는데, 그 내용은 "용모와 재량이 참으로 하늘에서 내신 것이니 우리 집안의 경사慶事가 될 뿐 아니라 장차 한 세대에 뛰어난 도덕 군자가 되지 않겠는가?"라고 하였다.

　기정진은 사색면에서도 대단한 경지에 이른 인물이었다. 그는 있는 그대로의 사물을 아무런 이유 없이 쳐다보는 것이 아니라 의아疑訝와 경탄敬歎을 가지고 음미하였다. 7세 때, 어린 기정진은 맷돌(磨石)을 보고 "하늘이 움직이고 땅이 고요한 이치를 나는 맷돌에서 보았네"라고 읊었다. 이 때는 천동설이 일반화되었던 시기였지만, 그 이유를 조그마한 맷돌의 원리에서 찾아내는 그의 예리한 안목에는 참으로 경탄하지 않을 수 없다. 또 어린 기정진은 선비는 마땅히 먼저 기량器量으로 알 것이요, 현우賢愚는 시詩에 있지 않으며, 가르침을 받는 것은 좋지만 어린애를 시험해서는 안 된다고 하였다. 즉 선비는 어떤 기량과 국량을 가지고 있는가가 문제이지 시를 잘 쓰고 쓰지 못하는 일과는 관련이 없다는 것이다. 선비란 무엇인가? 세상의 일을 올바르게 판단하고 그 정의를 향하여 매진하는 사람이다. 그러므로 그러한 바탕이 중요한 것이다. 한편 어린이는 가르침의 대상이다. 그러나 어린이의 영리함을 시험하는 것은 교육적인 효과가 없는 일이다. 따라서 어린 기정진이 불필요한 답변을 하고 싶지는 않았지만 어른의 부탁 때문에 하는 수 없이 답변을 하였을 뿐이며 이러한 행위를 유쾌하게 생각하지 않았음을 잘 알 수 있다.

한편 기정진은 김인후金麟厚(호는 河西)의 영천시咏天詩를 따라 시를 읊었는데 당시의 많은 사람들이 이를 외우고 다녔다. 그 시의 내용을 보면, 그는 자연의 무한한 광대함과 시간적으로 끝없이 이어지는 연속성連續性에서 자연의 폭넓고 법도에 어긋나지 않는 모습을 보는 것과 동시에 인간 사회의 법칙은 우주의 광막무변하고 시간적인 영원성과는 달리 인과응보의 법칙성이 쉽게 나타난다는 것에 대해 아쉬움을 느끼는 태도가 드러나 있다. 즉 그는 인간의 왜소성과 미미한 모습에서 안타까움을 느낀 것이다. 반딧불에 대한 것도 마찬가지이다. 반딧불은 불빛을 발하면서 스스로의 몸을 보전하지만 바로 그 불빛 때문에 자신의 모습이 가리워져 사람들에게 보여지지 않는다고 한다. 스스로 빛을 내면서도 그 빛 때문에 본래의 모습이 감추어지는 모순을 갖고 있는 것이다.

기정진의 명성은 일찍부터 널리 알려졌다. 8세 때부터 이름이 세상에 잘 알려져서, 순창의 복흥福興이 궁벽하였음에도 불구하고 많은 선비들이 사방에서 명성을 듣고 찾아와 날마다 문전성시門前成市를 이루었다. 어린 기정진의 말을 들은 사람은 심복하였으며, 그의 도덕 행위를 직접 본 사람은 마음으로 크게 느끼게 되었다. 나이가 많은 사람들도 기정진의 이름을 직접 부르지 않을 정도였으며, 입을 모아 '생지의 성동'(生知之聖童)이라고 부를 정도였다. 김장환金章煥(호는 芙蓉子)은 옛날부터 신동神童들이란 거의 부박촌승浮薄寸勝한 병통이 있기 마련인데, 어린 기정진이 침잠간묵沈潛簡默하고 안상응정安詳凝定하는 도덕을 마음속에 지니고 있으며 재부才賦를 밖으로 나타내지 아니하니, 참으로 큰 기운을 받은 사람이라고 하였다. 고인의 말에 의하면, 군자는 사람을 상대할 때 그 사람의 행실을 보는 것이요 그의 나이를 알아보지 않는다고 하였는데, 사람들은 그러한 고매한 인격을 소유한 기정진의 본명을 부르지 않는 것을 당연한 것으로 받아들였다. 이윤성李潤聖(호는 七迂)도 기정진의 인품을 평가하는 말에 "바탕(質)은 형식(文)보다 낫고(勝), 이치(理)는 문학(藻)보다 나으며(勝), 말(辭)로 하면 경서經書와 같고, 언어言語로 하면 도리(道)에 가깝다"고 극찬하였다.

이처럼 기정진은 어릴 때부터 주변의 칭찬이 대단히 융숭하였다. 기정진이 13세가 되던 때, 광주 충효리에 살았던 김치의金致儀(호는 坤峯)가 기정진의 거소에 와 보고 시詩를 써 주면서 그의 학문적 경지에 경의를 나타낼 정도였다. 김치의는 기정진을 딱 한 번 만나 보고 그의 학문과 인품에 탄복하였는데, 그가 쓴 시는 기정진이 이미 12세에 학문적으로 일정한 경지에 올라 있음을 읊고 있는 것으로 산천이 인걸人傑을 내는 것이 헛된 일이 아니라고 하면서 어린 나이로 천지를 통달한 경지에 이른 기정진의 비범함을 그리고 있다. 김치의가 이 시에서 기정진에 대해 그가 신기한 생각을 많이 갖고 있다고 한 것은 기정진에게 독창적인 철학적 사고思考와 전에 듣지 못했던 새로운 학설들이 많다는 의미로 해석해도 좋을 것이다. 기정진의 부친 참판공의 친구인 김춘현金春鉉(호는 龍庵)이 기정진의 집에 왔다가 시를 써 주었는데 역시 기정진의 학문과 행위의 고매함을 찬탄한 것이었다.

조선 시대에 파당을 가렸던 것은 개인적 불행을 낳았을 뿐만 아니라 사회적으로도 불평등을 야기시키는 결과를 가져왔다. 우리 나라 색목色目은 조선조 중기 선조 때의 동서 분당에서부터 시작되었다. 이후 조선조 사회의 선비는 누구나 사색에 소속되어 편파적인 사회 운영에 직·간접적으로 연루될 수밖에 없었다. 기정진은 이러한 색목에 구애되지 않고 스스로 "나는 동서남북 사람이다"라고 하면서 윗사람으로부터 아래 제자들에 이르기까지 그 누구를 대하든 색목에 구애되지 않았다.

「납량사의納凉私議」는 기정진의 사상 가운데서 중핵을 이루고 있는 논고이다. 이 글은 그가 46세 되던 여름, 남암사南庵寺에서 피서하면서 초고를 작성한 것으로, 주제는 리기理氣와 성리性理에 대한 것이었다. 당시 리기와 심성에 대한 학자들의 모순과 오해는 극에 달하였는데, 물론 이것은 기정진의 입장에서 보여진 상황이었다. 당시 그가 글에서 주장하고 있는 것을 「연보」에서 추출해 보면 아래와 같다.

첫째, 그는 성性을 논하는 사람들이 리일분수理一分殊의 리분理分을 이해하지 못한 채 리일理一을 형기에서 떠난 곳에만 있는 것으로 오해하고, 분수分殊를 형기에 떨어진 뒤의 일로만 알고 있어 리분이 차이가 나고 성명性命이 모순되어 성을 논함에 있어 여러 가지 학설이 분분하게 되었다고 하였다. 이러한 사고 방식에 따른다면 결국 리理는 유체무용有體無用이 되어 버려 천지 사이의 만물이 변화하고 생성하는 데 있어 그 주체는 기氣가 모두 처리하고 리는 참여할 곳이 없게 되는 모순에 떨어지게 된다고 한다.

둘째, 그는 보통 사람의 눈에 보이는 것은 모두 기뿐이나 성인의 눈에 보이는 것은 모두 리뿐이라고 하였는데, 현상적인 기의 이면에 흐르고 있는 원리적인 리를 발견하지 못한다면 그것은 학문을 올바르게 하는 것이 아니라고 주장하였다. 즉 그에게 있어서 기는 오히려 리중사理中事에 불과하다고 할 수 있다.

셋째, 그는 『역易』에서 유무有無를 말하지 않았는데도 보통 사람들이 유무를 말하는 것은 고루한 생각이며, 성인이 동이同異를 말하지 않았는데도 동이를 갈라서 말하는 것은 후학의 병통이라고 하였다. 이러한 이원적 입장은 그에게 있어 아무런 의미가 없는 것이었다. 리일원적理一元的 사고가 그의 사상적 바탕이 되고 있음을 안다면 그가 이원적 사고를 반대하는 것은 당연한 귀결이라 할 수 있다.

넷째, 그는 리의 일차성을 강조하는 비유를 남편과 아내의 관계로 들고 있다. 그리하여 그는 가부장적 가족 관계에서 아내(氣)가 남편(理)의 지위를 빼앗는 것은 천하의 큰 변괴에 해당된다고 하였다. 고대에는 주리적인 입장이 유지되었으나 조선조 말기에 이르러서는 이러한 입장이 지켜지지 않고 있다고 생각한 그는 이러한 상황을 리기의 문제에 비유하여 말하였다. 이는 그의 형이상학적 사고 방식이 사회적인 현실 문제에 투영된 것이라 할 수 있다.

유리론적인 입장에 서 있는 기정진의 처지로서는 그가 목도한 현실에 대해 대단한 불만을 갖고 있었을 것이다. 그의 주지는, 배우는 사람이 리기에 대하여 분명하게 알지 못한다고 해서 크게 해될 것은 없지만 만약 정밀하게 알지 못하여 참된 것을 오도誤導하고 또 이러한 영향이 후세에 누적된다면 학문적 화란禍亂을 불러일으킬 수 있다는 것이었다. 그러나 그는 「납량사의」를 지어 놓고도 다른 사람에게 보이지 않았으며, 사사로운 원고 가운데 넣어두었기 때문에 가까운 문인까지 그 글을 볼 수가 없었다. 그 뒤 77세 되던 해(1874년)에 그는 그 글의 몇 문단을 손질하였다.

기정진이 지은 「정자설定字說」은 주렴계周濂溪의 학설을 이해하는 데 필수적인 글이다. 이 글을 쓰게 된 동기는 다음과 같다. 제자 이봉섭李鳳燮이 기정진에게 「태극도설」에서 '성인정지聖人定之'라고 할 때 그 '정定'자가 스스로의 몸을 바르게 하는 것인가 아니면 남까지 정하게 하는 것인가에 대하여 질문하였다. 이에 기정진은 여러 번 편지로 그 뜻을 알려 주었으나 이봉섭이 쉽게 알아듣지 못하자 마침내 「정자설」을 지어 보여 주었다고 한다. 또 기정진은 「우기偶記」를 지었는데 사단四端과 칠정七情에 대하여 변론한 것이 그 주요 내용이었다. 사단 칠정과 리발 기발에 대한 학설은 이황과 기대승奇大升(호는 高峰) 때부터 이미 논의되었던 것인데, 이이는 이황과 견해를 달리하였으므로 학자들이 각기 들은 바를 주장하여 정론이 없었던 것이다. 이에 기정진은 나름대로의 설說을 세우고 기록하여 「우기」라고 이름을 붙였다.

리기론은 노사 철학의 중요한 일면으로, 기정진의 글 중에는 권우인權宇仁의 편지에 답변하는 형식으로 리기에 대해 논의한 것이 있다. 권우인은 20년 전부터 이미 리기불상리理氣不相離의 견해를 가지고 있었는데, 철종 초년에 와서는 이를 더욱 강경하게 주장하였다. 이에 대하여 기정진은 권우인이 리분理分이 본래적으로 갖추어져 있다는 오묘한 이치를 알지 못한

채 리기불상리만을 주장하여 분分을 기氣의 영역 안으로 끌어들이려는 농
통적儱侗 사고를 가지고 있다고 비난하였다. 한편 권우인은 태극까지도
기를 띤 물건으로 보았다. 따라서 그는 모든 사물이 기氣가 이렇게 하려 할
때 이러하고 저렇게 하려 할 때 저러하며, 음陰을 낳고 양陽을 낳는 것 모
두가 태극에 갖추어진 기에 의해 좌지우지되는 것이라고 보았다. 이는 기
정진이 보는 태극과 리의 독존성獨尊性과는 서로 비교가 될 수 없을 정도
로 판이하게 다른 이론이었다. 이러한 오류를 기정진이 간과하기란 매우
어려웠을 것이다.

 기정진은 기로 떨어진 태극은 모든 것의 근본 또는 모든 변화의 근본으
로서의 역할을 할 수 없을 뿐만 아니라, 하늘은 주재의 마음을 잃어버리고
변화는 바람맞은 꽃이 구르는 것과 같이 된다고 하였다. 이 때문에 한 마
음과 천지 만물은 근본적으로는 하나로 통일되는 것인데 엉뚱하게 이 둘
사이에 거리가 생기게 되었던 것이다. 더욱이 그가 우려한 것은 이러한 그
릇된 생각을 가진 사람은 한 사람으로 족한데, 그릇된 생각이 널리 퍼져 유
학의 근본이 오도되는 데에 있었다. 그 재앙은 결국 후학들을 그릇되게 하
며 인심을 어지럽게 하고 천리를 해롭게 하는 데 이르게 된다고 보았던 것
이다.

 리기에 대한 이러한 기정진의 관심은 끝끝내 결실을 보지 못하고 말았
다. 왕복한 서신이 수천 언에 달했건만 결국 의견의 합치를 이루지 못한 채
권우인이 작고하고 말았기 때문이었다. 이제 기정진이 할 수 있는 일은 제
문을 지어 그 연유를 밝히는 일뿐이었다. 그리하여 기정진은 제문에서 권
우인이 자신(노사)을 잘 알면서도 참으로 다 알지는 못하였고, 자신과 동일
하면서도 참으로 모두 동일하지는 못하였다고 술회하였다.

 철종 초년에 이르러 기정진은 「리통설理通說」을 지었다. 이이의 리기론
적 관점은 리통기국理通氣局인데, 권우인이 그 뜻을 충분히 이해하지 못하
고 달리 해석하며 율곡의 본지本旨를 어지럽게 하였기에 이 설을 지어 이

해를 돕고자 하였던 것이다.

한편 참판參判 민주현閔胄顯에게 답변한 「답민참판주현答閔參判胄顯」 6편은 중화中和에 관한 것으로, 기정진의 사상적 기축을 보여 주는 서신이다. 그 내용은, 세상 사람들이 '중中'을 '리理'라 하고, '화和'를 '기氣'라고 하는 것의 진위에 대해 민주현이 서신으로 문의해 온 것에 기정진이 답하여 중화中和를 변론한 것이다. 기정진은 체용體用이 모두 한가지로 '리'라는 의미로 답변하였다.

또한 기정진이 파광坡光 윤종의尹宗儀(1805~1889)의 편지에 답변한 것이 있는데, 「답윤파광군종의答尹坡光君宗儀」 7편이 그것이다. 처음 편지는 기정진이 69세 되던 해의 11월에 보낸 것이다. 윤종의는 충의공忠毅公 윤임尹任의 후손으로 함평의 수령으로 부임해 왔을 때 기정진에게 '명命'자의 실리實理와 제왕가帝王家의 계승 체제에 대하여 물었으며, 아울러 전례典禮에 관한 여러 가지 문제를 물었는데, 기정진이 여기에 답변한 것이 바로 「답윤파광군종의」의 주요 내용이다.

박형수朴瀅壽가 편지로 명덕明德이 단기單氣라는 설에 대하여 문의해 온 것에 기정진이 논한 글이 있다. 이것은 명덕이 기氣라는 주장에 반박하는 내용을 담고 있는 글이다. '명덕단기'에 대해서 기정진은 수양론자들의 기를 단련한다는 학설은 전에 들은 적이 있다고 생각되지만 기를 밝히는 학설은 없다고 하였다. 즉 명기지학明氣之學이라는 말은 본래 성립하지 않으므로 명덕은 명리明理라고 보아야 한다는 것이다. 그는 이것을 감로甘露와 밀과 보리로 반복하여 비유하면서 깨우쳐 주려 하였다. 그가 쓴 글의 주제를 보면 성인은 하늘에 근본하는데 우리 나라의 일부 선비들은 기를 너무도 장황하게 말하여 기가 하늘을 대신하여 천명을 내릴 정도의 사고 방식을 갖게 되었다고 한탄하였다. 그리하여 그는 명덕은 하늘에서 얻은 본심本心이라고 정의하고, 천명의 전체가 사람에게 있다고 하였는데, 전문傳文에 "이 하늘의 명명明命을 살펴본다"라고 한 것을 명명덕明明德의

각주로 보고 있다. 이 밖에 그는 「노사설蘆沙說」이라는 글을 지어 남겨 놓았다.

기정진은 평소에 별호를 즐기지 않았으며, 가장 소박한 자호를 사용하려고 하였다. 즉 그는 외람된 품직을 사관祀板에 쓰려고 하지 않았는데, 다만 사는 곳이 노산蘆山 아래 하사리下沙里였기에 노사거사蘆沙居士라는 말을 쓰고자 하였다. 그는 소박한 자호를 많이 가지고 있었는데 그 모두가 겸손한 것으로 잠수潛叟, 지리수支離叟, 공동자倥侗子, 무명와無名窩, 노하병수蘆下病叟 등이다. 그는 남에게 편지나 글을 줄 때 이러한 여러 가지의 별명을 사용하였다.

기정진은 서거하기 1년 전 81세의 원숙한 필치로 「외필」을 지어 문인 조성가에게 보였다. 이에 조성가는 태극이 동정하면서 타는 기틀(機)에 대하여 질문하였다. 그러자 기정진은 스스로 마음에 간직하고 경경耿耿했던 것이 아직도 남아 있다고 하면서, 전현前賢이 아직도 생존한다면 질문할 생각이 있지만 이미 그렇게 할 수 없는 처지가 되었으니 질문할 사람은 후현後賢뿐이라고 하였다. 기정진은 「외필」에 대한 다른 사람들의 평가에 관심을 갖고 있었으나 정당한 평가를 해줄 사람이 없음을 애석하게 생각하였다. 82세가 되던 해에 기정진은 「납량사의」와 「외필」을 문인 김석구, 정재규, 정의림에게 보여 주었다. 그들이 다 읽은 뒤에, 기정진은 이 글에 대한 그들의 의향을 물었다. 그러자 세 제자들은 앞으로 이 글의 내용을 독실하게 신봉하겠다고 언약하였다.

한편 김평묵金平默(호는 重庵)은 「외필」을 읽고 깊이 경복敬服하여 발문을 쓰기도 하였다. 그 내용을 간략히 살펴보면 다음과 같다. 기정진은 호남에서 발군하여 사승도 없이 높은 경지의 학문에 이르렀으며, 가난한 아들로서 노부모를 봉양하느라 몸을 빼어 멀리 나가지도 못하였는데 그는 바로 이런 데에서 그의 학문적 온축을 쉽게 파악할 수 있다고 하였다. 또 「병인소」를 읽고서 기정진이 중국과 이족夷族 및 사람과 짐승의 분별을 분명히

한 것을 알 수 있었는데, 을해년 최찬겸이 기정진의 필사본 편지 여러 편을 보여 주어 처음으로 성性과 천도天道에 대한 기정진의 깊은 통찰력이 후세 사람으로서는 엄두도 내지 못하는 경지임을 알게 되었다고 하였다. 그리고 그는 홍사백에게서 기정진의 「외필」을 얻어 읽게 되었는데, 리기의 주객에 대하여 선정先正, 대현大賢의 학설과 우연히 차이가 나는 곳이 있기는 하나 지금 세상의 일부 유학자들이 이를 등지는 것은 잘못이라고 평하였다. 아울러 그는 그 실상에 있어서는 기정진의 학설이 수사洙泗와 염민濂閩의 자세한 학설과 부합이 되며 이것은 이항로李恒老(호는 華西)의 홀로 서서 두려워하지 않음이나 남들이 옳다고 하지 않아도 근심하지 않음과도 부합하니 노사의 노사가 된 까닭의 대강을 이런 데에서 알 수 있다고 하였다. 그런데 그가 안타까워한 것은 『전서全書』를 모셔 놓고 반복하여 읽을 수 없는 것이라 하였다. 그에 의하면, 우리 나라의 선정과 대현은 정자와 주자의 적통으로 그 대의는 분명한데, 다만 처음과 끝의 동이同異와 강학할 때 절충하고서 정론을 말함에 있어, 예컨대 정주程朱의 경우 주자가 장자張子의 학문을 높여 주周·정程에 버금간다고 하면서 그 지위를 맹자에 견주었던 것을 되새겨 봐야 하며, 만약 장재張載가 전연 합리적이지 못한 논설을 내놓았다고 한다면 주자가 구태여 장자를 추존하지 않았을 것임을 배우는 사람들은 알아야 한다고 하였다. 그러므로 한두 가지의 학설에 잘못이 있다 해도 그렇게 된 것을 괴이하게 여길 것이 아니라 후학들은 그것에 대해 마땅히 학문과 사변의 공을 가해야 한다고 하였다. 즉 학설이 조금 잘못된 부분은 꺼리며 펴지 않고, 성인의 취지에 맞는 것은 지켜 매진하는 것이 선정의 평일의 소망이지만, 누구든 입을 열어 자신의 학설을 펼치게 하는 것이 좋다는 의견인 것이다. 이러한 취지에서 김평묵은 근세에 선정을 높이는 사람 가운데 기정진과 이항로만한 이가 없다고 확신하였다.

2. 조성가

조성가趙性家(1824~1904)는 본관이 함안咸安이고, 자는 직교直敎이며, 호는 월고月皐이다. 경남 함안 출생으로, 1902년 정3품 통정대부通政大夫에 제수된 일이 있다. 기정진 문하에서 수학하여 그 학통을 이어받았으며, 『노사집』과 그의 『연보年譜』를 10여 년에 걸쳐 교정 간행하였다. 당시 그는 기정진과 교유交遊가 깊었던 최익현崔益鉉(호는 勉庵) 등과 교유하면서 철학적인 면에서 사칠이기론四七理氣論을 주제로 하는 변론의 서신을 자주 교환하였다. 그는 시와 문장에 뛰어났으며, 유집으로 『월고문집月皐文集』이 있다.

3. 이최선

이최선李最善(1825~1883)은 자는 낙유樂裕이며, 호는 석전경인石田耕人이다. 양녕대군의 후예로 담양 장전長田(현 담양군 창평면 장화리) 출신이다. 기정진의 저술인 「외필猥筆」이 학계에 소개되자 많은 반대 의견이 제기되었는데, 그는 「독외필讀猥筆」을 지어 기정진의 학설을 변호하였다.

한편 이최선은 「삼정책三政策」을 지어 기강해이紀綱解弛와 염치상실廉恥喪失이 삼정의 폐단보다 더욱 심하다는 의견을 개진하여 외세에 대한 항의 정신을 고수하겠다는 뜻을 펼쳤다. 그는 1874년 50세의 늙은 나이로 증광회시增廣會試에 응시하였으나 낙방하였는데, 이에 그는 한강을 건너면서 은도와 옥경을 강에 던져 버리고 이후로 다시는 한강을 넘지 않으리라는 다짐을 하였다.

이최선은 귀향하여 최치원이 지은 시의 한 구절인 "지팡이 짚고 산을 나서지 않을 것이며, 붓은 서울로 띄우는 편지를 쓰지 않으리라"와 두보가 지은 시인 "푸른 이끼 낀 황량한 돌밭 띠풀짚에서 여생을 밥이나 배불리 먹는 게 소원이네!"를 붙여 놓고, 동구洞口에 문일정을 지어 가까운 친척들이나 친구들과 시를 읊조리며 살다가 1883년 겨울, 병으로 세상을 떠났다.

사상적인 측면에서 기정진은 그가 지은 「외필」에서 이이의 주장, 즉 기氣의 작용이 기 스스로에 의해 일어난다는 기자이설機自爾說을 거부하고 모든 기의 작용은 리理로부터 명령받은 것임을 강조하였다. 그러자 이이 계열에서는 『노사집蘆沙集』을 훼판하려는 움직임까지 일어나게 되었는데, 이에 이최선은 『율곡전서』를 살펴보면 리를 주재로 삼는 경우와 기를 주재로 삼는 경우가 있는데 전자는 이치를 주로 하니 문제될 것이 없으며 비록 기질을 주재로 삼는다고 해도 그것은 유행의 측면에서 본 것이라고 하며 기정진의 유리설唯理說을 옹호하였다.

4. 김녹휴

김녹휴金祿休(1827~1899)는 자가 치경穉敬이며, 호는 신호莘湖이다. 본관은 울산이다. 신라의 왕자 학성군 덕지德摯가 시조이며, 후세 중에 온穩이라는 이는 밀양부사를 지내 밀양공이라고 불렸는데, 밀양공이 서거한 후 그의 부인은 세 아들을 데리고 장성으로 와 살았다. 밀양공의 5세손이 바로 김인후이다. 김녹휴의 증조는 백현伯賢, 조부는 홍조弘祖, 부친은 방묵邦默, 어머니는 정의 이씨 정권貞權의 딸이다. 김녹휴는 1827년(순조 27) 장성 월평리 본가에서 출생하였다. 그는 16세에 향시에 합격하고 20세에 하사리下沙里의 기정진 문하에 나가 집지執贄하고 제자가 되었는데, 이 때 집을 신촌莘村으로 옮겨 살면서 더욱 학문에 정진하였다. 한편 그의 나이 51세 때에 그는 선공가감역繕工假監役에 제수되었으나 출사하지 않았는데, 생전에 그가 교유하던 학우는 조성가, 김평묵, 이응진李應辰(호는 素山) 등 당대의 일급 학자들이었다. 1899년 12월 4일 그의 나이 73세 때에 그는 장성부 남촌 월암촌月巖村에서 생을 마친다. 그의 문집에는 『신호집莘湖集』이 있다.

5. 조의곤

조의곤曺毅坤(1832~1893)은 자는 사홍士弘이며, 호는 동오東塢이다. 본관은 창령昌寧이다. 부친은 현위炫瑋, 모친은 죽산竹山 안씨安氏 광영光暎의 딸이다. 그는 1832년(순조 32) 5월 6일 고창군 고창읍 검암리儉巖里에서 태어났다. 그의 나이 16세 때에 그는 기정진을 만나뵙고 집지하였는데, 이후 그는 과거 공부를 단념하고 위기지학爲己之學과 경서 및 제자백가서 연구에 전념하였다. 39세 때 그가 기정진에게 문안 편지를 띄우니 기정진은 「동오기東塢記」를 지어 그에게 보내 주었다. 그의 나이 42세 때 손자 덕승悳承이 태어났다. 45세 겨울에는 담대헌에서 기정진을 모시고 지냈다. 48세 때 그는 기정진에게 편지를 띄웠는데, 12월 29일 기정진의 부음을 듣고 상례에 최선을 다하였다. 그의 나이 51세 때에 그는 어렸을 때의 스승 오천鰲川 선생이 서거하였다는 소식을 들었으며, 이듬해에는 이최선의 부음을 들었다. 61세 때 기정진의 고택에서 제사를 드리다가 병이 생겼는데, 주변에서 집으로 귀가하기를 청하였으나 그는 동의하지 않았다. 1893년 정월 22일 그의 나이 62세 때에 그는 고창高敞에 있는 자기집 정침正寢에서 서거하였다. 기해년(1899년) 아들 석휴錫休가 『동오집東塢集』을 발간하였는데 기우만이 교정을 보았다.

6. 정재규

정재규鄭載圭(1843~1910)는 1843년(헌종 9) 경남 합천군 쌍백면雙柏面 육리睦里 묵동墨洞(원래는 三嘉縣 勿溪里)에서 태어났다. 본관은 초계草溪이며, 자는 후윤厚允이다. 호는 노백헌老柏軒 또는 애산艾山이다. 그는 기정진의 제자들 가운데 비교적 어린 나이에 속하였지만 그의 학문적 전수관계는 그 어느 제자보다도 특이하였다. 그는 기문지학記聞之學이나 과거학에 뜻을 두지 않았고 실제 벼슬에 나간 적도 없었다. 구국일념으로 의병을 모집하여 나라를 구제하려고 하였으나 매양 허사로 돌아갔다. 그런 가운데에서도 그의 학문적 열정은 식지 않았고 그는 계속하여 연찬과 정진에 최선을 다하였다.

정재규의 나이 22세 때(1864년), 동향 선진先進 최유윤崔惟允은 그의 학문이 더 이상 자신이 가르쳐 줄 것이 없을 정도에 이르렀다고 하여 기정진을 찾아가 뵙도록 하였다. 이를 계기로 그는 기정진을 스승으로 모시게 되었다. 노사는 그에게 학문적 위치를 이해하고 배운 것을 원숙하게 익히는 것이 급선무이며 억지로 더 알려고 탐내서는 안 된다고 가르쳤다.

을사보호조약이 체결된 11월 정재규는 비장한 결의를 하고서 문인과 동지를 이끌고 최익현이 있는 정산으로 달려갔으나 그의 계획은 타의에 의해 무산되었다. 그리하여 다시 집으로 돌아와 죽기만을 기다리던 그는 자신이 할 수 있는 일은 후학을 가르치는 일이라고 생각하여 이후 강학에 힘썼다.

한편 한일합방이 된 1910년 11월 저명 인사를 회유하기 위해 일본인들은 우리 나라 저명 인사들에게 은사금이란 이름으로 돈을 주었다. 일본인들은 정재규에게도 이 돈을 건네려고 하였는데, 그는 극구 거절하며 다음의 글을 헌병분견소에 보냈다.

나는 한국 사람이다. 어찌 일본이 주는 것을 받겠는가. 나는 받을 수 없는 의리가 있고 일본은 주어서는 안 되는 도리가 있다. 예로부터 망한 나라의 선비는 항복하지 않으면 죽이는 것이요, 억지로 굴복시킨다는 말은 못 들었다. 그러므로 은사금을 백 번을 보내더라도 백 번을 돌려 주고 받지 않을 것이다. 이렇게까지 번거롭게 할 필요가 없다. 단지 한 칼로 내 목을 잘라 가거라.

이 글을 통해 정재규의 애국적이고 지조 있는 강인한 정신을 엿볼 수 있는데, 그는 1911년 2월 13일 동틀 무렵 "저 오랑캐들의 하는 짓이 급하게 하지 않기 때문에 사람들이 빠져 들어가도 깨닫지 못하니 이를 삼가라"라는 유언을 남기고 서거하였다.

한편 정재규는 1902년 이이 계열이 기정진이 이이를 배척했다는 비난을 하였을 때 「변무문시제동지辨誣文示諸同志」를 써서, "도리는 무궁한 것이요, 시비는 지극히 공평한 것이며, 학문은 강론을 통해 밝혀지는 것이니, 말은 때에 따라 다를 수 있다"라고 하여 영원불변의 논리는 없으며 잘못이 있을 때는 비판을 해도 좋을 것이라며 스승의 입장을 고수하였다. 즉 그는 의리는 공정한 것이므로 소견이 다르면 구차스럽게 같은 것으로 만들 필요가 없다는 의견을 내세운 것이다. 실제 그는 기정진의 성리설을 옹호하고 그 학술의 보급에 앞장섰던 훌륭한 제자 계열에 속한다.

생전에 정재규는 『노사선생언행총록蘆沙先生言行總錄』(1900년)을 편찬하였고, 『노사집蘆沙集』(1880년)의 교정에 참여하였으며, 나아가 중간重刊(1901년)에 조도적 역할을 하였다. 또한 주렴계周濂溪의 『태극도설太極圖說』에 대해 김형옥金顯玉 등과 더불어 토의한 결과물인 그의 『태극도설강록太極圖說講錄』, 『묘합설妙合說』 등은 성리학적인 주요한 논저이다. 그는 철학적으로는 주리설적 성리설을 주창하였고, 현실적으로는 시대에 맞는 의리론을 내세웠던 인물이었다.

ㄱ. 기우만

기우만奇宇萬(1846~1927)은 자는 회일會一이요, 호는 송사松沙이며, 본관은 행주幸州이다. 고조는 태량泰良이며, 조부는 문간공文簡公 정진正鎭이다. 부친은 만연晚衍(호는 鰲西)이며, 모친은 연안 이씨 시성蓍成의 딸이다. 그는 1846년(헌종 12) 8월 17일 장성부 탁곡현卓谷縣에서 태어났는데, 그의 어머니는 죽순이 방 한가운데서 자라다가 지붕을 뚫고 하늘 높이 자란 태몽을 꾸었다고 한다. 이는 학행으로 탁월한 그가 태어날 징조라 할 수 있다.

기우만은 8세부터 고문을 읽었는데 그 해 12월에 하사리로 이사하였다.

이후 그는 열심히 글을 읽었는데, 『사서』를 읽고, 『자치통감』과 『주자강목』을 읽었으며 계속해서 『심경』, 『주역』, 『예기』, 『춘추』를 읽었다. 16세 때 갈전葛田으로 이사하였으나, 17세 되던 해 다시 하사리로 돌아와 5월 최인석崔麟錫의 딸을 부인으로 맞이하였다. 18세 때 그는 남원의 제암서숙濟巖書塾의 처조부 최정익崔挺翼을 찾아가 과거를 위한 시문時文을 공부하였다.

기우만의 나이 21세 때 병인양요丙寅洋擾가 일어나자 기정진이 놀라 상소하여 그 대의를 밝히려 하였는데, 그는 그러한 조부의 마음을 위로하였다. 그는 25세에 사마시에 합격하였다. 그즈음 그는 『주역』과 『사서』를 다시 읽었다. 31세에 부친상을 당하였다. 33세 때(1878년), 월송리에 담대헌澹對軒을 세웠다. 기정진이 연로하여 성묘를 가지 못하게 되자 서석산에 있는 부모의 묘소를 마주하는 곳에 담대헌을 지었는데, 이에 기정진이 대단히 흡족해 하였다. 그의 나이 34세가 되는 해의 정월, 김석구, 정재규, 정의림과 더불어 「납량사의」와 「외필」에 대하여 논의하였다. 바로 이 해 그는 조부 기정진의 상을 당하였고 이듬해 2월 영광의 황산에 장례를 모셨다.

기우만이 37세 되던 해에 임오군란이 일어나자 그는 중국의 춘추의리 정신이 우리 나라에 남아 있었는데 이제 우리 나라도 망하게 되어 학자들의 마음에만 춘추존양春秋尊攘의 정신이 남아 있을 뿐이라고 한탄하였다. 38세 때에 그는 기정진의 유집을 발간하였고, 그 해 11월에는 나주 초지리로 옮겨 와 살게 되었는데, 이어서 이최선의 부음을 듣고 제문을 지어 제사에 응하였다. 이듬해 이항로의 수제자 김평묵이 찾아와 기정진의 유적을 관람하고 돌아갔다. 그의 나이 40세 때에 정재규鄭載圭, 조성가趙性家, 최숙민崔琡民(호는 溪南), 권운환權雲煥(호는 明湖)이 기정진의 유적을 방문하였다. 이듬해 그는 모친상을 당하였다.

기우만의 나이 49세 때, 동학란이 일어났다. 동학도들에 대한 기우만의 태도는 부정적이었으나 기정진의 위정척사론 때문에 그들의 해침을 당하지 않았다. 이듬해인 1895년, 을미사변이 일어났고 단발령이 내려졌다. 이에 그는 머리를 깎는 것보다 나라가 망하는 것이 낫다고 하였으며, 또한 국모를 죽인 원수를 복수하고 단발령 등의 제도 개혁을 철회해야 한다는 상소문을 올렸다. 1896년에 일본과 러시아의 갈등으로 아관파천이 일어나자 그는 2월·3월·5월 세 번에 걸쳐 연이은 상소를 올렸다.

1905년 을사보호조약이 체결되자 기우만은 "자고로 망한 나라는 많지만 아직 한 조각 종이를 가지고 전 나라를 잃은 경우는 듣지 못했다"라고 하며 최후까지 조약의 파기를 주장하였으며, 이 때부터 그는 망한 나라를 조상한다는 의미로 백립白笠을 쓰고 다녔다. 같은 해 10월 16일 그는 광주경무소에 체포되었고 5개월 후에야 옥에서 풀려나는 수모를 겪어야 했다. 1909년 그는 『호남의사열전』의 저술에 심혈을 기울였고, 나라가 망하자 천인賤人임을 자처하며 마을 뒤 대나무 숲속에 토굴을 짓고 살았다. 1911년 은사금을 피해 남원 사촌沙村으로 이사했다가 1916년 10월 28일 서거하였다.

B. 김석구

김석구金錫龜(1835~1885)의 자는 경범景範이며, 호는 대곡大谷이다. 그는 김일손金馹孫(호는 濯纓)의 계자 김대장金大壯의 후예이다. 진사 김치륜金致倫이 임진왜란 때 남양南陽으로 이주하여 남양인이 되었고, 김석구의 6세조 재록載祿이 남원으로 내려와 살았기 때문에 이후로 남원에서 대대로 살게 되었다. 그는 헌종 을미년 2월 세산細山(南原 松洞面)에서 태어났다. 부친 국현國賢은 곡성으로 이사하고 다시 대치大峙로 이사하였는데 이것이 모두 그를 위한 것이었다.

김석구는 10세 전후하여 『소학』을 이웃의 사숙에서 읽었고, 『맹자』를 읽고 통달하니 김맹자金孟子라는 별명이 붙었다. 18세에 기정진의 문하에 들어가 수업을 받았다. 그는 학문의 연찬을 위하여 담양군 대전면 대곡리로 이사하였는데, 이후로 27년간 기정진의 문하에 출입하며 학문적 정진에 매진하였다. 그는 청렴을 자신의 신조로 삼고 학문에 힘썼으며 스승의 길을 그대로 걸어갔다. 이로 인해 노사학이 그에 의해 더욱 정밀해지고 연마되었다고 평가하는 경우가 많았다. 그의 저서 중에서 특히 「자경편自警篇」과 「사문문답斯門問答」이 높이 평가된다.

김석구가 없었다면 기정진의 학문적 비결과 홀로 깨닫는 오묘한 이치를 후세에 전할 수 없었을 것이라는 평가는 그가 기정진의 적전嫡傳이라는 것을 대변해 주고 있다. 그는 학문하는 방법으로 '하학이상달下學而上達'의 방법을 택하였는데, 「자경편」을 보면 그의 일단을 알 수 있다.

우리 유학은 다른 것이 아니다. 옛사람의 글을 정밀하게 읽어 옛사람의 마음으로 옛사람의 일을 실천한다. 옛사람의 일이란 일용日用·동정動靜하는 사이를 벗어나지 않는다. 독서는 간절하게 질문하고 가까운 것을 생각하며 급한 것을 먼저 하고 덜 급한 것을 뒤로 한다. 아울러 나의 참모습을 반성하고 본체에 이르며 하학下學하여 상달上達하기를 정연히 차례가 있으면 기본이 점차 굳어지고 문로門路가 점점 관통되어 종신토록 이것으로 말미암는다면 거의 옛사람에 미칠 수 있을 것이다. 만일 선후를 가리지 않고 차례를 뛰어넘어 옛것을 좋아한다면 반드시 이단으로 빠질 것이고, 완급緩急을 살피지 않고 널리 본다면, 반드시 속유俗儒로 국한될 것이니 어찌 감히 옛사람을 바라겠는가?

이처럼 그가 바라는 이상적인 인간상은 옛사람이 하는 바와 같은 성인군자이며 그렇게 되기 위한 공부 방법으로는 하학을 통하여 상달하게 되는 귀납적인 방법을 택하고 있다. 또한 그는 「자경편」에서 다음과 같이 언급하였다.

학문하는 것은 그 타고난 지선至善의 본성을 회복하는 것뿐이요, 그 본성을 회복하는 것은 지행知行에 있다. 알지 못하면 본성을 다할 수 없기 때문에 이치를 탐구하고 그 갖추어진 바의 이치를 알고자 함이요, 행하지 않으면 그 본성을 이룰 수 없기 때문에 힘써 행하여 본성이 갖추고 있는 이치를 실천하는 것이다.…… 학문하는 선비는 마땅히 '천지지심天地之心'이 나로 말미암아 서게 하고 성현의 도가 나로 하여금 전해지게 할 것이다. 천지지심을 나의 마음으로 삼고 천지가 하는 일을 나의 일로 삼으며 성인의 덕행을 실현해야 한다. 이러한 것은 평소의 행동 가운데 있을 것이다.

그는 지행을 통하여 사람의 본성인 지선을 회복하는 것이 학문이라고 보았는데, 따라서 그는 학문이 단지 형이상적인 문제를 다루는 것이 아니라고 생각하였다. 이처럼 그는 지행이 학문하는 방법이며 그 목적은 선善의 실천에 있음을 강조하였는데, 이를 통해 그의 윤리적 학문 경향성을 알 수 있다.

ㄲ. 정의림

정의림鄭義林(1845~1910)은 자는 계방季方이요, 호는 일신재日新齋이며 본관은 광산光山이다. 그의 문집으로는 『일신재집日新齋集』 21권 12책이 있다.

정의림은 24세 때 기정진을 찾아가 경학과 성리학을 공부하기 시작했는데 동문인 김석구, 정재규와 절친하게 지냈다. 45세 때 그는 김석구의 「전傳」을 지었으며, 58세 때 『노사집』의 간행에 힘을 더하기도 하였다. 그는 의리학에서도 투철하였다. 그의 나이 60세 때 을사조약이 체결되자 그는 울분을 이기지 못하여 "섬나라 오랑캐는 물리쳐야지 화친해서는 안 되며, 나라의 도적은 죽여야 한다", "임금은 종묘사직을 위해 죽을 각오로 군왕된 마음을 굳게 지켜야 한다", "죽을 수밖에 없다"는 등의 취지를 가지고 상소하였으나 받아들여지지 않았다. 그는 1910년 10월 10일 가천佳川의 본가에서 서거하였다. 그의 나이 66세였다.

생전에 정의림은 당시 문제가 되었던 이이와 기정진의 성리학적 차이점을 극복하기 위하여 애를 썼는데, 그는 이 두 학자의 견해가 서로 상반된 것이 아니라 상호 보완적인 의미를 지니고 있다고 갈파하였다. 즉 그는 기정진의 「외필」과 이이의 「기자이機自爾」가 학설상의 차이를 나타내는 것이라기보다는 이이의 모자란 점을 보완한 것이라고 생각하였다. 그리하여 그는 동정動靜은 기氣의 동정이 아니라 리理의 동정이며, 다만 리의 동정은 조작이나 작용으로 표현할 수 없기 때문에 '무위의 위爲, 또는 불사不使의 사使'라고 이이의 이론과의 비슷한 점을 언급하였다. 그러나 이것이 리가 직접 동정함을 의미하는 것은 아니다. 동정하되 유행 속에서의 동정을 의미하는 것으로, 따라서 그는 동정을 기질의 동정이 아니라 이치의 동정으로 보았다.

6. 결론

기정진의 학문은 하나의 거대한 학단을 이루어 전수되었다. 그가 쓴 「납량사의」와 「외필」은 학설상의 핵심을 이루는 글이며, 제자들에 의해 씌어진 『답문유편』으로 인해 노사학의 대강을 이해할 수 있다. 이덕홍李德弘 (호는 艮齋) 전우학파와의 기나긴 논쟁은 그의 사후, 그의 제자들과 이덕홍 및 그 제자들의 논쟁으로 이어졌으나 문제자들은 한결같이 그의 입장을 고수하였다. 그러나 문제자들은 그의 입장을 고수한 것에 그치지 않고 유리설을 옹호하기 위해 독자적인 증명 방법을 도입하여 반대파의 견해를 봉쇄하려고 하였다.

기정진의 학문은 파당성이 없다. 스스로 동서남북인이라고 말하였듯이 지역성이나 국지성이 없다. 교육 방법에 있어서도 주입식이라기보다는 피교육자의 마음을 계발시켜 스스로의 답변을 유도하는 경우가 많았다. 그가 실제 의병을 일으켜 행동화하지 않았다고 해도 위정척사의 기치를 내건 이상 그의 문하에는 직접 투신하여 의병을 모집하여 구국의 대열에 참여한 제자가 많았다. 이것이 우연한 것이 아니라 그의 사상적 기반이 의리였기 때문이었다.

한편 기정진은 심득心得에 주안점을 두었는데, 그 방법으로는 성현 및 선현의 말과 경험을 중시하는 것이었다. 즉 그는 논리의 근거를 선각자의 말에서 찾았는데, 이는 곧 간접 경험에 해당되는 것이다. 다시 말해 그는 도리란 미묘하여 반드시 마음에서 얻어야 하며, 현실적으로 눈에 보이는 명물名物이나 형적形迹과는 비교되지 않지만, 언어言語나 견문見聞에 의해 그 본질을 규명할 수 있다고 생각하였다. 그러므로 그는 경험적인 지식을 생각할 수 있지만 때로는 심득을 통하여 도리를 구할 수 있다고 생각하였다. 그리하여 그는 언어를 버리고 다른 데서 구하지 못하며, 반드시 선각자가 이미 정한 말에 대하여 생각하고 참고로 조사할 것이며 가볍게 자기 독창적인 발언을 일삼아서는 안 된다고 하였다. 이처럼 그가 비중을 두고 있는 것은 경험적인 지식과 더불어 선현의 말을 통한 심득을 내세우는 것이다. 그러나 그는 그것이 자신의 의견을 함부로 세우는 것이 아니라, 선현을 통해 자기 창조적인 과정을 겪는 것이라고 하였다.

황강서원 윤천근

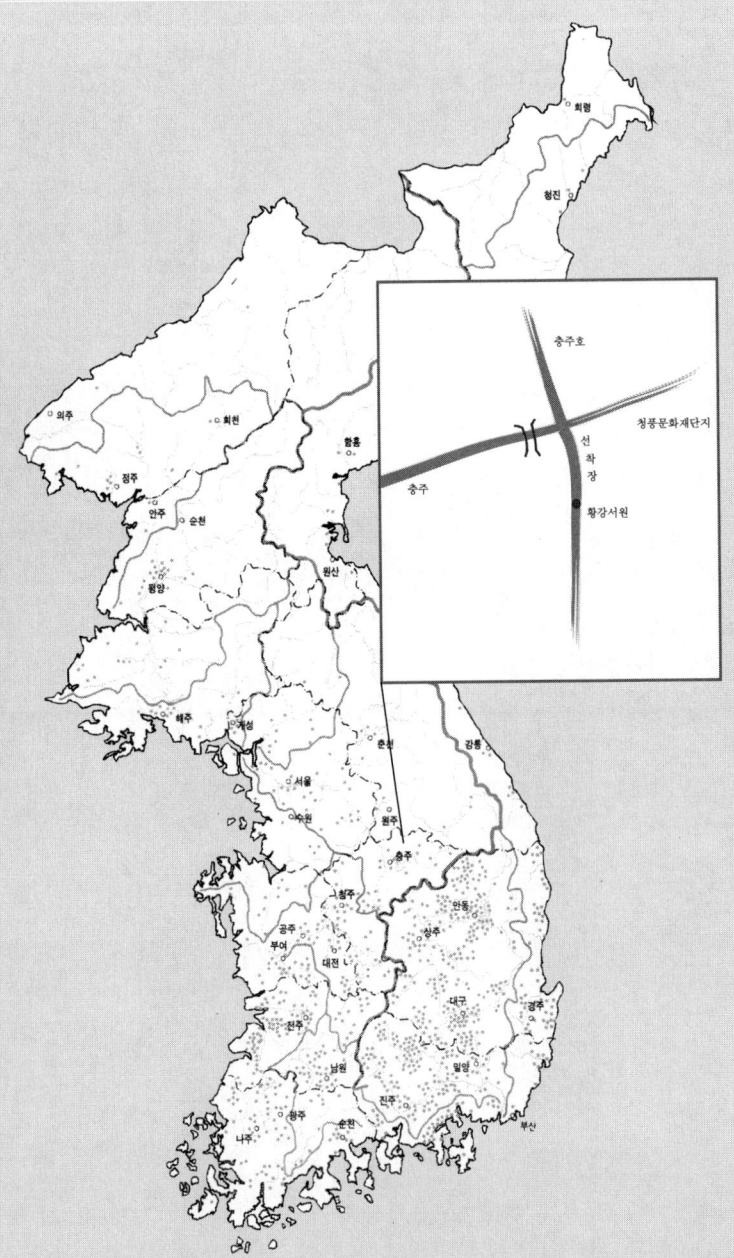

1. 황강에서 흘러간 세월

청풍 문화재 단지에서 충주호를 우측에 끼고 서쪽으로 조금 가다 보면 다리를 건너기 전에 선착장 가는 길을 명시한 표지판이 나온다. 그 표지판을 따라 좌측으로 돌아들면 얼마 가지 않아서 길 우측의 조금 경사진 산비탈을 깎고 들어앉은 고가가 눈에 들어온다. 그곳이 바로 권상하權尙夏의 종가와 영당이 있는 곳이다.

권상하는 누구인가?『안동 권씨 화천군파 세보』(이하『세보』)에는 다음과 같이 언급되어 있다.

자는 치도致道이고, 호는 한수재寒水齋 혹은 수암遂庵이다. 숭정 14년인 신사년(1641년, 인조 19) 5월 8일, 임오일 해시에 태어났다. 신축년(1661년) 진사에 합격하였으며, 유일로 천거되어 좌상을 지냈다. 처음에는 동춘당同春堂 송준길宋俊吉을 스승으로 섬기다가 나중에 우암尤菴 송시열宋時烈에게 의리를 지켜 의발을 전해 받았다. 신축년(1721년) 8월 19일에 타계하였다. 나이는 81세였다. 우암 선생이 타계한 후에 사화가 크게 일어나 계묘년(1723년)에는 적면申冕의 손자 치운致雲이 홀로 아뢰어 관작을 빼앗겼다. 영조 을사년(1725년)에 관작을 되돌려 주고 제사를 지내라는 명이 내려졌다. 시호는 문순공文純公이며, 문집 15권이 남아 있다.

『세보』의 권상하 화상 밑에는 또 다음과 같은 글이 적혀 있다.

이름은 상하尙夏이고, 자는 치도이다. 호를 한수재 또는 수암이라 하였다. 집의공執義公 격格의 아들이다. 현종 1년(1660년) 진사가 되었고(이 부분은 위에 인용한『세보』의 권상하 조항이나 문집의「연보」부분과 서로 다르다. 문집에서도 위의 인용문에서와 같이 1661년에 진사가 된 것으로 기록되어 있다.) 동춘당 송준길과 우암 송시열을 사사(스승으로 섬김)하였는데, 특히 우암의 수제자로 일대의 유종(유학자들의 구심점)이 되었다. 숙종 15년(1689년) 기사환국(서인이 밀려나고 남인이 집권한 사건)으로 우암이 사사(사약을 먹고 죽음)될 때 정읍으로 달려가 스승의 의발을 받았고, 그 유언에 따라 청주 화양동에 만동묘

권상하 영정

萬東廟를 세웠다. 숙종의 융숭한 예우를 받아 우의정에 임명되었으나 모두 사양하였다.

권상하는 안동 권씨 27세손이다. 그의 부친은 위에서 언급한 대로 권격이며, 그의 할아버지는 권성원權聖源이다. 권상하는 어려서부터 조모 강씨 부인에 의해 길러졌고, 조부 권성원을 모시며 지냈다. 그런 점에서 조부 권성원이 권상하의 인격 형성에 상당한 영향을 끼쳤음을 부인할 수는 없을 것이다. 「연보」에 의하면 권상하는 평생 동안 파루가 치기 전에 잠자리에서 일어나곤 하였는데, 그것은 그가 어려서부터 조부를 모시고 지내는 동안 몸에 붙은 습관이라 한다. 속설에 늙으면 아침잠이 없다고 하는데, 어려서부터 그는 아침잠이 없는 조부와 같이 일어나야만 했으니 일찍 일어나는 것이 습관이 되었을 것이다. 또한 그의 최초의 스승도 조부 권성원이었는데, 권성원은 밤마다 권상하를 품에 안고서 입으로 외워서 『시전』을 전수하였다고 한다. 그렇게 하여 어린 권상하는 구전으로 『시전』을 다 배웠다고 한다.

권성원은 자가 호열浩烈이고, 처음 이름이 기원起原이었다. 『세보』에는 다음과 같이 언급되어 있다.

만력 임인년(1602년) 3월 18일 생이며, 경오년(1630년) 진사에 합격하였다. 대학에 들어가서는 율곡과 우계 양 선생을 문묘에 배향하는 논의를 이끌며 바른 길을 지키고 사악한 것을 물리쳤으므로 사림의 중망을 얻었다. 한때 선산부사를 역임하였으며, 임인년(1662년) 11월 1일에 타계하였다. 을유년에 증직으로 이조참의가 되었고, 신축년에는 증직으로 좌찬성이 주어졌다.

권상하는 한성漢城 동현東峴의 자택에서 태어났다. 「연보」에서 권상하와 청풍 황강이 관계되는 것은 그의 28세 때의 기록을 통해 처음 나타난다.

(1668년, 권상하의 나이 28세) 이씨 부인(모친)을 청풍 황강 선산에 장사지냈다.

이 기록에 의해 우리는 청풍 황강에 권상하 가문의 선산이 있었다는 사실을 확인할 수 있다. 그러면 권상하 가문은 언제부터 황강에 선산을 가지고 있었던 것일까? 『세보』에 의하면 그것은 아마도 권상하의 증조부 때 부터가 아닌가 생각된다.

권상하의 증조부인 권주權霔는 임자년 진사로 합격하였는데, 성혼成渾(호는 牛溪)의 모함을 벗기기 위한 선비들의 논의를 이끌다가 세상 일에 염증을 느끼고 남원으로 내려가 은거하였다. 그의 묘는 청풍 수하면 명오리의 뒷산에 마련되었는데, 이는 그의 형이나 부친 등 선대의 묘소가 안산에 위치하는 것과는 그 양상을 달리하는 것이다. 또한 권상하의 조부 권성원, 부친 권격의 묘소도 증조부와 같이 청풍에 있다. 이것은 권상하의 증조부

권상하 구택지비舊宅之碑

아니면 권상하의 조부에 이르러 황강 청풍에 근거지가 마련되었음을 의미한다. 그렇다고 청풍이 권상하 가문의 세거지였다고는 할 수 없다. 청풍이 권상하 가문의 세거지가 되는 것은 권상하가 이곳을 택하여 은거하게 되면서부터이기 때문이다. 이에 대해 「연보」에는 다음과 같이 기록하고 있다.

…… 이 때, 시사가 크게 변하자 선생은 두메 산골로 들어가서 처음에는 선영 밑, 고산촌에 살다가 뒤에 황강촌으로 이사하여 드디어 거처로 정하였다.

송시열宋時烈은 권상하가 거처하는 방에 수암遂菴이라는 이름을 붙여 준다. 이 이름은 권상하의 호 가운데 하나가 되기도 하는데, '수암'이란 명나라 학자 설선薛瑄(文淸)의 『독서록』에 있는 "내 마음이 진실로 학문에 뜻을 두면 하늘이 내 소원을 이루어 준다"는 구절에서 따온 것이라고 한다.

권상하가 청풍으로 이주한 것은 그의 나이 35세 되던 해 3월이었다. 청풍으로의 이주 이후 그는 평생 황강을 떠나지 않는다. 즉 그는 황강에서 살다가 황강에서 죽었던 것이다. 비록 죽은 후에는 황강이 아닌 충주에 묻히기는 하였지만 말이다. 생전에 그가 황강을 벗어나는 일은 송시열을 만나

권상하 묘소

기 위해 화양동에 들른 것이 대부분이었다.

권상하가 송시열을 처음 만난 것은 22세 되던 해의 일이었는데, 이후 그의 인생은 송시열을 떼어 놓고는 따로 말할 수 없을 정도였다. 권상하의 나이 34세 이후에는 특히 그러하였다. 그런데 송시열은 그의 처음 스승은 아니었다. 송시열은 그의 세 번째 스승이었던 것이다. 그의 처음 스승은 유계兪棨였다.

이 해(1650년, 권상하의 나이 10세 때)에 시남市南(유계의 호) 유선생이 마침 여산礪山(권상하의 조부 권성원의 임지) 관아에 왔다가 선생을 보고서 극찬하면서 공보公輔(三公과 輔相)의 그릇으로 인정하였다. 선생(권상하)이 요청하여 『서전』 기삼백期三百 주註를 배우는데, 한 번 듣고는 이내 깨달았으므로 시남이 더욱 기특하게 여겼다.

이것은 권상하가 조부 외에 첫 번째로 다른 스승을 모시게 되는 것과 관련된 기록이다. 한편 그의 두 번째 스승은 송준길宋俊吉(호는 同春堂)이었다. 「연보」에는 그가 송준길을 만나 배운 사정은 잘 나타나 있지 않다. 다만 다음의 기록을 통해 미루어 짐작할 따름이다.

선생이 일찍이 사람들에게 말하기를 "내가 먼저 춘옹春翁을 섬겨 깊은 돌보심과 사랑을 받았다"고 하였고…… 선생이 동춘을 스승으로 섬긴 것은 실로 소년 시절이었기 때문에 왕래하며 수업하고 출입한 전말을 후인들이 추고하여 자세히 기록할 수 없었다고 한다.

「연보」에 의하면 권상하는 25세 되던 해 서울에서 송준길을 만나 인사를 드렸던 것으로 되어 있다. 「연보」의 기록만을 기준으로 하여 본다면, 송준길과의 만남은 송시열과의 만남보다 오히려 늦은 시기였다고 하겠다. 물론 위에서 언급한 대로 「연보」의 송준길과의 관계를 언급한 기록이 완전하다고 할 수 없다는 점을 우리는 염두에 두지 않으면 안 된다.

권상하는 세 번째 스승인 송시열을 제천에서 만났다. 송시열은 백씨의

송시열이 쓴 한수재 현판

임지인 제천에 와 있었고, 권상하는 조부의 임지인 선산에서 부친의 임지인 강릉으로 가는 도중이었다. 송시열이 권상하에게 특별한 애정을 표시했다는 것은 분명하다. 송시열은 여러 번 권상하를 조정에 천거하며, 앞에서 말한 대로 수암이라는 이름을 붙여 주기도 하고 나중에는 한수재寒水齋라는 당호도 지어 주었다. 이에 대해 『연보』에는 다음과 같이 언급하고 있다.

> 재齋가 낙성되자 우암 선생이 한수寒水라고 명명하고서 손수 편액을 썼으며, 또 작은 글을 지어 "회암晦菴(朱子) 선생이 옛 성인들의 연원을 차례로 서술하면서, '삼가 천년의 마음을 생각해 보니 가을 달이 찬 물에 비치네'(恭惟千載心, 秋月照寒水)라고 하였다. 나의 벗 권치도權致道(권상하)가 청풍 강가에 작은 서재를 짓고 그 속에서 글을 읽으면서 나에게 편액을 써 달라고 청하기에 삼가 이 한수라는 두 글자로 써 걸어 준다" 하였으니…….

한수재가 지어진 것은 1686년, 권상하의 나이 46세 때의 일이다. 이 해에는 또한 열락재說樂齋가 낙성되기도 하였다.

원근의 학자들이 점점 모여들기에 한수재 동쪽 강 언덕의 높이 솟은 곳에 몇 칸의 집을 세워 학업을 익히고 머물러 닦는 곳으로 삼았는데, 자못 경치가 좋았다. 송시열이 그 편액을 열락이라 쓰고 정호鄭澔(호는 丈巖)가 기記를 지었다. 아마도 이 때부터 권상하의 강학이 본격화된 것이라 할 수 있겠다. 그는 송시열의 의발을 전해 받으면서 서인, 특히 노론의 영수가 된다. 『한국민족문화대백과사전』에는 다음과 같이 언급되어 있다.

1689년 기사환국으로 남인이 득세하여 송시열이 다시 제주에 위리안치되고, 이어서 후명後命(나중에 사약이 내려진 것을 뜻함)을 받게 되자 유배지에 달려가 이별을 고하고 의복과 서적 등 유품을 가지고 돌아왔다.…… 송시열의 제자 가운데 김창협金昌協, 윤증尹拯 등 출중한 자가 많았으나 권상하는 스승의 학문과 학통을 계승하여 뒤에 사문지적傳師門之嫡傳으로 불릴 정도로 송시열의 수제자가 되었으며…… 권상하의 문하에서 배출된 특출한 제자로는 한원진韓元震, 이간李柬, 윤봉구尹鳳九, 채지홍蔡之洪, 이이근李頤根, 현상벽玄尙璧, 최징후崔徵厚, 성만징成晩徵 등 이른바 강문8학사가 있다.

한편 황강서원과 관련된 기록으로는 다음의 것들이 있다.

충청도 유생 곽수걸郭守杰 등이 상소하여 서원 건립을 청하니 윤허하였다. 원근의 선비들이 한수재 곁에 사당을 세웠는데, 황강서원이라고 사액하였다.(「연보」)

당초에 호서의 유생들이 서원 세우기를 청했는데, 서원이 이미 낙성됨에 임금이 듣고서 이르기를, "이 서원은 다른 서원과는 다르다" 하고, 이어 이름을 황강서원이라 내렸다.(『조선왕조실록』)

충청북도 제천군 한수면 송계리에 있는 서원. 1726년(영조 2)에 지방 유림의 공의로 송시열, 권상하, 한원진, 권욱權煜의 학문과 덕행을 추모하기 위해 창건하여 위패를 모셨다. 1727년에 '황강'이라 사액되어 선현 배향과 지방 교육의 일익을 담당하여 오던 중 대원군의 서원 철폐령으로 1871년(고종 8)에 훼철되었다. 그 뒤 서원이 있던 황강리가 수몰 지구가 되어 1982년 현재의 위치로 이건, 복원하였다. 경내의 건물로는 3칸의 사우, 4칸의 황강영당, 재실, 묘정비 등이 있다. 사우에는 권상하의 위패가, 황강영당에는 송시열, 한원진, 권욱의 영정이 봉안되어 있다.(『한국문화대백과사전』)

그리고 송계리에 있는 '황강영당 및 수암사'라는 제목의 안내판에는 다음과 같이 언급되어 있다.

권욱 영정　　　　　　　　송시열 영정

이 건물은 본래 조선 영조 2년(1726년)에 창건되어 그 다음해인 영조 3년(1727년)에 황강서원으로 사액되었다. 그 후 고종 8년(1871년) 서원 철폐령에 의해 황강영당으로 개칭되고, 그 자리에 문정공 송시열, 문순공 권상하, 문순공 한원진, 권욱, 윤봉구의 영정을 모셨다. 건물 구조는 정면 2칸, 측면 2칸의 팔작집으로, 담장에 일각문이 있고 우암 송시열의 '한수재', '황강서원' 의 편액이 있다. 수암사遂庵祠는 권상하를 봉향하는 사당으로 정면 3칸, 측면 2칸의 맞배집이다. 권상하의 호는 수암, 한수재이며, 송시열의 수제자이다. 그는 또 기호학파의 지도자로서 많은 업적을 남겼다. 현재의 건물은 충주댐 수몰로 인하여 1983년 현 위치로 이건되었다.

이처럼 황강서원에 대한 기록들은 조금씩 차이가 난다. 건물에 관한 기록은 아마도 안내판이 가장 정확할 것이다. 그러나 안내판의 기록 중에서도 '황강영당' 에 '황강서원' 이라는 송시열의 글씨가 편액되어 있다는 것은 잘못이다. 필자가 방문하였을 때 볼 수 있었던 것은 '황강영당' 이라는 편액과 '한수재' 라는 편액뿐이었다. 송시열 생전에는 황강서원이 실재하지 않았다는 점을 상기해 볼 필요가 있을 것이다. '황강영당' 이라는 편액은 이 건물의 동쪽을 향한 처마 밑에 걸려 있고, '한수재' 라는 편액은 남쪽을 향하여 걸려 있다.

오늘날 황강서원에는 위에서 거론한 인물들의 영정 외에도 정종에서 철종 시대를 거쳐, 헌종 때 영의정을 지낸 바 있는 권돈인權敦仁의 영정도 걸려 있다. 권돈인은 권상하의 5대손이며, 추사 김정희와 친교를 나누었고 글씨를 잘 썼다고 한다.

현재 황강서원은 서원으로서의 모습을 갖추고 있지 못하다. 대원군에 의한 서원 철폐, 거듭된 홍수, 충주댐의 건설 등으로 황강서원의 역사와 모습은 과거 속으로 사라져 갔다. 서원의 모습을 잃게 만든 것은 대원군에 의한 훼철이고, 서원의 기록을 앗아간 것은 홍수이고, 서원 터와 그 주변에 깃들인 역사를 빼앗아 간 것은 충주 댐의 건설이다.

이렇게 노론 영수의 위상을 업고 당당하게 사액서원으로 출발한 권상하의 황강서원은 오늘날 그 흔적조차 모호하다. 세월은 그렇게 무정한 것이

황강영당

다. 그러나 세월의 무정함을 느끼게 하는 것은 황강서원만이 아니다. 권상하의 종가에 이르면 세월의 무정함은 보다 분명한 모습을 드러낸다. 권상하의 종가는 문화재로 관리되고 있는 황강영당과 그 관계 건물 아래, 주차장 한쪽에 자리잡고 있다. 작고 평범한 벽돌집 하나. 수대의 영광을 누렸던 고가의 모습은 간 곳이 없다. 그곳 어디에서 조선 후기 노론 일파의 전제 시대를 열었던 노론의 영수 권상하의 흔적을 살펴볼 수 있을 것인가?

2. 송시열과 윤증, 그리고 권상하

송시열의 시대는 정치적으로 남인과 서인의 쟁패기이다. 그들 두 세력 간의 경쟁은 이른바 예송 논쟁으로 대표된다. 예송 논쟁은 기본적으로 임금의 경우에 예법의 규제를 받느냐 받지 않느냐의 문제라고 할 수 있다. 그리고 이 논쟁의 성격을 이해함에 있어서는 이것이 서인 집권 시대의 한가운데에서 전개된 것이라는 점에 주목하지 않으면 안 된다.

집권 세력인 서인들에게 있어서 군왕은 독존적 위치를 갖는 것이 아니라 신하들과 같이 나라를 이끌어 가는 권력 행위의 동반자였다. 따라서 그들은 예법을 바탕으로 하여 군왕의 권력을 합리적인 수준에서 규제할 필요가 있었다. 그들이 예법을 엄격하게 적용하는 태도를 취하는 것은 이러한 입장을 전제로 하는 것이었다. 이 점은 예송 논쟁의 실마리를 제공한 효종에게 특별한 예우를 받아서 효종 시대를 실제적으로 이끌어 갔던 송시열에게 있어서도 마찬가지였다.

반면에 집권 기반을 잃은 남인들에게 있어서는 그들이 권력 중심으로 복귀하는 길은 군왕의 지우를 얻는 수밖에 없었다. 따라서 그들은 군왕 중심주의를 표방하게 되었던 것이다. 이러한 점은 숙종 시대에 희빈 장씨의 부침과 궤를 같이하였던 남인 정권의 모습을 통해 극명하게 드러난다.

그런데 효종 사후부터 숙종 연간에 이르기까지 치열하게 전개되었던 남인과 서인 사이의 대결전은 상대의 당파에 대한 태도의 강·온을 기본 축으로 하여 내부 분열을 하게 된다. 그리하여 남인은 청남과 탁남으로, 서인은 노론과 소론으로 나누어지게 되었다. 이것은 우선적으로는 상대 당파에 대한 태도와 연관되어 나누어진 것이었지만, 각각의 당파 내에서 권력을 독점하고자 하는 정치적 다툼의 양상을 띠는 것이기도 하였다. 청남과 탁남의 분열은 지금 필자가 이야기하고자 하는 권상하와는 무관하므로 여기서는 구체적으로 언급하지 않기로 한다. 그러나 노론과 소론의 분열은 그러한 구도에서 노론 전제로 이끌기 위해 권상하가 평생을 통해 투쟁하였고, 또 권상하의 제자들에게도 중요한 문제가 아닐 수 없으므로 여기서 구체적으로 살펴보지 않을 수 없다.

 노론과 소론의 분열은 표면적으로는 송시열과 윤증 사이의 반목으로 드러나는데, 이는 『조선왕조실록』에 기록된 관학 유생 이시정 등의 상소문을 통해 짐작할 수 있다.

 대저 윤증은 겉으로는 꾸며서 좋은 명예를 얻으려 하면서 속으로는 실로 머뭇거려 당시의 화로부터 도피하였으니, 이것은 그 집안에서 전수한 것입니다. 적신 윤휴가 명예를 훔칠 때에 윤증의 아비 윤선거가 성심으로 사모하여 기뻐하였고, 윤휴가 『중용』에 주를 바꾸어 달고 예설을 새로 만들 때에는 세상이 다 그가 사문의 난적(斯文亂賊)으로 화를 일으키고자 하는 마음을 감춘 것을 알았는데도 윤선거만은 홀로 애호하는 뜻을 가져서 끊는다고 말하면서도 끊지 않았습니다. 윤증이 한결같이 아비의 남긴 뜻을 좇아 지성으로 사모했으면서도 오히려 드러나게 송시열을 배반하고 끊지 못한 것은 혹 선비의 무리에게 죄를 얻을까 염려했기 때문이었습니다. 윤휴의 무리가 점점 치성하여 위세가 날로 확장되면서 송시열을 참소하고 죄를 꾸미는 것이 세상에 넘쳐 화변이 장차 임박하게 되니, 윤증이 그제야 두려워서 스스로 위태롭게 여기고 제 한 몸 벗어날 방법을 꾀하여 (아비의) 묘문을 (송시열에게) 청할 때에 비로소 제 아비의 기유년의 의서(송시열을 비판하고 있는 글)를 발설하였는데, 이것은 적신 윤휴를 힘껏 돕고 대의를 헐뜯어 배척한 것이니, 윤증이 이 글을 송시열에게 보일 때에 어찌 송시열이 제 아비의 마음을 의심할 것을 몰랐겠으며…… 그가 윤휴를 도운 글을 묘비명을 청할 때에 보인 것은 모두가 짐짓 경영하여 스스로 선생의 문하와의 관계를 끊고 화망을 일으킬 방도를 생각한 것인데…….

『조선왕조실록』에는 또한 윤득화 등이 올린 상소문이 기록되어 있는데, 이를 통해서도 당시의 상황을 짐작할 수 있다.

아, 윤증은 큰 윤리를 이미 잃었으므로 나머지는 논할 것도 없으나, 부자가 전술한 것이 본디 윤휴를 조종으로 삼는 법문에서 벗어나지 않았으며, 마음에 두고 행실을 가다듬는 것도 오로지 이해, 화복에 달려 있었습니다. 송시열이 목숨을 버리고 윤휴를 배척하다가 간사한 자들에게 크게 미움받는 것을 이미 보았고, 뒷날에 세상의 도리가 여러 번 변하면 송시열이 마지막 승부를 걸게 될 것은 틀림없겠거니와, 주자 문하의 파당을 금지하는 것은 서산西山에게 먼저 미쳤고, 본조本朝의 사화는 문도에게 뒤섞여 미쳤으니 윤증의 환난을 염려하는 마음으로서는 어찌 송시열의 문하에서 머리 숙여서 연좌의 처벌을 달게 받으려 하였겠습니까?

송시열의 편에 서는 노론이 윤증의 스승 배반하기를 보는 시각은 이렇게 정치적 입장을 전제한다. 남인과의 연대, 또는 어지러운 세상 속에서 혹시 남인이 정권을 잡을 경우를 예상해 화를 피하기 위한 수단이라는 생각이 바탕에 깔려 있는 것이다. 이러한 시각은 후에 윤증 비판의 선두에 섰던 권상하에게서도 동일하게 나타난다. 다음은 권상하가 『한수재문집』 속에서 이동보에게 하고 있는 말이다.

…… 혹시 오인午人(남인)이 다시 일어나면 그 자신 또한 선생의 고제로 화를 면치 못할까 두려워서 갈라져 나가 화를 피하려 했던 것이니, 이것이 노·소론이 갈라진 원인이네.

그러나 윤증의 스승 배반하기가 꼭 이렇게 정치적 의미만을 전제로 하여 설명될 수 있는 것인지는 의문이다. 이를테면 윤증의 사상적 입각점이 송시열 등을 대표로 하는 노론 학자들과 다른 자리에 놓여져 있었던 탓에 이들 사이에 분열이 일어날 수도 있었던 것이다. 윤증은 실용을 중시하는 학문적 태도를 갖추고 있었으며, 이이와 성혼의 합체로 이루어져 있는 서인 계열에서 성혼 쪽에 경사되어 있는 학맥을 이어받았으며, 남인 학맥과도 혈연적으로 연계되어 있는 인물이었다.

윤증은 17세기 이후 안으로는 경제적·신분적 와해 현상이 심각한 국면에 이르러 이를 해결해야 된다는 경제적 명제를 인식한 지식인이며, 밖으로는 숭명북벌의 이론으로 경직되었던 상황에서 대청 외교의 실리론만이 현 책임을 주장한 탄력성 있는 정론으로 대응했던 정치인이었다. 그러므로 그는 노론 정객들이 주자학적 종본주의만을 고수하여 여타 학문의 자유로운 토론을 억압하면서 시대 변천에 역행하고 당면 과제를 외면한다고 생각하여 그들과 정면으로 대립하였다.

이은순의 이러한 평가는 윤증이 실용적 입장을 중시하고 주자학적인 의리론을 상당히 탄력적으로 받아들인 사람이었음을 알려 준다.

명재明齋(윤증)의 누이는 박세구朴世坵(朴世堂의 仲兄)에게 시집가나 10세에 자친(모친)을 잃고 23세에 과부가 되며 늘어서 아들을 비명에 잃으니, 박태보朴泰輔(생부는 박세당)는 양자였다. 명재의 장인은 탄옹炭翁 권시權諰로 예송에서 송시열 등과 갈라서고 윤휴尹鑴, 허목許穆 등과 함께하였는데…….

유명종의 이와 같은 말은 윤증이 남인 학맥이나 탈주자학적 입장의 학자들과 일정한 혈연적 관계를 갖고 있었다는 점을 알려 준다. 또한 유명종은 윤증에 대해 여러 가지 긍정적인 평가를 내린다. 즉 윤증의 조부인 윤황尹煌이 성혼의 사위였기에 윤증은 가학의 전통을 이어받아 우율학牛栗學의 정통을 확립하였고, 자신의 학맥을 통해 이황과 이이가 주장한 리기설理氣說의 절충파를 탄생시켰으며, 양명학 토착화에 사상적 기초를 제공함으로써 소론파에 의해 우리 나라 양명학의 발전에 공헌하였고, 유형원柳馨遠의

『반계수록』을 표창함으로써 조선 후기 실학의 정착에 단서를 제공했다는 것이다.

이러한 평가들을 통해 볼 때 송시열과 윤증의 분열은 결국 송시열의 의리 지향과 윤증의 실용 지향, 송시열의 주자주의와 윤증의 현실주의가 맞부딪친 결과라고 하겠다.

한편 송시열은 주자학적 순수 혈통을 지켜내는 일념으로 무장하고 있었던 인물이라 할 수 있다. 그것은 권상하의 「우암선생묘표尤庵先生墓表」에 기록된 송시열의 말을 통해 증명된다.

주자가 나온 이후로 의리가 조금도 가리워짐 없이 크게 갖추어졌으므로 후학으로서는 다만 주자만을 존경하고 믿어 그의 학문을 밝히기에 진력해야 한다. 성인이 되고 현인이 되는 길도 거기에서 벗어나지 않는다. 만약 꼭 무엇을 서술하여 후세에 남기려고 한다면 그것은 망령된 일로서 군더더기일 뿐이다.

송시열의 이러한 주자주의는 선언적인 의미만을 갖고 있는 것은 아니었다. 송시열은 주자주의를 지켜내기 위해서는 실제로 어떤 전투라도 치루어내고자 하는 의지로 무장하고 있었다.

…… 일찍이 말하기를, "도가 나로 인하여 세상에 밝아지기만 한다면 비록 만 번을 죽더라도 여한이 없겠다"고 하였다. 그러므로 윤휴가 주자를 무시하고 그의 장구章句를 고친 데 대해서는 사문의 난적이라고 극력 공격하였으며, 윤휴를 도와 좌지우지하는 자가 있을 때는 말하기를, "춘추의 법에 따라 난신적자에 대해서는 먼저 그 패거리부터 다스려야 한다"고 하였다.

송시열은 이러한 의지의 실천에 자신의 목숨을 걸고 있었다. 그만큼 치열하고 적극적으로 싸움을 걸고 나섰던 것이다.

그러므로 그 당시 일에 대하여 내(권상하)가 서구敍九(송시열의 손자 宋疇錫의 字)와 더불어 여러 차례 너무 과격하여 뒷날의 화를 부르게 될까 염려됨을 말씀드렸고, 회석晦錫(송시열의 손자)은 때로 울면서 간하기를 "어찌 자손을 생각하지 않고 이렇게까지 하느냐"고 하였으나, 우암은 다만 미소를 지으면서 말하기를 "나로 말미암아 천리와 인심이 조금이나마 밝아지고 자손을 보호하지 못하는 것과, 남을 따라 오염되어 사악한 행동에 휩쓸리면서 자손을 보전하게 되는 것을 후세로 하여금 평가하도록 하였을 때, 그 어느 것이 낫겠는가?" 하였다.

송시열의 치열성을 알게 하는 부분이다. 이와 같은 송시열의 치열한 주자주의는 세상의 도리를 자신이 밝혀야 한다는 신하 책임론으로 나타나기도 하였고, 공자와 주자 그리고 이이와 자신을 일선으로 묶어 내는 도통론의 수호로 드러나기도 하였으며, 아울러 명나라에 대한 의리 지키기로 나타나기도 하였다.

송시열과 윤증의 반목으로부터 시작되어 권상하를 수장으로 하는 노론 일파와 윤증을 필두로 하는 소론 일파 사이에서 본격적으로 전개된 정치적 다툼은, 송시열 식의 주자주의의 연장선상에 놓여 있는 것이라고 할 수 있다. 송시열 식의 주자주의를 상속받은 노론 일파에게 있어서 그것은 스승에 대한 의리 지키기, 스승의 도통을 수호하기로 특수화되어 나타난 주자주의에 다름아니었던 것이다. 노론 학자들이 윤증의 스승 배반하기의 뒤에서 남인의 그림자를 보면서도 논쟁의 핵심을 스승에 대한 의리 지키기로 몰아간 것을 통해 우리는 이 점을 확인할 수 있다.

3. 『가례원류』문제와 스승과 어버이를 모시는 의리의 문제

남인과 서인이 대결전을 벌이고 노론과 소론이 첨예하게 맞섰던 조선 중・후기는 예송禮訟의 시대이다. 또한 도덕과 윤리가 지배하고 있던 시대이기도 하다. 남인과 서인의 다툼이 역사 속에서 예송이라는 이름을 얻었다면, 노론과 소론의 다툼도 또 다른 각도에서의 예송이라 할 수 있다.

남인과 서인의 다툼은 예법을 어떻게 적용할 것인가 하는 문제에서 비롯되었다. 그것은 예의 형식을 올바로 사용하는 방식에 대한 논의를 통해 "조선 사회에서 임금이란 무엇인가"라는 화두를 역사 속에 던져 놓은 것이라고 하겠다. 이에 비해 노론과 소론의 다툼은 예법을 적용하는 차원의 문제가 아니었다. 그것은 예의 정신에 대한 논의로부터 비롯되었다. 송시열과 윤증을 매개로 삼아 당시의 학자들은 "학파, 또는 당파의 시대에 스승이란 무엇인가"라는 화두를 붙들고 씨름하였다.

　남인의 재등장과 그 총체적 몰락은 희빈 장씨의 정치적 부침과 동일한 문맥 위에 놓여 있었다. 남인의 재등장은 송시열의 죽음을 가져왔으며, 그것에 대한 서인, 특히 노론의 적극적 반격에 의해 송시열 사후 5년여 만에 남인은 정권 일선에서 물러나게 되었다. 남인을 정권 일선에서 퇴장시킨 공은 노론에게 있었지만 정권은 소론 수중으로 넘어갔다. 이로 인해 노론의 소론에 대한 투쟁이 본격적으로 시작되었다. 그 반격의 신호탄 역할을 한 것이 권상하의 이른바 『가례원류』 서문이다. 이 『가례원류』 문제는 조선 당쟁사에 있어서 결정적인 의미를 지니는 사건이었다. "대체로 동서의 당은 전랑(이조전랑)의 통망에서 연유하였고, 노·소론은 회니懷尼(송시열과 윤증의 싸움)에서 연유하였으나, 그래도 서로 혼인은 터서 정의만은 통하고 지내더니 『가례원류』가 한번 나오면서부터는 마침내 다시 막혀 신축년, 임인년에 이르러 그 극도에 달하였다"는 영조의 이 말은 『가례원류』 문제가 당쟁사에 있어서 어떤 위상을 갖는 것인지를 알려 준다.

　앞에서도 말하였듯이, 노론과 소론의 분열은 서인의 남인에 대한 태도와 윤휴 등의 탈주자적 성향에 대한 태도를 바탕으로 하는 것이었다. 그러나 노론과 소론의 투쟁은 그러한 기본적 입장은 배경에 밀어 둔 채 송시열과 윤증의 싸움이라는 구체적 사건을 중심에 두고 치열하게 전개되어 갔다. 그리고 예송의 시대답게 그들 두 사람의 도덕성의 결함을 공격하기 위해 서로 경쟁을 하였다. 논란의 초점이 되었던 것은 송시열이 윤증의 부친인 윤선거를 배격하였다는 것과 윤증이 유계兪棨와 송시열, 두 명의 스승을 배반했다는 것이었다.

처음에 이 문제가 불거졌을 때 숙종은 송시열 쪽에 치우치는 견해를 가지고 있다가 나중에는 "아버지와 스승은 경중이 있다"는 입장을 제출하여 소론, 즉 윤증의 손을 들어준다. 송시열이 윤증의 부친인 윤선거를 비난하였으므로, 윤증이 송시열을 배반한 것은 윤리상 하자가 없다는 입장이었던 것이다. 그러한 숙종의 입장은 "두 스승을 배반하였다"는 도덕적 악명으로부터 윤증을 정치적으로 구원해 주는 것이었으나, 설령 그러한 입장이 맞는 것이었다 하더라도 그것은 송시열과의 관계만을 중심으로 하는 것이었으므로 『가례원류』 문제, 즉 유계를 배반한 사실은 여전히 논란거리로 남아 있게 되었다.

이 『가례원류』 문제를 수면으로 끌고 나옴으로써 윤증, 또는 소론에 대한 반격을 본격화한 이가 바로 권상하이다. 『가례원류』란 유계가 처음 만들기 시작하여 나중에 윤선거와 같이 논의하고 편집한 책이다. 유계는 이 『가례원류』를 자신의 문인인 윤증에게 주어 책의 완성을 부탁하였는데, 윤증은 그것을 자신의 부친이 지은 책으로 해 버리고 말았다. 이것이 바로 『가례원류』 문제의 핵심이었다. 권상하는 『가례원류』가 출간될 때 그 서문에 이와 같은 사실을 세세히 기록함으로써 당시 사회에 커다란 파문을 불러일으켰다. 다음은 권상하가 쓴 서문 중의 일부이다.

과거 유선생이 이 책을 편집할 적에 원근의 벗들과 상의하여 정정한 것이 매우 넓었는데, 뒤에 미촌美村(윤선거의 호)이 살고 있는 곳이 매우 가까웠으므로 간혹 참여하여 도운 일이 없지 않았다. 유선생이 만년에 문인 윤증에게 부탁하여 수윤해 일을 마치도록 한 것은 실로 주자가 『의례통해儀禮通解』를 문인 황간黃幹에게 부탁하여 완성하게 한 뜻과 같은 것이었고, 또 임종할 무렵에 편지를 보내어 거듭 권면한 것이 더욱 간절하였다. 그런데 지금 윤증은 "스승의 분부가 계셨는지의 여부를 기억할 수 없다"고 하면서 딴소리를 하고 있으니, 이것이 어찌 선생이 간절히 부탁한 뜻이겠는가? 예라는 것은 인심을 바르게 하고 풍교를 맑게 하는 것인데 지금 아버지처럼 섬겨야 할 자리에 소진, 장의의 수단을 사용하였으니, 저 예를 장차 무엇에 쓰겠는가?

물론 윤증의 주장이 맞는 것인지, 아니면 권상하의 말이 맞는 것인지는 필자로서는 알 수가 없다. 권상하가 『가례원류』의 서문을 지은 것은 1713년(숙종 39), 그의 나이 73세 때, 윤증이 죽기 1년 전의 일이었다. 이 일로 권상하를 탄핵하는 소론계 유생들의 상소가 산을 이루게 되었고, 숙종은 권상하의 서문을 불사르도록 명하였다. 숙종은 여전히 어버이와 스승을 섬기는 의리에는 경중이 있다는 기존의 입장을 재천명하였던 것이다. 이로 인해 권상하는 일정하게 견제를 당하게 되었는데, 이러한 임금의 처분은 노론계 유생들을 분기시키게 되었다.

결국 숙종은 시비의 발단이 된 송시열의 「윤선거묘표尹宣擧墓表」와 윤선거가 송시열에게 보내려고 썼다가 보내지 않고 묻어 두었다는 문제의 글을 직접 가져다 보기에 이른다. 「윤선거묘표」는 송시열이 윤증의 아버지 윤선거를 비난하고 모욕하였다는 글이고, 윤선거의 글은 송시열을 모욕하였다는 평가를 받는 것이었다. 즉 전자는 소론계 유학자들에 의해 "어버이를 모욕하는 스승을 따를 수는 없는 일이다"라는 주장을 이끌어 내는 근거가 되는 것이었고, 후자는 노론계 유학자들에 의해 "윤증이 딴 마음을 숨기고 겉으로만 송시열을 따르는 척하였다"는 주장을 하는 빌미를 제공한 것이었다. 이를 계기로 논쟁의 핵심은 『가례원류』 문제, 즉 윤증이 유계를 배반한 일로부터 다시 윤증이 송시열을 배반한 문제로 옮겨가기에 이른 것이라 하겠다.

두 글을 친견한 숙종은 노론 계열의 손을 들어 주었다. 윤선거의 글에는 잘못이 있고, 송시열의 묘문에는 하자가 없다는 것이었다. 그렇게 하여 결과적으로 윤증이 두 스승을 배반하였다는 문제는 윤증의 도덕적 허물로 돌려지기에 이른 것이다. 이러한 숙종의 정치적 판결이 곧바로 소론의 몰락을 가져온 것은 아니었다. 그러나 이 일로 인해 소론의 입지가 현저하게 약화된 것만은 분명한 사실이다.

윤증이 두 스승을 배반한 일을 중심에 두고 벌어진 노론과 소론의 쟁패는 결국 송시열과 권상하로 이어지는 노론 계열의 스승관 또는 진리관과 윤증을 대표로 하는 소론 계열의 스승관 또는 진리관의 차이를 말해 주는 것이라 할 수 있다. 소론 계열의 진리관 또는 스승관은 윤증 편에 섰던 유생 오명윤이 올린 다음의 상소문을 통해 설명될 수 있다.

스승이란 그 도를 가르치는 것인데, 이제 (송시열의) 마음에서 나타나 일을 해치는 것이 저렇게 드러났으면 전에 이른바 도를 지킨다고 한 것은 이미 땅을 깎아낸 듯이 남은 것이 없게 되는 것입니다. 선정(윤증)이 이에 대하여 어찌 참고 입을 다물고서 구차하게 스승과 제자라는 이름만 보존하고 말 수 있겠습니까?

이 글을 통해 우리는 스승과 진리는 다르며, 스승보다는 진리가 우선이라는 의식이 두드러지게 드러나 있음을 확인할 수 있다. 그러면 노론 계열의 진리관 또는 스승관은 어떤 것이었을까?

시열은 천년 후에 와서 맹자와 주자의 계통을 이었고 상하는 또 시열의 적전이니, 사악한 말들을 억제하고 비행을 막으며 성인을 옹호하고 도를 부지하는 것이야말로 곧 그들의 책임이라 할 것입니다.

위의 글은 권상하의 문인인 한원진이 올린 상소문의 일절이다. 이 글은 스승과 진리는 하나이며, 진리는 스승을 통해 드러난다는 입장을 보여 준다. 즉 진리보다는 스승이 우선한다는 입장을 나타낸 것이다.

이러한 입장의 차이는 한쪽은 스승의 위상을 상대적으로 낮게 간주함으로써 어버이는 스승보다 무겁고 중하다는 주장을 하게 하며, 다른 한쪽은 스승의 위상을 상대적으로 높게 올려 놓음으로써 명실상부하게 군사부일체의 윤리관을 내세우게 하는 것이다. 즉 소론은 스승으로부터 어느 정도 자유로운 입장에 있었으며, 이에 비해 노론은 스승에게 전제적으로 장악되어 있었음을 알 수 있다. 그러므로 학파가 바로 당파가 되는 시대에 스승 수호하기를 핵심적 행동 강령으로 하였던 노론 일파가 결국 모든 당파를 축출하고 독점적 권력을 생산해 낼 수 있었던 것은 어찌 보면 당연한 일이라 할 수 있다.

4. 권상하의 송시열 배우기

권상하는 송시열의 의발을 전해 받은 유림의 종장이라고 일컬어지기도 하고, 송시열의 적전이라고 일컬어지기도 한다. 윤증이 송시열과의 반목으로 그 문하에서 떠난 이후, 다음 시대를 책임질 사람으로 권상하가 선택되었다는 것이다. 이런 식의 표현법은 불교적 냄새가 강하게 풍기는 것이지만 이른바 도통론이 강화된 당시의 분위기를 전해 주는 표현이라고 하겠다.

「연보」에 의하면 1689년(권상하의 나이 49세 때) 송시열이 제주로 유배될 때 권상하는 송시열로부터 후사를 부탁받았다고 한다. 다음의 글은 송시열이 과연 권상하가 자신의 전인이 될 수 있는지를 마지막으로 타진해 본 것이라 할 수 있다.

우암 선생이 묻기를 "윤휴의 죄 중에 어떤 것이 가장 큰가" 하니, 권상하가 "주자를 깔보고 업신여긴 것이 가장 크다고 하겠습니다" 하고 대답하였다. 우암 선생이 고개를 끄떡이며 말하기를 "그렇다. 사람이 진실로 성현을 업신여긴다면 무슨 일인들 못하겠는가" 하고서, 또 권상하에게 이르기를 "여러 벗들은 흩어져 돌아가더라도 그대는 나와 함께 며칠을 더 가야 하겠다. 내가 그대에게 조용히 말하고 싶은 것이 있다"고 하였다.

이 글 속에서 송시열이 확인하고자 한 것은 권상하의 주자주의적 입장이었다. 즉 송시열은 주자의 사상을 이어받기에서 한 걸음 더 나아가 주자를 성현으로 수호하기를 권상하에게 바라고 있었던 것이다.

(태인에서) 하루를 머물렀다. 닭이 울자 일어났는데, 우암 선생이 말하기를 "율곡 선생의 수적(친필)이 매우 많고 또 사계 선생(김장생)이 백사 이공(이항복)과 율곡의 비문을 산정할 때 왕복한 글 및 행장의 초본을 신재(김집)가 모아서 깊이 간직하였다가 말년에 나에게 전수한 것도 있는데, 이것을 모두 치도(권상하)에게 부탁하고자 한다.

위의 글은 송시열이 권상하에게 의발을 전하는 장면이다. 이 때 송시열은 권상하에게 자신이 진행시키고 있던 여러 저술 작업의 완성을 부탁하기도 하였다. 송시열은 제주에 유배되어 있을 때부터 제주에서 이송되어 올라오다가 정읍에서 사약을 먹고 죽을 때까지, 착실히 자신의 사업을 권상하에게 전해 준다. 제주에서 인편으로 권상하에게 보낸 글 속에서 송시열은 자신이 주자의 글을 읽다가 의심을 갖고 있던 부분에 대한 해설을 완성시켜 줄 것과 주자가 임종할 때 문인들에게 전하였다는 '직直' 자를 요체로 삼아 힘써 노력하라고 당부했으며, 또 송시열 자신이 명나라 신종 황제와 의종 황제의 사당을 세워 제사지내기를 소원해 왔으나 이루지 못했으니 대신 그 일을 이루어 줄 것을 요청하였다. 그리고 사약을 받아 놓고 나서는 다음과 같은 말로 그의 사업을 이어줄 것을 거듭 강조하였다.

학문은 마땅히 주자의 학을 주로 삼고, 사업은 효묘孝廟께서 하고자 하신 뜻을 주로 삼아야 하네. 우리 나라는 나라가 작고 힘이 약하여 비록 큰일을 할 수는 없다 하더라도, 항상 '아픔을 참고 원망을 감추는 것은 긴박하여 부득이 하였기 때문' 이라는 것을 가슴속에 간직하여 뜻을 같이하는 선비들이 전수하여 잃지 말아야 할 것이네.

그리고 나서 송시열은 '공경함' (敬)과 '바름' (直)으로 주자의 학문을 특수화하였다.

주자의 학문은—그 시종을 관통하는 것은 '경' 이네—천지가 만물을 내는 까닭
과 성인이 만사를 응대하는 까닭이 '바름' 한 자일 뿐이므로, 공자 맹자 이후로
서로 전하신 것은 오직 이 하나의 '직' 자뿐이었네.

권상하의 평생은 바로 이렇게 그에게 전해진 송시열의 유업을 실현하는
것이었고, 송시열이 주자 수호하기에 목숨을 걸고 나섰듯이 송시열을 수호
하기 위해 열성을 다하는 것이었다. 권상하에게 있어서는 송시열을 수호하
는 것이 바로 주자를 수호하는 것이었던 셈이다.

권상하가 화양서원 곁에 명나라의 두 황제를 제사지내는 만동묘를 완성
시킨 것은 스승 송시열의 유업을 성실히 계승한 단적인 예라고 할 수 있다.
또한 그가 윤증 비판하기의 강도를 늦추지 않은 것은 송시열 수호하기의
결정적인 증거라 하겠다. 이처럼 그는 송시열을 모범으로 삼은 송시열교의
성실한 신도였다. 그러므로 그의 최종 목적은 송시열과 똑같아지는 것이었
다. 송시열 배우기야말로 그의 삶의 의미였던 것이다. 실제로 그는 송시열
과 흡사한 면모를 보여 준다. 송시열이 주자주의를 깃발로 내세우며 윤휴
를 '사문난적' 으로 지탄하였던 것과 똑같이 주자주의를 천명하며 박세당
을 '사문난적' 으로 몰아붙이는 것이 그러하였고, 송시열이 남인을 가혹하
다고 할 정도로 억압하였던 것처럼 그 역시 소론을 매몰차게 비판하는 것
을 사명으로 삼았던 것이 그러하였다. 그럼에도 불구하고 그는 늘 송시열
배우기에 만족하지 못하였다. 그러한 심경의 일단을 그는 한홍조韓弘祚와
의 문답에서 다음과 같이 토로하였다.

(화복과 이해에 집착하지 않고 존경과 친밀함에 집착하지 않는 송시열의 태도
를) 배워야 할 줄은 절실히 알아 마음속에 간직하였으나, 끝내 배우기 어려웠
다. (송시열의 위대한 점을 후학들이 끝내 배울 수 없다는 것이 아니라) 내가
(그것을 배우는 데) 능하지 못했다는 것이다. 만약 우암을 배운다고 하면서 이
러한 점을 배우지 못한다면, 이는 우암을 배운 것이 아니다.

송시열교의 신자인 권상하의 입각점을 알게 하는 부분이다.

5. 황강에서의 가르침 — 특히 한원진과 이간

조선 왕조가 갖는 특수성은 유학적 지식의 교양화 현상이라 하겠다. 이것은 조선 왕조가 많은 약점을 갖는 사회임에도 불구하고, 세계사상 유례가 없는 지식인 사회였음을 암시한다. 물론 조선 왕조에서 유학적 지식은 단순히 교양만은 아니었는데, 유학적 지식은 곧 특권이면서 교양이었던 것이다. 따라서 지식인 사회의 구성원인 양반 계층에 속하는 남성들은 유학적 소양을 갖추기 위한 노력을 가열차게 수행할 수밖에 없었다. 조선 왕조에서 배움터가 폭발적으로 늘어나 가히 전국적으로 편재되는 양상을 띠었던 것은 바로 이러한 문화적 특성을 반영하는 것이라고 하겠다.

그런데 조선 왕조의 지식 사회가 갖는 특성 중의 또 다른 하나는 교육이 기관 중심으로 이루어지기보다는 스승 중심으로 행해진다는 점이다. 따라서 스승이 있는 곳에는 언제나 기관이 생겨나게 되었는데, 이 점은 사설 교육 기관이 주도적인 위치에 있었던 조선 후기에 이르게 되면서 하나의 정형으로 굳어지게 되었다. 그리하여 시간이 지날수록 사설 교육 기관은 기하급수적으로 늘어나게 되었다.

권상하는 주로 화양동에서 배웠다. 화양동은 송시열이 강학하던 곳으로, 그는 송시열의 학생이었던 것이다. 송시열 문하였던 그가 본격적으로 자신의 강학을 시작한 것은 앞에서도 언급했듯이 그의 나이 46세 때로, 한수재와 열락재가 지어진 때였다. 이곳에서 그는 자신의 제자들을 길러냈는데, 한원진韓元震, 이간李柬, 윤봉구尹鳳九, 채지홍蔡之洪, 이이근李頤根, 현상벽玄尙璧, 최징후崔徵厚, 성만징成晩徵 등 이른바 강문8학사를 비롯하여 여러 제자들이 그의 문하에서 배출되었다.

다음 편지글의 일절은 권상하가 그의 제자들에 대해 언급한 것이다.

성군 만징(성만징)이 찾아와 반 달 동안 머물러 있다가 며칠 전에 돌아갔는데, 이 벗은 덕성에 대한 공부가 독실하여 그와 서로 대할 때에 매우 유익함을 느꼈습니다. 또 한생 원진(한원진)이란 자가 찾아와 함께 지내고 있는데, 나이는 겨우 20세이지만 학식이 정밀하고 해박하며 우리 유가의 사업에도 마음을 쏟는 것이 매우 가망이 있어 보입니다. 후생 가운데에 이러한 사람들을 얻었으니 참으로 기쁜 일입니다.

또 다른 편지글에서도 권상하는 그의 제자들에 대해 언급하였다.

온양의 이간과 윤혼, 청주의 채지홍, 예상의 한홍조는 모두 독실히 배우고 힘써 행하는 선비로서 식견과 지조가 같은 나이 또래의 젊은이들보다 월등하니 후생이 적막하지 않을 만하네. 채의 정밀하고 통명함과 이의 준엄함과 윤의 온후함은 중책을 맡길 만하다고 말하더라도 지나친 말이 아닐 듯하며, 한 또한 총명하고 민첩하여 예사로운 사람이 아니네.

앞에서도 말하였듯이 황강서원은 권상하 사후 만들어진 것이고 기록도 거의 남아 있지 않기 때문에 오늘날 그 실체를 확인하기는 매우 어렵다. 그것은 사상사 속에서의 황강서원이 그리 중요한 의미를 갖지 않기 때문이기도 한데, 황강서원과 연관되어서 사상사적 중요성을 갖는 인물들은 서원 형성 이전에 황강에 출입하며 배웠던 사람들이다. 권상하의 여러 제자들 중 학문적인 측면에서 가장 주목되는 것은 이간과 한원진이었다. 권상하가 이들에게 얼마만큼의 흡족함을 느끼고 있었는지는 다음의 시들을 통해서 확인할 수 있다.

> 빈 산에 병들어 누워 하는 일 하나 없는데
> 뛰어난 벗 찾아오니 의욕이 솟구치네.
> 우리 유도儒道는 지금 적막하지 않으니
> 그대 높은 식견 태양처럼 떠오르네.

이것은 권상하가 이간에게 준 시이다. 자신이 떠받쳐 온 유학의 미래를 이간에게서 기대하는 의도가 분명하게 드러난 글이라고 하겠다.

> 젊은 나이 높은 재주 공자 주자를 배우니
> 경전 해설 정밀하고 박식하기는 그대 따를 이가 없구나.
> 어렵사리 궁벽진 곳 촌마을 찾아드니
> 늘그막에 모자란 나 얼마나 다행인지.

이것은 권상하가 한원진에게 준 시이다. 이 시는 다른 한 편의 시와 함께 두 수로 이루어져 있는데, 한원진에 대한 정서적 친밀감이 짙게 배어 있다.

그런데 권상하의 여러 제자들 중에서 아직도 황강영당에 초상을 남기고 있는 인물은 한원진과 윤봉구이다. 황강영당에 초상을 남기는 것이 무슨 특별한 의미를 지니는 것은 아닐런지도 모른다. 그러나 황강영당에는 송시열의 영정이 모셔져 있다. 송시열의 초상과 권상하의 초상을 함께 모시고 있다는 것은 무슨 의미일까? 그것은 송시열로부터 유업을 이어받아 그것을 지켰다는 것을 의미한다. 따라서 권상하의 제자들 중 누군가의 초상이 여기에 걸려 있다면, 그것 또한 이러한 의미로 해석할 수 있을 것이다. 즉 권상하의 유업을 계승한다는 의미로 한원진과 윤봉구의 초상이 걸려 있는 것이다. 그러면 권상하의 문인들 중 한원진과 더불어 가장 뛰어나다고 평가되었던 이간은 왜 여기에 초상을 남겨 두지 못한 것일까? 그것은 아마도 이간의 학문하는 태도와 관련이 있을 것이다.

앞에서 우리는 노론과 소론의 분리가 진리 배우기에 주목하는 학문 태도와 스승 배우기에 집중하는 학문 태도 사이의 갈등 때문일 수도 있다는 것을 말하였다. 이러한 점은 한원진과 이간 사이에도 동일하게 적용될 수 있다. 한원진의 학문 태도는 스승에게서 배워 지킨다는 측면이 강하였는데, 그는 송시열과 권상하 수호하기에도 적극적인 의지를 보였다. 반면 이간은 "인간과 그 밖의 만물은 성품이 서로 같은가 다른가"에 치중하였으며, 이 주제에 대한 스승 권상하의 입장이 한원진과 같음이 확인된 뒤에도 끈질기게 한원진 설의 부당성을 언급하였다. 이러한 이간의 태도는 스승 배우기, 스승 수호하기를 무엇보다도 중시하는 권상하와는 맞지 않았을 것이며, 어찌 보면 권상하 흠집내기로 주변에 비쳐졌을 가능성도 있다. 결국 이것은 이간이 권상하 문하에서 한원진보다 소홀하게 받아들여질 수밖에 없는 빌미로 작용하였을 것이다.

이간의 학설은 권상하 문하의 사람들보다는 그 밖의 사람들, 이를테면 이재李縡와 같은 사람들에게 보다 적극적으로 받아들여졌다. 이재는 잘 알려져 있듯이 권상하와 동문인 김창협金昌協의 문인이었다. 김창협은 권상하와 함께 송시열 수호하기에 적극적으로 나선 인물이었는데, 송시열 문하에서의 권상하의 독존적 위치에 대해서는 그리 탐탁하게 받아들이지 않았다. 그같은 사실은 『조선왕조실록』의 다음과 같은 일절을 통해서 확인된다.

그러나 권상하는 학문이 정심하지 못하고 주워 모아 외고 말하는 것이 다만 송시열의 여서餘緒뿐이어서 이 때문에 김창협 형제가 매우 경멸하였다.

이것은 권상하의 졸기卒記이다. 한 인간의 평생을 총정리하는 사망 기사에 굳이 이런 기록을 끼워 놓은 것은 이 기록의 작성자가 권상하에게 별로 우호적인 사람이 아니었음을 알려 주는데, 이 간단한 기록에는 그러한 사실뿐만 아니라 권상하와 김창협의 학문하는 태도까지 나타나 있다. 즉 권상하는 스승으로부터 배워 지키기를 근간으로 삼았던 것에 비해, 김창협은 권상하보다는 스승으로부터 자유로운 학문 태도를 갖추었음을 알 수 있다. 이처럼 조금은 스승으로부터 자유로운 학문 태도와 권상하의 학문에 비판적인 입장을 갖고 있던 김창협의 사상은 이재에게 계승되었으니, 이로 인해 이재는 권상하 문하에서 '사람과 그 밖의 만물의 성품의 같고 다름에 대한 논쟁'이 일었을 때 이간의 입장을 지지하였던 것이다.

6. 인간과 만물의 성품의 같고 다름에 대한 논쟁

본격적인 토론은 1712년 이간이 스승 권상하에게 미발 상태의 지극히 선함(純善)의 문제를 제기하면서 시작…… 처음에 권상하는 이간의 설에 수긍…… 한원진이 자신의 의견을 설명하자 이번에는 한원진의 설을 인정…… 그러자 이간은 스승과 한원진의 설에 이의를 제기하였고, 한원진은 스승을 대변하여 다시 이간을 반박함으로써 이들 둘 사이의 논쟁은 본격화되었다.

김형찬이 정리하고 있는 이 논쟁의 시발에 대한 설명이다.

권상하의 입장은 하늘이 부여한 바의 천명天命과 만물이 받은 바의 성품(性)은 다르며, 천명은 율곡이 말한 바의 '이치의 모든 것에 관통함'(理通)에 해당하지만, 성품은 율곡이 말한 바의 '기운에 의한 나누어짐'(氣局)에 해당된다는 것이다. 이렇게 천명과 성품을 '리통'과 '기국'으로 나누고, 성품이 기로 이루어져 있는 것으로 보았기 때문에, 그에게 있어서는 사람과 그 밖의 만물 사이에 성품의 차이가 나타나는 것은 당연한 일이었다. 그리하여 그는 이간의 설에 대해 다음과 같이 비판하였다.

이른바 기국이 무엇을 이름인가? 바로 사람과 만물이 받은 바의 성품에 치우치고 온전함의 다름이 있기 때문이네. 오직 사람만이 오행의 전체 기운을 품수하기 때문에 오상五常의 모든 덕을 다 얻는 것이고, 만물은 겨우 형기形氣의 한 부분(一偏)만을 얻기 때문에 전체를 관통할 수 없는 것이네.

이러한 권상하의 입장은 한원진의 생각과 기본 골격을 같이하는 것인데, 한원진의 다음 말을 살펴보면 그 성격을 보다 분명하게 알 수 있다.

사람과 만물의 형체를 이룬 기운이 이미 다른데 그 이치가 어찌 같을 수 있겠습니까? 만물이 생명을 받아 태어난 처음에 그 기운이 편벽되므로 이치 또한 편벽된 것인데, 어찌 당초에는 온전한 것을 받았으나 뒤에 기운에 속박되는 이치가 있겠습니까? 반드시 단독으로 이치만을 말한 뒤에야 바야흐로 온전한 것을 받았다고 할 수 있습니다. 오행에 하나라도 빠지면 만물을 낼 수 없으므로, 사람과 만물이 태어날 때 비록 모두 오행의 기운을 똑같이 받는다 해도 만물이 받는 것은 지극히 치우치고 뒤섞인 것이기 때문에 그 이치 또한 지극히 치우치고 뒤섞인 것인데, 어찌 인의예지의 순수한 것과 함께 논할 수 있겠습니까?

한원진과 권상하는 이렇게 기운의 차원에서 '인간의 도덕적 성품'의 실재성을 보고자 한다. 반면에 이간은 이치의 차원에서 '인간의 도덕적 성품'을 보고자 하는 특징을 드러내었다.

바른 것도 오상이고, 치우친 것도 오상이며…… 모두가 다 오상이다. 그런데 바르고(正) 또 관통(通)되어 있으므로 능히 (오상의 전부를) 발용할 수 있고, 치우치고(偏) 또 막혀(塞) 있으므로 (오상을 다) 발용할 수 없는 것이다. 지금 그 발용의 여부를 보고 하나를 오상이 있다 하고 하나는 오상이 없다고 하는데, 미치지 못하여 오상을 다 발현하지 못하는 것이다.

이간에게 있어서 오상은 기운의 문제가 아니다. 오상의 존재성은 '기운의 작용' 이전에 보장되어 있고, 기운은 다만 그 발용과 관계를 맺을 따름인 것이다. 그러므로 그에게 있어서는 인간에게도 만물에도 오상은 다 갖추어져 있는 것이지만, 단지 인간은 그것을 다 발용할 수 있고 만물은 그것을 다 발용하지 못하는 것이다.

한원진과 이간, 또 달리 말하면 권상하와 이간 사이에 이렇게 오상, 즉 '인간의 도덕적 품성'의 존재성이 다른 모습으로 비추어지는 것은 무슨 까닭인가? 그것은 기본적으로 이황과 이이 사이에 놓여 있었던 문제와 동질적인 의미를 지닌다. 그리고 그것은 보다 정밀하게 말하자면 유학의 도덕론이 가지고 있는 구조적인 문제와 긴밀하게 연계되어 있는 것이라 할 수 있다.

유학의 도덕론은 도덕을 이원적 구조 위에 세워 놓고 있다. 즉 도덕을 존재의 차원에 가져다 놓으면서 동시에 실천적 명제로 끌어안는 것이다. 다른 말로 하면 그것은 도덕을 이치로 보는 동시에 의지로도 보는 이원성을 갖는다고 할 수 있다.

  도덕을 존재 또는 이치로 본다면, 유학적 세계 속에서 도덕은 어디에나 편재하는 것이 될 수밖에 없다. 또 도덕을 실천 또는 의지로 본다면, 그것은 각 개체마다의 특성과 연계되는 것이다. 그런데 유학은 이 둘 중 어느 하나만으로 도덕을 설명하지 않는다. 한쪽에 치중해 말할 수는 있을지라도 한쪽만으로 설명할 수는 없는 것이다. 이것은 유학을 논리적 구조 위에 세워 놓고자 하는 사람들에게 크나큰 문제가 아닐 수 없다.

  이황과 이이 사이에서의 이 문제는 이치가 도덕적 자기실현력을 갖느냐의 문제로 표출되었다. 이황은 이치에 자기실현력을 부여하려 하였고 이이는 그것을 거부하였다. 이이에게 있어서 이치는 어떤 형식으로도 자신만으로는 구체화될 수 없는 것이기 때문이었다.

  권상하 계열의 사람들, 즉 이간이나 한원진은 이런 이이의 입장을 계승하였다. 한원진에게 있어서도 이간에게 있어서도, 이치는 기질 속에 놓여져 있는 것으로서만 구체적으로 실재하고 또 기질을 통해서만 드러난다는 이이의 입장은 분명히 나타난다. 그러나 그러한 이이의 입장도 존재와 실천, 이치와 의지 사이에 놓여져 있는 도덕의 문제를 해결해 놓았다고 하기에는 어렵다. 왜냐하면 이러한 문제는 은밀히 숨어 있다가 어느 순간 한원진과 이간의 경우처럼 다시 나타나기 때문이다. 이 때에는 이황이나 이이처럼 이치나 기질 같은 존재를 구성하는 재료를 도구로 삼는 것이 아니라, 구성되어 있는 존재가 갖추고 있는 품성을 도구로 삼아 나타나게 된다.

  한원진과 이간에게 있어서도 존재의 성품은 이치와 기운으로 구성되어 있다는 점, 그러한 품성의 발현된 양상에 있어서는 사람과 만물이 서로 차이를 갖는다는 점, 사람은 오상의 전부를 다 드러내지만 사람 이외의 만물은 오상의 일부를 드러낼 뿐이라는 점 등은 공통적으로 인정되는 부분이다. 그들에게서 나타나는 차이는 다만 품성이 무엇이냐 하는 것뿐이다.

이간은 마음의 발용함 이전에 마음속에 갖추어져 있는 것을 품성이라고 보았으며, 그것이 곧 오상이라고 생각하였다. 따라서 오상은 발용 이전의 것이므로 마음을 구성하고 있는 기운과는 관계가 없는 것이며, 아울러 사람과 사람 이외의 만물 사이에는 차이가 나타날 수 없다. 그러므로 이간은 이이의 설을 바탕으로 하여 모든 존재의 품성은 모두에게 갖추어져 있지만, 그것을 기운의 작용에 의해 실현시켜 낸 결과에 있어서는 다르다고 하였다. 즉 오상은 어떤 존재에나 똑같은 것으로 주어져 있지만 그것을 실현시켜 낸 결과는 다르다는 것이다. 이간의 이러한 생각은 품성은 '갖추어져 있는 것' 이지 '드러낸 것' 은 아니라고 보는 입장, 이치는 마음속에서 기운과 구분되어 존재할 수 있다는 의식이 전제되어 있다고 하겠다. 이 점은 어떤 측면에서는 이이의 학설 속에서 이황의 입각점을 부활시켜 내고 있는 것이라 평가할 수도 있다.

그러나 권상하와 한원진은 이간의 입장에 동의하지 않았다. 그들에게 있어서 이치와 기운의 구분은, 그것이 작용 이전의 존재의 영역 속에서라도 실제적인 의미를 갖는 것이 아니었다. 이치와 기운의 구분은 논리적인 것일뿐이지 구체적인 것은 아니라는 말이다. 그들에 의하면 성품은 구체적인 존재의 양상이며, 그것은 이미 이치와 기운이 연계되어서 각각의 특성을 갖도록 만들어져 있는 것이다. 즉 성품 속의 이치는 세계 속의 이치와는 달라서 이미 기운에 의해 간섭되어 그 나름의 특수한 모습을 갖추어 낸 것이므로, 사람의 성품과 사람 외의 만물의 성품은 이미 '기운에 의해 변용된 이치', 즉 각각의 특수한 모습으로 드러나 있는 이치일 따름인 것이다. 따라서 도덕적 성품의 차이는 성품의 드러남에서 마련되는 것이 아니라 이미 성품 자체 속에 마련되어 있는 것이라 할 수 있다. 그들의 이러한 입장은 어떤 면에서 볼 때 이이의 입장을 강화하거나 철저히 고수하는 것이다. 즉 작용의 측면에서 기운의 등에 타고 있는 이치의 형식만을 인정한 이이의 입장을 모든 구체적 존재 현상 속에 보편적으로 확산시켜 받아들인 결과가 바로 권상하나 한원진의 입장이라고 하겠다.

이후의 상황은 김형찬의 보고를 통해 짐작할 수 있다.

이들의 논쟁은 여기서 그치지 않고 집단적 논쟁의 성격을 띠면서 조선조 말까지 계속되었다.…… 이간과 한원진은 모두 권상하의 문인들로서 기호 지방 사람이었다. 그러나 이후 이간의 설을 지지했던 사람들은 주로 농암 김창협, 삼연三淵 김창흡金昌翕 계열을 잇는 기원杞園 어유봉魚有鳳, 도암陶庵 이재李縡, 여호黎湖 박필주朴弼周 등이었다. 이들은 대체로 서울에 사는 노론 낙론 계열이었으므로, 이들을 낙론이라고도 한다.

또한 『조선왕조실록』에는 다음의 기록이 남아 있다.

원진이 일찍이 "발용하기 이전의 마음에도 기질이 함께 포함되어 있다. 따라서 사람과 다른 존재는 오상이 각기 다르다"는 설을 지었는데, 그 설이 김창흡, 이재, 이간의 설과 같지 않았으므로 문도들끼리 서로 비난하고 헐뜯었다. 그리하여 호학湖學이니 낙학洛學이니 하는 이름이 생겨났는데, 이는 대체로 이재가 서울 근방(洛下)에 살고, 원진이 호서湖西에 살았기 때문이라고 한다.

7. 황강서원을 중심에 두고 학문한 사람들

호학 계열의 사람들이나 낙학 계열의 사람들은 모두가 다 예송 이후의 시대를 살았던 사람들이다. 그러므로 이들은 결국 예송의 철학적 근거에 대해 해명해야 할 시대적 책무를 지고 있었던 사람들이라고 하겠다. 화양서원에서 황강서원까지를 지배했던 서인 노론계 사람들은 역사의 승자로서, 그리고 조선 후기 사회를 이끌어 갔던 사람들로서 특히 이러한 문제에 대한 해답을 제시할 막중한 책무가 있었던 것이다. 필자는 그들이 인식했든 인식하지 못했든 간에 황강서원을 진앙지로 하여 번져 나갔던 '인간과 만물의 성품의 같고 다름에 대한 논쟁' 이야말로 그러한 시대적 책무에 부응하는 일이었다고 생각한다.

　이 논쟁은 무엇보다도 예송 시대답게 도덕의 근거를 보다 확실하게 마련하는 계기가 되었다. 이러한 점에서 조선 왕조의 완성을 유학적 토대 위에서 이루어야 한다는 시대적 의무를 바탕으로 도덕의 절대성을 추구하였던 이황의 입장과 일맥 상통한다고 할 수 있다. 주지하다시피 이황은 그러한 목적을 이치의 실천력에 바탕하여 달성하고자 하였지만, 이러한 시도는 주자의 기본 입장과 일정하게 배치되는 부분이 있다는 지적을 받게 되었고 이로 인해 격렬한 시비가 일어나게 되었다. 그러나 이것은 도덕의 근원적 근거라 할 수 있는 세계 속의 이치에 대한 문제가 아니었다. 이번에는 심성의 문제에 그 초점이 맞추어지게 되었는데, 그것도 심성의 작용 능력에 대한 것이 아니라 심성의 품성이 어떻게 도덕적으로 갖추어지느냐 하는 것이 논란의 대상이 되었다.

　이간은 사람들 마음속에 갖추어져 있는 도덕의 존재론적 보편성에 주목하였다. 그는 도덕의 이치란 존재론적 품성, 즉 세계 내의 모든 존재들의 존재성으로 갖추어져 있으므로, 될 수 있는 한 기운의 영향을 받지 않게 하여 그 이치를 보다 완벽하게 드러내야 하며, 그것이 곧 인간의 책무라고 생각하였다. 그리하여 그는 모든 존재의 품성 속에는 오상이 다 갖추어져 있으며, 기질의 영향에 의해 그 차이를 드러내는 것은 도덕성에 보다 확실한 근거를 마련해 주는 방식이라고 하였다.

　반면에 한원진은 도덕적 품성의 실천력에 주목하였다. 그는 도덕적 품성이 그저 존재하는 것으로만 근거를 갖는 것은 아니라고 생각하였다. 즉 인간의 오상이 기운과 간섭되기 이전 상태에서만 논리적으로 완벽한 모습을 갖게 된다면, 기운과 간섭되게 될 때에는 불완전해질 수밖에 없고 따라서 실천된 품성은 약점을 갖게 된다는 것이다. 그러므로 기운과 연관되기 이전의 도덕성의 보편적 근거는 오히려 도덕성의 근거를 불확실하게 만드는 것이라 할 수 있다. 그는 보편성보다는 구체성에 관심을 갖고 있었다. 그리하여 그는 품성을 논리적 이상성의 측면에서보다는 구체적 현실성의 차원에서 바라보았다. 그에게 있어서 인간의 품성은 이미 기운과 연계된 방식으로 구체적으로 완전한 도덕성을 갖고 있는 것이었다. 따라서 그것을 완전하게 드러내느냐 드러내지 않느냐 하는 것은 어떤 다른 것의 문제가 아니라 오로지 그 자신의 의지 또는 실천력의 문제인 것이다.

화양서원과 황강서원은 노론계 강성 인맥의 중심에 놓여지는 학문적 기구라 할 수 있다. 그리고 이들 서원에서 표방하는 학문적 특성은 송시열과 권상하를 통해 잘 드러나게 된다. 즉 스스로가 바로 세도世道에 대하여 책임을 지는 사람이라는 의식이나 자신이 생각하는 세상의 모습에 걸림돌이 되는 모든 것에 맞서 결연하게 투쟁을 벌이는 태도를 통해 그들의 핵심적 정신을 파악할 수 있는 것이다. '송시열 배우기'로 특징되는 이 의식과 태도는 송시열이 그 모범을 보여 주었고, 권상하에 의해 '따라 배우기'의 형식으로 나타났는데, 이것이 바로 권상하가 황강서원에서 교육하고자 했던 목표였다. 이러한 권상하의 생각과 태도야말로 황강서원의 교육 이념이 되었던 것이다.

권상하다움으로 말해질 수 있는 '송시열 배우기'의 학문적 태도와 입장은 이후 권상하의 문하인 한원진에 의해 계승된다. 권상하가 송시열 배우기에 전력을 다하였듯이, 한원진 역시 권상하 배우기에 열과 성을 다하였다. 이러한 점은 한원진의 다음과 같은 제문을 통해서 확인된다.

중고 이래로
온전한 인품이 드문데
......
삼가 생각하건대 선생님께선
불세출의 인물이셨습니다.
금세에 계시지만 옛 덕을 지켜 갖추고
치우침 없이 중도를 지켰습니다.

......
이후 천년 만년
찾아와 본받는 자 있으리이다.

송시열의 주자 따라 배우기, 권상하의 송시열 따라 배우기, 한원진의 권상하 따라 배우기. 이것은 노론 강성 인맥의 중심에 놓여지는 학문적 태도이다. 황강서원 역시 이러한 입장과 태도의 중심에 놓여 있었다.

오늘날 우리는 황강서원을 볼 수 없다. 황강서원의 역사도 오늘날에는 유전되지 않는다. 다만 댐을 피해 자리를 옮긴 권상하의 종가와 황강영당으로 이름을 바꾼 옛집 하나가 국도의 한편에 외로이 서서 옛이야기를 소슬한 바람에 섞어 들려 줄 따름이다.

오늘 우리가 가장 실감 있게 황강서원이 중심에 놓여져 있는 그 역사를 만나는 길은 황강영당에서 세 인물의 초상 앞에 마주 서 보는 일이다. 송시열, 권상하 그리고 한원진의 얼굴이 나란히 벽에 붙어서 그 시절을 우리에게 상기시켜 주기 때문이다.

그러나 한 시대의 영광을 대표했던 황강서원, 노론 강성 인맥을 대표하는 그 세 사람의 초상 앞에는 오늘 '따라 배우기'를 열망하는 학생들보다는 세월의 먼지만 잔뜩 쌓여 있을 뿐이다. 하릴없는 박쥐 서너 마리가 영당 한편 벽에 붙어 제집인 양 위세를 부리고 있는 모습이 오늘 우리에게 세월의 무상함을 절절하게 확인시켜 준다.

지은이소개 (가나다 순)

권정안權正顔
1953년 출생. 성균관대학교 유학과 및 동 대학원 동양철학과 졸업(철학박사). 현재 공주대학교 사범대학 한문교육과 교수로 있다. 주요 저서 및 논문으로 『현대 한국 종교의 역사 이해』(공저)와 「춘추의 근본 이념과 비판 정신에 관한 연구」 등이 있다.

김낙진金洛眞
1963년 출생. 고려대학교 철학과 및 동 대학원 졸업(철학박사). 현재 진주교육대학교 도덕교육과 교수로 있다. 주요 논문으로 「丁時翰과 李栻의 理體用論 硏究」,「柳馨元 실학사상의 철학적 성격」,「旅軒 張顯光의 자연인식 방법」,「조선 유학자들의 격물치지론」 등이 있다.

김용헌金容憲
1962년 출생. 고려대학교 철학과 및 동 대학원 졸업(철학박사). 현재 안동대 국학부 교수(동양철학전공)로 있다. 주요 저서 및 논문으로 『실학사상과 근대성』(공저), 『조선유학의 학파들』(공저),「최한기의 서양과학 수용과 철학 형성」,「고봉 기대승의 사칠논변과 천명도」,「농암 김창협의 인물성론과 낙학」 등이 있으며, 역서로는 『중국의 철학적 기초』, 『공자』 등이 있다.

김홍경金弘炅
1959년 출생. 성균관대학교 유학과 및 동 대학원 동양철학과 졸업(철학박사). 현재 성균관대 등에서 강의하고 있다. 주요 저서 및 논문으로 『이야기 한국철학』(공저),「조선 초기 관학파의 유학사상」,「주희 理一分殊說의 총체적 이해」,「성호 이익의 과학 정신」 등이 있다.

손병욱孫炳旭
1954년 출생. 경상대학교 사범대학을 졸업하고, 한국정신문화연구원 한국학대학원 석사과정 수료 후 고려대학교 대학원 철학과 졸업(철학박사). 현재 경상대학교 사범대학 윤리교육과 교수로 있다. 주요 저서 및 논문으로 「惠岡 崔漢綺의 氣學의 硏究」,「惠岡 崔漢綺의 氣學的 心性論」,「南冥 敬義 思想의 基底로서의 靜坐修行」,「志向處 세우기(立志) 敎育의 人性敎育的 意義」 등이 있으며, 역서로는 『氣學』이 있다.

안병걸安秉杰
1954년 출생. 성균관대학교 유학과 및 동 대학원 졸업(철학박사). 현재 안동대 국학부 교수(동양철학전공)로 있다. 주요 저서 및 논문으로 『강좌 한국철학』(공저), 『동양철학의 자연과 인간』(공저), 『조선후기 경학의 전개와 그 성격』(공저), 『영남학파의 연구』(공저),「17세기 조선조 유학의 경전 해석에 관한 연구」,「시경집석 시경석의 해제」,「윤휴의 경학과 그 사회정치관」,「영남유학의 특성과 현대적 의미」 등이 있다.

유권종劉權鍾

1959년 출생. 고려대학교 철학과 및 동 대학원 졸업(철학박사). 현재 중앙대학교 철학과 부교수로 있다. 주요 논문으로 「茶山禮學硏究」, 「愚伏의 禮學思想」, 「다원화 사회의 갈등과 조화 ― 기술정보화시대와 유교 사상」, 「茶山 禮學의 철학적 기반」, 「茶山 人間觀의 재조명」, 「朝鮮時代 退溪學派의 禮學思想에 관한 철학적 고찰」 등이 있다.

윤천근尹天根

1956년 출생. 고려대학교 철학과 및 동 대학원 졸업(철학박사). 현재 안동대 국학부 교수(동양철학전공)로 있다. 주요 저서 및 논문으로 『새로 보는 노자 도덕경』, 『섹스 이전에 성이 있었다』, 『유학의 철학적 문제들』(공저), 『조선 유학의 학파들』(공저), 『퇴계선생과 도산서원』(공저), 「중용연구」, 「박세당의 장자이해를 통해 보는 자유와 해방의 논리」, 「최제우의 철학사상」, 「퇴계철학에 있어서 도덕과 수양의 문제」 등이 있다.

이해영李海英

1952년 출생. 성균관대 유학과 및 동 대학원 졸업(철학박사). 현재 안동대 국학부 교수(동양철학전공)로 있다. 주요 저서 및 논문으로 『강좌한국철학』(공저), 『동양철학은 물질문명의 대안인가』(공저), 『동양철학의 자연과 인간』(공저), 『영남학파의 연구』(공저), 「선진제자의 비판의식에 관한 연구」, 「성호 이익의 중용이해에 관한 연구」, 「퇴계사단칠정론의 논거에 관한 검토」, 「홍대용의 중용장구 비판」 등이 있다.

정병련鄭炳連

1944년 출생. 성균관대학교 철학과 및 동 대학원 졸업(철학박사). 현재 전남대학교 사범대학 윤리교육과 교수로 있다. 주요 저술로 『丁茶山의 經學』(공저), 『韓國의 倫理思想』(공저), 『茶山四書學硏究』, 『韓國哲學의 深層分析』(Ⅰ·Ⅱ·Ⅲ), 『宋代心性論』(공저)가 있으며, 이 외 한국철학과 중국철학 관련 논문이 다수 있다.

주승택朱昇澤

1944년 출생. 서울대 국어국문과 및 동 대학원 졸업(문학박사). 현재 안동대 국학부 교수(한문학전공)로 있다. 주요 저서 및 논문으로 『한국현대시연구』(공저), 『한국현대작가연구』(공저), 『안동의 선비문화』(공저), 『고전산문연구2』(공저), 「강위의 사상과 문학관에 대한 고찰」, 「개화기의 한시연구」, 「북방계 건국신화의 체계에 대한 시론」, 「조선말기 당시풍과 송시풍의 갈등양상」 등이 있다.

홍원식洪元植

1958년 출생. 고려대 철학과 및 동 대학원 졸업(철학박사). 현재 계명대 철학과 교수로 있다. 주요 저서 및 논문으로 『실학사상과 근대성』(공저), 『송대 심성론』(공저), 『원대성리학』(공저), 『현대신유학연구』(공저), 「정주학의 거경궁리설연구」, 「한계 이승희의 공자교운동」 등이 있다.

◀ 예문서원의 책들 ▶

원전총서

왕필의 노자 王弼 지음・임채우 옮김・336쪽・값 13,000원・『老子王弼注』
박세당의 노자 박세당 지음・김학목 옮김・312쪽・값 13,000원・『新註道德經』
율곡 이이의 노자 이이 지음・김학목 옮김・152쪽・값 8,000원・『醇言』
홍석주의 노자 홍석주 지음・김학목 옮김・320쪽・값 14,000원・『訂老』
북계자의 陳淳 지음・김충열 감수・김영민 옮김・295쪽・값 12,000원・『北溪字義』
주자가례 朱熹 지음・임민혁 옮김・496쪽・값 20,000원・『朱子家禮』
고형의 주역 高亨 지음・김상섭 옮김・504쪽・값 18,000원・『周易古經今注』
신서 劉向 지음・임동석 옮김・728쪽・값 28,000원・『新序』
한시외전 韓嬰 지음・임동석 역주・868쪽・값 33,000원・『韓詩外傳』
서경잡기 劉歆 지음・葛洪 엮음・김장환 옮김・416쪽・값 18,000원・『西京雜記』
고사전 皇甫謐 지음・김장환 옮김・368쪽・값 16,000원・『高士傳』
열선전 劉向 지음・김장환 옮김・392쪽・값 15,000원・『列仙傳』
열녀전 劉向 지음・이숙인 옮김・447쪽・값 16,000원・『列女傳』

연구총서

논쟁으로 보는 중국철학 중국철학연구회 지음・352쪽・값 8,000원
논쟁으로 보는 한국철학 한국철학사상연구회 지음・326쪽・값 10,000원
논쟁으로 보는 불교철학 이효걸, 김형준 외 지음・320쪽・값 10,000원
反논어 ─ 孔子의 논어 孔丘의 논어 趙紀彬 지음・조남호, 신정근 옮김・768쪽・값 25,000원・『論語新探』
중국철학과 인식의 문제 方立天 지음・이기훈 옮김・208쪽・값 6,000원・『中國古代哲學問題發展史』
문제로 보는 중국철학 ─ 우주・본체의 문제 方立天 지음・이기훈, 황지원 옮김・232쪽・값 6,800원・『中國古代哲學問題發展史』
중국철학과 인성의 문제 方立天 지음・박경환 옮김・191쪽・값 6,800원・『中國古代哲學問題發展史』
중국철학과 지행의 문제 方立天 지음・김학재 옮김・208쪽・값 7,200원・『中國古代哲學問題發展史』
중국철학과 이상적 삶의 문제 方立天 지음・이홍용 옮김・212쪽・값 7,500원・『中國古代哲學問題發展史』
현대의 위기 동양 철학의 모색 중국철학회 지음・340쪽・값 10,000원
동아시아의 전통철학 주칠성 외 지음・394쪽・값 13,000원
역사 속의 중국철학 중국철학회 지음・448쪽・값 15,000원
일곱 주제로 만나는 동서비교철학 陳衛平 편저・고재욱, 김철운, 유성선 옮김・320쪽・값 11,000원・『中西哲學比較面面觀』
중국철학의 이해 김득만, 장윤수 지음・318쪽・값 10,000원
중국철학의 이단자들 중국철학회 지음・240쪽・값 8,200원
유교의 사상과 의례 금장태 지음・296쪽・값 10,000원
공자의 철학 蔡仁厚 지음・240쪽・값 8,500원・『孔孟荀哲學』
맹자의 철학 蔡仁厚 지음・224쪽・값 8,000원・『孔孟荀哲學』
순자의 철학 蔡仁厚 지음・272쪽・값 10,000원・『孔孟荀哲學』
서양문학에 비친 동양의 사상 한림대학교 인문학연구소 엮음・360쪽・값 12,000원
유학은 어떻게 현실과 만났는가 ─ 선진 유학과 한대 경학 박원재 지음・218쪽・값 7,500원
유교와 현대의 대화 황의동 지음・236쪽・값 7,500원
동아시아의 사상 오이환 지음・200쪽・값 7,000원

역학총서

주역철학사 廖名春, 康學偉, 梁韋弦 지음・심경호 옮김・944쪽・값 30,000원・『周易研究史』
주역, 유가의 사상인가 도가의 사상인가 陳鼓應 지음・최진석, 김갑수, 이석명 옮김・366쪽・값 10,000원・『易傳與道家思想』
왕부지의 주역철학 ─ 기철학의 집대성 김진근 지음・430쪽・값 12,000원
송재국 교수의 주역 풀이 송재국 지음・380쪽・값 10,000원

강좌총서

강좌 중국철학 周桂鈿 지음·문재곤 외 옮김·420쪽·값 7,500원·『中國傳統哲學』
강좌 인도철학 Mysore Hiriyanna 지음·김형준 옮김·240쪽·값 4,800원
강좌 한국철학 — 사상·역사·논쟁의 세계로 초대 한국철학사상연구회 지음·472쪽·값 12,000원

노장총서

도가를 찾아가는 과학자들 — 현대신도가의 사상과 세계 董光璧 지음·이석명 옮김·184쪽·값 4,500원·『當代新道家』
유학자들이 보는 노장 철학 조민환 지음·407쪽·값 12,000원
노자에서 데리다까지 — 도가 철학과 서양 철학의 만남 한국도가철학회 엮음·440쪽·값 15,000원
위진 현학 정세근 엮음·278쪽·값 10,000원

한국철학총서

한국철학사상사 朱紅星, 李洪享, 朱七星 지음·김문용, 이홍용 옮김·548쪽·값 10,000원·『朝鮮哲學思想史』
기호학파의 철학사상 충남대학교 유학연구소 편저·665쪽·값 18,000원
실학파의 철학사상 朱七星 지음·288쪽·값 8,000원
윤사순 교수의 신실학 사상론 — 한국사상의 새 지평 윤사순 지음·350쪽·값 10,000원
실학의 철학 한국사상사연구회 편저·576쪽·값 17,000원
조선 유학의 학파들 한국사상사연구회 편저·688쪽·값 24,000원
윤사순 교수의 한국유학사상론 윤사순 지음·528쪽·값 15,000원
실학사상과 근대성 계명대학교 철학연구소 홍원식 외 지음·216쪽·값 7,500원
조선 유학의 자연철학 한국사상사연구회 편저·420쪽·값 15,000원
한국유학사 1 김충열 지음·372쪽·값 15,000원
퇴계의 생애와 학문 이상은 지음·248쪽·값 7,800원
율곡학의 선구와 후예 황의동 지음·480쪽·값 16,000원
退溪門下의 인물과 사상 경북대학교 퇴계연구소 지음·732쪽·값 28,000원
한국유학과 리기철학 송영배, 금장태 외 지음·304쪽·값 10,000원
圖說로 보는 한국 유학 한국사상사연구회 지음·400쪽·값 14,000원
다카하시 도루의 조선유학사 — 일제 황국사관의 빛과 그림자 다카하시 도루 지음·이형성 편역·416쪽·값 15,000원
퇴계 이황, 예 잇고 뒤를 열어 고금을 꿰뚫으셨소 — 어느 서양철학자의 퇴계연구 30년 신귀현 지음·328쪽·값 12,000원
조선유학의 개념들 한국사상사연구회 지음·648쪽·값 26,000원

카르마총서

불교와 인도 사상 V. P. Varma 지음·김형준 옮김·361쪽 값 10,000원
파란눈 스님의 한국 선 수행기 Robert E. Buswell, Jr. 지음·김종명 옮김·376쪽·값 10,000원
학파로 보는 인도 사상 S. C. Chatterjee, D. M. Datta 지음·김형준 옮김·424쪽·값 13,000원
불교와 유교 — 성리학, 유교의 옷을 입은 불교 아라키 겐고 지음·심경호 옮김·526쪽·값 18,000원
유식무경, 유식 불교에서의 인식과 존재 한자경 지음·208쪽·값 7,000원
박성배 교수의 불교철학강의 — 깨침과 깨달음 박성배 지음·윤원철 옮김·313쪽·값 9,800원

일본사상총서

일본 신도사 무라오카 츠네츠구 지음·박규태 옮김·312쪽·값 10,000원·『神道史』
도쿠가와 시대의 철학사상 미나모토 료엔 지음·박규태, 이용수 옮김·260쪽·값 8,500원·『德川思想小史』
일본인은 왜 종교가 없다고 말하는가 아마 도시마로 지음·정형 옮김·208쪽·값 6,500원·『日本人はなぜ無宗教のか』
일본사상이야기 40 나가오 다케시 지음·박규태 옮김·312쪽·값 9,500원·『日本がわかる思想入門』

성리총서

양명학 — 왕양명에서 웅십력까지 楊國榮 지음·정인재 감수·김형찬, 박경환, 김영민 옮김·414쪽·값 9,000원·『王學通論』
상산학과 양명학 김길락 지음·391쪽·값 9,000원
동아시아의 양명학 최재목 지음·240쪽·값 6,800원
범주로 보는 주자학 오하마 아키라 지음·이형성 옮김·546쪽·값 17,000원·『朱子の哲學』
송명성리학 陳來 지음·안재호 옮김·590쪽·값 17,000원·『宋明理學』
주희의 철학 陳來 지음·이종란 외 옮김·값 22,000원·『朱熹哲學硏究』
양명 철학 陳來 지음·전병욱 옮김·값 30,000원·『有無之境－王陽明哲學的精神』

예술철학총서

중국철학과 예술정신 조민환 지음·464쪽·값 17,000원
풍류정신으로 보는 중국문학사 최병규 지음·400쪽·값 15,000원

동양문화산책

공자와 노자, 그들은 물에서 무엇을 보았는가 사라 알란 지음·오만종 옮김·248쪽·값 8,000원
주역산책 朱伯崑 외 지음·김학권 옮김·260쪽·값 7,800원·『易學漫步』
죽음 앞에서 곡한 공자와 노래한 장자 何顯明 지음·현채련, 리길산 옮김·290쪽·값 9,000원·『死亡心態』
공자의 이름으로 죽은 여인들 田汝康 지음·이재정 옮김·248쪽·값 7,500원
동양을 위하여, 동양을 넘어서 홍원식 외 지음·264쪽·값 8,000원
서원, 한국사상의 숨결을 찾아서 안동대학교 안동문화연구소 지음·344쪽·값 10,000원
중국의 지성 5人이 뽑은 고전 200 王燕均, 王一平 지음·408쪽·값 11,000원
안동 금계 마을 — 천년불패의 땅 안동대학교 안동문화연구소 지음·272쪽·값 8,500원
녹차문화 홍차문화 츠노야마 사가에 지음·서은미 옮김·232쪽·값 7,000원
안동 풍수 기행, 와혈의 땅과 인물 이완규 지음·256쪽·값 7,500원
안동 풍수 기행, 돌혈의 땅과 인물 이완규 지음·328쪽·값 9,500원
茶聖 초의선사와 대둔사의 다맥 임혜봉 지음·240쪽·값 7,000원
영양 주실마을 안동대학교 안동문화연구소 지음·332쪽·값 9,800원
거북의 비밀, 중국인의 우주와 신화 사라 알란 지음·오만종 옮김·296쪽·값 9,000원
문학과 철학으로 떠나는 중국 문화 기행 양회석 지음·256쪽·값 8,000원

동양사회사상총서

주역사회학 김재범 지음·296쪽·값 10,000원
유교사회학 이영찬 지음·488쪽·값 17,000원
깨달음의 사회학 홍승표 지음·240쪽·값 8,500원

예문동양사상연구원총서

한국의 사상가 10人 — 원효 예문동양사상연구원/고영섭 편저·572쪽·값 23,000원
한국의 사상가 10人 — 의천 예문동양사상연구원/이병욱 편저·464쪽·값 20,000원
한국의 사상가 10人 — 지눌 예문동양사상연구원/이덕진 편저·644쪽·값 26,000원
한국의 사상가 10人 — 퇴계 이황 예문동양사상연구원/윤사순 편저·464쪽·값 20,000원
한국의 사상가 10人 — 남명 조식 예문동양사상연구원/오이환 편저·576쪽·값 23,000원
한국의 사상가 10人 — 율곡 이이 예문동양사상연구원/황의동 편저·600쪽·값 25,000원

민연총서 — 한국사상

자료와 해설, 한국의 철학사상 고려대 민족문화연구원 한국사상연구소 편·880쪽·값 34,000원